U0114939

生死時刻

對抗
氣候災劫
的
關鍵十年

李偉才 著

推薦語

"Dr. Lee Wai-choi has produced a comprehensive and masterful description of the planetary crisis that is being handed to today's young people. Saving our planet for future generations will depend on Chinese leadership, so it is important that his book be widely read, especially by young people."

Dr. James Hansen —————————— 前美國太空總署戈達德太空研究所所長
最先向世人警告全球暖化危機的科學家

「資料翔實，妙趣橫生，有力回答了關於氣候變化問題的爭論和質疑，確能收到正本清源和喚醒公眾的雙重效果。」

丁一滙 ————————————————— 中國氣象局氣候變化特別顧問
中國工程院院士

「深入淺出，巨細無遺地把氣候變化的故事娓娓道來，帶領讀者由氣候變化的成因、科學界對之的質疑、正反理據、發展再生能源和大力推動節能的出路，以至人類與氣候變化為命運而鬥爭的種種抉擇，一氣呵成，把沉甸甸的課題，輕鬆的闡述。香港需要更多像逆熵兄這些積極推動科普的作者，讓知識得以普及，讓社會的討論得以在科學事實和理性的基礎上進行交流和砥礪。」

邱騰華 ————————————————— 香港特別行政區政府前環境局局長

"A meaningful and informative book on climate change. It is also written in a lively and passionate way, compelling readers to face the challenge and take up responsibility."

廖秀冬 ——————————— 香港特別行政區政府前環境運輸及工務局局長

「本書除了肯定偉才兄推動科普的熱誠外，更重要的是他希望喚醒每一個讀者為拯救我們的地球盡一分力，是一本應對全球變暖必讀的書。」

陳仲良 ——————————— 香港城市大學能源及環境學院前院長

「近代氣候變化與能源、經濟、全球公義、國際政治等的關係，本書清楚解說，讓大家明白以行動自救，刻不容緩。」

林超英 ——————————————————— 前香港天文台台長

如果我們知道自己的處境，並了解事物正朝哪個方向發展，我們便可更好地決定要做些什麼，以及應該怎樣去做。

If we could first know where we are, and wither we are tending, we could then better judge what to do, and how to do it.

林肯 │ Abraham Lincoln

序 FOREWORD

史上最大的蒙騙

假設有一名旅行團的領隊，帶領著數十人在一個風光如畫的小島度假。一眾團友正在享受著陽光與海灘的樂趣：或是游泳、或是釣魚、或是燒烤，到處紛呈著歡欣的景象。

然而，領隊這時收到消息，謂在數百公里外的海洋上，一股颱風正在形成，並有可能吹向他們所在的小島。

不過，由於颱風還未發展成熟，將來的動向也未明朗，為了不想破壞團友的興致，這名領隊選擇不向眾人透露這項消息。

過了不久，氣象部門的最新消息顯示，這股颱風正在迅速增強，並開始向小島所在的方向移動。領隊知道情況不妙，立刻致電所屬的旅行社尋求指示。然而，鑑於旅行團預定在小島逗留四天，而如今只是過了一天。要把團友撤退並另行安排住宿和行程，既會引起團友的不滿，亦會令旅行社蒙受重大的損失。在權衡利害之後，旅行社的高層決定維持原有安排，並吩咐領隊不要把消息散佈，以免引起恐慌。

如是者又過了一天。氣象部門的消息傳來，這股颱風已增強成為一股

前所未見那麼猛烈的「超強颱風」，而且正逕向小島所在之處高速移動。

領隊再向高層請示。但高層的決定是：由於氣象部門的預測不一定準確，颱風稍後可能會急速轉彎吹向別處，又或是在未抵達小島之前便已減弱甚至消散，因此仍然毋須疏散團友。按照旅行社的精算師計算，即使颱風真的來襲並導致某些團友蒙受損失，但對這些損失所作出的賠償，仍然會低於疏散整個旅行團的成本。

然而，某些團友這時已收到一些有關的消息而開始憂慮起來。旅行社得悉後一再透過領隊向團友宣稱，「大難將臨」的說法完全是一種不負責任的危言聳聽，科學家對颱風的動向還未有百分之一百的定論云云⋯⋯

任何人也會看出，在上述假想的情況中，旅行社這種做法，是一種既愚蠢又極度不負責任的行為。

不幸的是，上述這種情況並非完全出於假想。聰明的你當然已經知道筆者在說什麼。

不錯，上述的「超強颱風」便是威脅著現今世界安危的「全球暖化」危機。旅行社的決策層便是世界各國的領導人，數十名團友亦即全世界數十億人類。至於旅行團的領隊，便有如深深地影響著輿論取向的大眾傳媒；而盡快疏散所有團友的果斷措施，便等同於盡快取締一切化石燃料的使用。

全世界的經濟學家都會告訴我們，「取締化石燃料」將對全球經濟帶來沉重的打擊。可是他們絕少進一步推論，繼續大量燃燒化石燃料

所帶來的氣候和環境災變，其引致的經濟損失極可能較「取締化石燃料」大上十倍甚至百倍。尤有甚者，這裡牽涉的已不是純粹的經濟損失，而是巨大的人命傷亡和人道災難。

正如在上述的例子裡，領隊告訴團友們可以繼續「水照游、魚照釣」，我們的領導人則告訴我們可以「馬照跑、舞照跳」。請告訴筆者，這不是歷史上最大的蒙騙是什麼？

當然，筆者可能真的在危言聳聽也說不定。所以，請大家不要完全相信筆者。在這個如此重大的問題之前，你必須盡量考察一切有關的證據，然後作出自己的決定。這本書的寫作目的，正是為大家臚列有關的證據和正、反兩面的論點，好讓你能作出正確的判斷。

如果你最後作出的判斷與筆者的一樣，那麼筆者有一個要求：請你把這個信息透過一切可能找到的渠道宣揚開去。

因為……時間真的已經無多了。

李偉才

本書說明

這是一本為普羅大眾——特別是年輕一輩——所寫的書。書中包含了大量的事實和數據,卻沒有像學術著作那樣,在正文相關的地方作出標示、注釋以及援引資料的出處。因為這樣做的話,書中的每一頁都會充滿著標注而有礙閱讀。筆者做的,是精選了大量的信息源,並放到書末的「參考資料」中。這些信息源包括:

(1) 40 多段 YouTube 網上短片;
(2) 近 80 條《維基百科》的條目;
(3) 22 部紀錄片;
(4) 接近 120 本中、英文參考書籍;以及
(5) 近 90 個本地、內地和國外的網站。

相信無論從自學的角度還是授課的角度,上述的資料都已頗為充足。各位當然也可以把這些信息源作為「跳板」,把你的知識面再擴展開去。

特別要一提的是,筆者雖已盡力確保書中所列的資料無誤,但一些資料由於計算方法不同,不同的來源給予的數值亦會有所出入(例如人類各種活動的溫室氣體排放比例);而另一些資料則隨著時間而改變

（如各國人均排放量、全球風力發電總量等），因此各位在閱讀之時，只能把它們當作一些基本的參考。如要援引確實的數據，還需再作查證。

此外，筆者所選的《維基百科》資料都是英文的條目，這是因為在大部分情況下，英文條目的內容都較中文的詳盡得多。（試比較〈溫室氣體〉和"Greenhouse Gas"兩個條目便知其中的差別。）當然，在閱讀英文條目之後，筆者也十分主張大家一看相應的中文條目（如果有的話）以作參考。

最後，筆者極力主張大家前往香港天文台網站（http://www.hko.gov.hk）中的「氣候變化」部分一看。你將看到，「氣候變化」已不獨是我們在新聞報道中聽到的一些消息，而已經是在我們身邊每分每秒地發生的事情。

新版補充

本書原版稱為《喚醒69億隻青蛙——全球暖化內幕披露》，於2011年6月由經濟日報出版社出版。感謝三聯書店李安小姐的大力支持和鼓勵，讓這本修訂新版得以和大家見面。

此外，本書對支配當今世界的主流經濟學和經濟制度作出了一定的批判。原書於2011年出版之後，筆者先後在2013和2014年出版了《反轉經濟學——將顛倒的再顛倒過來》以及《資本的衝動——世界深層矛盾根源》，將這種批判進一深化，後者被《亞洲周刊》評選為2014年「十大中文好書」之一。有興趣多了解這個題目的朋友，筆者鼓勵大家找這兩本書來一看。

八年的時間不算太長，但全球暖化的惡果已不斷加劇。本書的更新既包括了全球暖化的最新情況，也包括了人類對抗全球暖化的最新發展。一些較新的參考資料，被列於書末的「新版結語」。最後感謝好友戴世材，為新版起了如今這個名字。

2019 年 3 月

人類的文明從來沒好像今天般依賴科技，也從來沒有這麼多人好像今天一般，對我們所依賴的科技如此缺乏了解。這樣下去，災難將無可避免。

We've arranged a civilization in which most crucial elements profoundly depend on science and technology. We have also arranged things so that almost no one understands science and technology. This is a prescription for disaster.

卡爾‧薩根 ｜ Carl Sagan

目錄

第一部分　全球暖化問題有多嚴重？

第二部分　　有什麼對應的方法？

第三部分　　決定人類命運的鬥爭

第四部分　　讓我們改變世界！

附錄

全球暖化問題有多嚴重？

Give people the truth,
and they will do the right thing.

只要將真相公諸於世，人們自會作出正確的選擇。

哈利・杜魯門 | Harry S. Truman

最令人驚訝和沮喪的一回事，是人類永遠不肯面對那些顯而易見和無可避免的事情，然後當事情發生時，則抱怨它們是如何的突如其來和出人意料。

What is really amazing, and frustrating, is mankind's habit of refusing to see the obvious and inevitable until it is there, and then muttering about unforeseen consequences.

艾薩克・阿西莫夫 | Isaac Asimov

全球暖化是什麼回事？

簡單地說，全球暖化（global warming）是指工業革命以來，由於人類不斷燃燒煤和石油等化石燃料（fossil fuels），從而把大量的二氧化碳排放到大氣層之中；而這些二氧化碳則透過「溫室效應」（greenhouse effect）的作用，致令整個地球的溫度不斷上升。

今天，全球暖化已被公認為全人類所面對的一項重大威脅。但留意在不少公眾討論或國際會議之中，一個更為常用的字眼是「氣候變化」（climate change）。嚴格來說，氣候變化可以是自然的現象，也可以是人為的結果。但在上述這些討論中，所指的變化主要乃由人為的全球暖化所引致，因此兩個名稱大致上可以互為交替地使用（雖然嚴格來說，一個是因，一個是果）。

留意「氣候變化」和「天氣變化」是兩個不同的概念。天氣（weather）是指某一地方於某一時間裡所感受到的氣壓、溫度、濕度、風向、風速、雲量、日照量、降雨、降雪、結霜、能見度等的變化；而氣候變化所指的，是這些天氣變化在周年基礎上的長期性變動（long-term inter-annual changes in weather patterns）。

近年來，由於意識到問題的嚴重性，一些學者開始使用「氣候失衡」（climatic disruption/ destabilization）甚至「氣候危機」（climate crisis）這些字眼。這無疑更能凸顯問題的嚴重性，從而引起大眾對這個問題的關注，但由於問題的總源頭終究是全球暖化，因此本書往後仍主要採用「全球暖化」這個名稱。

讓我們回到文首的解說之上。煤和石油等燃料之被稱為「化石燃料」，是因為它們都是由古代生物的遺體所形成的。科學家的研究顯示，在漫長的地質年代裡（即以百萬年或以上為單位的歲月），地殼出現了「滄海桑田」般的大規模變動。而煤（coal）便是植物的遺體在地層裡的高溫和高壓環境下，經歷了億萬年的變化而形成的。至於石油（petroleum），則是海洋生物的遺體在相類似的環境下所形成。〔另一種化石燃料是天然氣（natural gas），它形成的原理也跟煤和石油大致相似。〕由於這些燃料所蘊含的能量，最終乃由植物透過光合作用所獲得，而光合作用的能量來源是太陽，因此就某一意義而言，我們在使用這些化石燃料時，其實是在釋放一些「遠古的陽光」。

晚間亮起電燈照明，原來是正在享受著「遠古的陽光」，這本是十分浪漫的一回事。可惜的是，由於這種「釋放」已經超越了大自然所能容納的限度，浪漫的事情已經變成了災難之源。

◎　二氧化碳導致溫室效應

罪魁禍首不用說是二氧化碳（carbon dioxide）。從化學的角度看，所有化石燃料都只是不同類別的碳氫化合物（hydrocarbons），它們的燃燒即等於跟氧（oxygen）結合，因此二氧化碳——其中的碳來自燃料，氧來自大氣層——是必然的「產品」（或稱「廢氣」也無不可）。

二氧化碳是一種我們並不陌生的氣體。我們唸小學時便已知道，作為

動物的一種，人類需要不斷吸入氧氣和呼出二氧化碳。相反，植物因要進行光合作用，所以需要不斷吸入二氧化碳而呼出氧氣。而大氣層中的氧氣和二氧化碳含量，亦因此而達至一個微妙的平衡。

不錯，二氧化碳是一種無色、無味、無嗅也無毒的氣體。它每一刻都在我們的身體內流轉。它有什麼可怕呢？

這便把我們帶到「溫室效應」這個現象之上。

原來太陽輻射的能量，主要集中在「可見光」（visible light）的短波長波段，而當它自太空抵達地球之時，除非受到雲層的遮擋，否則很易便可以穿透大氣層而直達地面。但當大地吸收了這些輻射的能量而溫度上升，從而發射出集中於長波長的紅外線輻射（infra-red radiation，又稱「熱輻射」）之時，這些輻射便很易受到地球大氣層中某些成份的強烈吸收。

二氧化碳正是一種會強烈吸收紅外線輻射的氣體。當它吸收了這些輻射而溫度上升時，也會發出自己的紅外線輻射。這些輻射會有一部分從大氣中射返地球（稱逆輻射，counter-radiation），從而令地球接收的總輻射量增加。總的結果，是把地球表面的溫度提高了。

由於這種增溫的效應，與人們以玻璃製造溫室以把室內氣溫提高的原理相似，因此科學家把這一效應稱為「溫室效應」，而把具有這種效應的氣體稱為「溫室氣體」（greenhouse gas，GHG）。事實上，除了太陽輻射的「易入難出」外，「溫室」的增溫效應更大程度上來自空氣無法透過對流活動（convection）散熱。但由於這個名稱已廣被接受，科學家也沒有特意修正。

◎　溫室效應本非壞事？

啊！原來二氧化碳導致的溫室效應是罪魁禍首！你可能立即得出這樣
的結論。但事情並沒有這麼簡單。首先，地球大氣層中最重要的溫室
氣體原來不是二氧化碳而是水汽（water vapour）。此外，溫室效應
本身原來是一件好事而非壞事。

讓我們先看看第二點。原來按照科學家的研究顯示，撇除了人類所作
的影響，如果沒有了大氣層的溫室效應作用，地球的平均溫度將會是
攝氏零下 18 度，而非好像如今這般怡人的 14 度左右（以未受人類
顯著影響的十九世紀中葉計）。零下 18 度的地球將會是一個完全冰

圖 1.1　溫室效應圖解

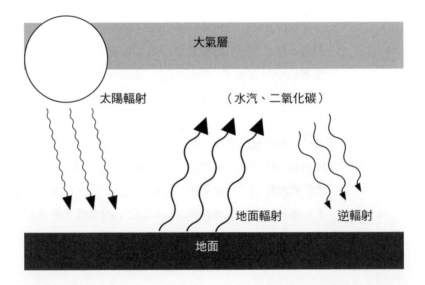

封的世界，我們很難想像生命能夠在這樣的世界裡滋長起來。也就是
說，天然的溫室效應是一件天大的好事。

至於上述有關水汽作用的第一點，溫室效應作用最大的大氣成份，
的確是水汽而非二氧化碳，但就全球暖化這個問題而言，水汽並非問
題的癥結所在。首先，地球表面四分之三以上是海洋，人類活動對全
球水蒸發量的直接影響可謂微乎其微。此外，地球「水循環」（water
cycle）的速率十分快，水汽一般只會在大氣中逗留三數天，便會以
露水、降雨或降雪等形式回到地上。具體的研究顯示，迄今為止，全
球暖化背後的成因，主要來自大氣層中二氧化碳含量的增加，而並非
水汽含量的增加。（但要留意的是，暖化本身確會令大氣層中的水汽
增加而引致暖化加劇，這是一個典型的惡性循環作用，我們往後會再
作討論。）

至此問題終於清楚了。全球暖化的元兇並非天然的溫室效應本身，而
是人為加劇的溫室效應（human-enhanced greenhouse effect）。而溯
本尋源，是因為人類大量燃燒化石燃料，而把大氣層中的二氧化碳含
量提升了。

往後我們會看到，除了二氧化碳和水汽外，大氣中還有其他溫室氣
體，而其中甲烷（methane）更令不少科學家十分憂心。但整體來
看，二氧化碳的不斷上升仍是問題的主要源頭。正因為這樣，本書往
後將會集中討論二氧化碳的排放問題。

第 2 章

全球暖化的證據在哪裡？

早於 1824 年，法國科學家傅利葉（Jean Baptiste Fourier）便已提出了地球的大氣層可以起到「保溫」作用這個觀點。1858 年，英國科學家廷德爾（John Tyndall）更透過了一系列實驗，證明這種「保溫作用」乃由於大氣層中的水汽和二氧化碳等氣體強烈吸收紅外線所引致。

1895 年，瑞典科學家沙凡提·阿倫尼烏斯（Svante Arrhenius）眼看人類工業化的步伐一日千里，於是大膽地推斷，隨著人類不斷燃燒化石燃料而釋出大量的二氧化碳，溫室效應的加劇將會導致地球的溫度上升。他更嘗試計算出假如大氣層中的二氧化碳濃度增加一倍，地球表面的整體溫度會升高多少。令人驚訝的是，在沒有任何電子計算機的幫助底下，他得出的結果——大約為攝氏 5 至 6 度——竟與今天科學家所推算的相差不遠。然而，對阿氏來說，這純粹是一項學術上的推論，因為按照他的估計，這種情況最快也要在數百年甚至一千年後才會出現。

踏進了二十世紀，眼見工業化的步伐愈來愈快，而化石燃料的消耗量愈來愈大，一些科學家開始提出警告，指出人為加劇的溫室效應可能會對氣候帶來深遠的影響。

然而，上述都只是從理論出發的推斷。對現實世界的觀測又得出什麼

結果呢？

雖然我們最終所關注的是地球的溫度，但最先引起人們注意的，則是二氧化碳在大氣中的濃度。話說在 1957 至 1958 年間，全世界（實質上當然以西方為主）的地球科學家發起了一個名叫「國際地球物理學年」（International Geophysical Year）的大型跨國科研活動。這是第二次世界大戰後一趟最大型的國際合作，期間取得了十分豐碩的成果。但對人類前途影響至深的，卻是活動末期一項幾乎沒有受到任何重視的測量活動。

◎   測量二氧化碳的背景水平

提出這項測量計劃的科學家名叫羅傑・雷維爾（Roger Revelle），而他要測量的正是大氣層中二氧化碳的背景水平（background level）。他請來進行實際測量的，是一個年輕的科學家查爾斯・基林（Charles Keeling）。基林於不久前剛發明了一台可以準確測量二氧化碳含量的儀器，可說是這項計劃的最佳人選。

測量的地點是在遠離一切工業活動影響的夏威夷群島，而且是海拔達 4,200 米的一個名叫莫納羅亞（Mauna Loa）的睡火山的山頂觀測站。在基林不少同事的眼中，這項測量簡直是浪費時間。二氧化碳是一種如此普通的氣體，它在大氣中的含量又是如此之低（而且十分穩定——起碼他們是這樣想），因此日以繼夜、月復一月、年復一年地測量它的水平，是一項近乎沒有科學意義的活動。

一位科學家曾經說過：「自然界沒有卑微的東西，一切都能給聰明的人以教益。」基林的測量正是這句說話的最佳寫照。自 1958 年開始

直至他於 2005 年逝世這短短 47 年間（對人類歷史來說乃十分之短，
對基林本人來說當然絕對不短），基林量度得的二氧化碳濃度，竟然
增加了 22% 之多！人類的活動竟然可以對大自然作出如此巨大的影
響，這是絕大部分人——包括科學家——所難以想像的。

附圖便是著名的「基林曲線」（Keeling Curve）。縱軸是二氧化碳在
大氣中的濃度，單位是「以容積計的百萬分之一」（parts per million
by volume，簡寫 ppmv，往往再簡略為 ppm）。

圖 2.1　　大氣中的二氧化碳含量（於夏威夷莫納羅亞火山量度）

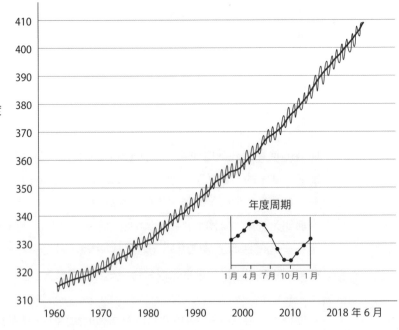

留意曲線的鋸齒形狀，乃由植物的季節變化所引起。原因是北半球的陸地面積——也就是植被的面積——比南半球的大得多，而植物的光合作用強弱隨季節變化，直接影響到大氣中二氧化碳含量的變化。

但對我們有影響的並非這些周年的循環，而是全年平均值的總體趨勢。基林開始測量時，這個水平是 315ppm，但到 2018 年已達 410ppm 之譜。更為令人憂慮的是，曲線不單在上升，而且上升的速率（特別在上世紀九十年代以後）更有加速的趨勢！

而按照溫室效應的原理，二氧化碳濃度的這種顯著增加，將可能導致地球整體溫度上升。關鍵的問題是，我們真的量度到這一升溫嗎？

◎　小升溫也能釀成災難

留意我們在此說的升溫，並非某一城市甚至某一區域的升溫，而是整個地球溫度的上升。要量度這個溫度絕非容易的事情。我們必須把南北半球在春夏秋冬四季的溫度、城市與郊野的溫度、陸地和海洋的溫度，甚至高山和低地等的溫度平均起來，才能得出一個地球的「全年平均整體溫度」（global annual average temperature）。但經過了科學家多年的努力，我們終於對這個溫度作出了可靠的測量。結果是，在過去 100 年來，這個溫度已上升了攝氏 1.3 度。（嚴格的數據是自 1917 至 2016 年上升了 1.25 度，誤差值約為 ±0.5 度。）

區區 1.3 度的升溫又哪值得我們憂慮呢？你可能會說。這可大錯特錯了。不錯，我們日常所感受的溫度變化，無論是日夜之間，還是冷暖季節之間，動輒也在攝氏 10 度以上。由此看來，攝氏 1 度左右的溫差又有什麼可怕呢？但我們不要忘記，這個溫差並非日夜之間或是季

圖 2.2　　全球平均地面氣溫

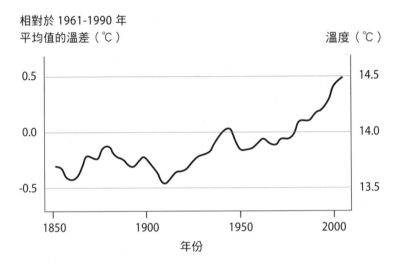

相對於 1961-1990 年
平均值的溫差（℃）　　　　　　　　　　　　　　　　　　溫度（℃）

年份

節之間，而是地球整體平均溫度的變化。這個溫度理應是十分穩定
的，如今短短 100 年內升了超過 1 度，那是絕不簡單的一回事。

往後我們將看到，這個升溫已經導致眾多的冰川和北極的海冰
（Arctic sea ice）大幅融化，亦導致世界各地一些生態系統出現失衡。
研究海洋的科學家亦證實，除了空氣外，全球海水的溫度亦正不斷上
升，而且這種升溫已經不獨限於海洋表面，而是延伸到洋面以下近
3,000 米深的地方。冰川的融化加上海水因受熱膨脹，已令全球的海
平面在過去 100 年上升了 22 厘米。

簡單的結論是，阿倫尼烏斯於百多年前所作的預言正在實現：人類大
量燃燒化石燃料所放出的二氧化碳，正透過溫室效應而令地球的溫度
上升。而更為不幸的是，這種溫度變化的速度較他所預計的快得多。

圖 2.3　全球平均海平面高度

相對於 1961-1990 年
平均值的差距（mm）

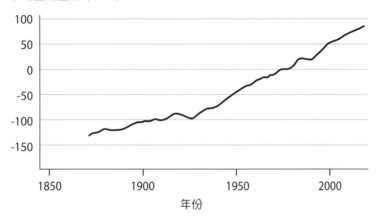

第 3 章

是自然波動還是人為現象？

全球溫度上升已是一個不爭的事實。除了上文提到全球平均溫度的百年趨勢外，自從我們 1870 年擁有較為可靠的溫度記錄起，至 2018 年後半年，十個最熱的年份皆於 1997 年後出現，而最熱的 25 年皆於最近 30 年內出現！記錄上最熱的五個年頭分別是 2016、2015、2017、2014 和 2010 年。

其實不用科學家告訴我們，世界各地的人們已經感受到，酷熱天氣出現的次數較過往更多，持續的時間亦更長，溫度亦較過往更高。而在不少地方，山林大火明顯較過往更頻密，而火勢亦更為猛烈。（筆者執筆的 2018 年就是受到全球熱浪和山火蹂躪的一年。）

自有氣象記錄以來，全球平均溫度最高的兩年是 2016 和 2015 年。但早於 2003 年，歐洲便已經歷了一趟「百年一遇」的可怕熱浪。在短短個多星期內，在意大利、法國、德國、西班牙等地，因熱浪直接或間接影響而死亡的人數超過了 70,000 之多。一些專家警告，這種在傳統氣候學上應是「數百年才一遇」的反常天氣，將來很可能會成為「數十年一遇」甚至「十年一遇」……。（筆者執筆前一個月，位於北極圈內的挪威一處地方，竟然錄得前所未聞的 32 度高溫！）

◎　全球暖化是自然波動？

但從科學的角度看，把全球暖化認定為人類活動的結果，是否過於輕率的一個結論呢？要知自然界的變化總有各種波動和反覆，也許我們現在看到的暖化現象，只不過是自然波動的一部分而已？

不錯，氣候的變遷（climatic changes）完全可以是一種自然現象。相信大家都聽過「冰河紀」（Ice Ages）這回事吧。過去數百萬年來，地球上曾經出現過多次的冰河紀。期間最冷的時候，整個歐洲和大半個北美洲皆被厚達數千米的冰雪所覆蓋。而最暖的時候，即使鱷魚這種熱帶生物也可在歐洲北部出沒。

最後一次冰河紀約於 13,000 至 12,000 年前左右退卻，而人類的早期農業革命則於 12,000 至 11,000 年前左右發生。科學家把冰河紀與冰河紀之間的溫暖時期稱為「冰河間期」（inter-glacial）。也就是說，人類文明的發展，至今都是在一個溫暖怡人的冰河間期中進行的。

冰河紀的更迭一般以數萬至數十萬年為單位。但即使以數千甚至短至數百年為單位，自然氣候也可以出現明顯的變化。在歐洲氣候史的研究中，兩個最著名的變化是公元八至十三世紀的「中世紀溫暖期」（Medieval Warm Period），以及由十五至十九世紀初的「小冰河紀」（Little Ice Age）。在前一段時期，北歐的維京人（Vikings）在格陵蘭建立了殖民地，進行農耕；而在後一段時期，倫敦的泰晤士河在冬天會結成堅冰，民眾可在上面舉辦賣物會和各種遊藝活動。

由此看來，我們今天所目睹的全球暖化現象，是否也只是自然界波動的一部分，而與人類的活動無關呢？

這是一個十分合理的疑問，而科學家對此亦做了大量的研究工作。就冰河紀而言，深入的研究顯示，起因是地球的自轉和公轉運動都存在著一些周期性的變化，而在海陸分佈形態和季節更迭的影響下，這些變化遂導致陸地上冰川的周期性擴張與消減。這便是冰河紀成因的著名「天文學假說」（astronomical theory of ice-ages formation）。

事實上，按照這個學說，我們如今所身處的「冰河間期」已經過了一半。也就是說，地球未來的氣候，會一步一步的變得冷起來。無獨有偶，大約自 1940 至 1970 年這數十年間，科學家發覺地球的溫度竟下降了近 0.4 度！一時間，「我們正步向另一個冰河紀！」這種聳人聽聞的宣稱甚囂塵上，而有關全球暖化的威脅則無人問津。（有關這 0.4 度的降溫我們將於稍後再作探討。）

◎　人為因素是唯一解釋

讓我們回到自然氣候變化的成因之上。對於好像「中世紀溫暖期」及「小冰河紀」等時間尺度短得多，而變化幅度也小得多的現象，科學家嘗試用特大火山爆發所噴出的火山灰遮蔽了部分陽光，以及太陽輻射的極微小變化（以千分之一的幅度計算）等因素來加以解釋。電腦模擬的結果顯示，這兩項因素確能成功地解釋過去近千年來的地球溫度變化——如果我們不考慮最近這數十年的話。

圖 3.1 實分為兩部分。近底部的多條曲線（相對於右邊垂直軸的模擬溫度反應）是科學家考察各種可能影響地球溫度的因素後所計算出來的「溫度效應」，而圖的上半部則是地球平均溫度的實際觀測結果（相對於左邊垂直軸的溫度），以及把所有因素加起來後的電腦模擬溫度變化。情況十分明顯，只有包括人為加劇的溫室效應，才可解釋地球

圖 3.1　氣候變化成因分析

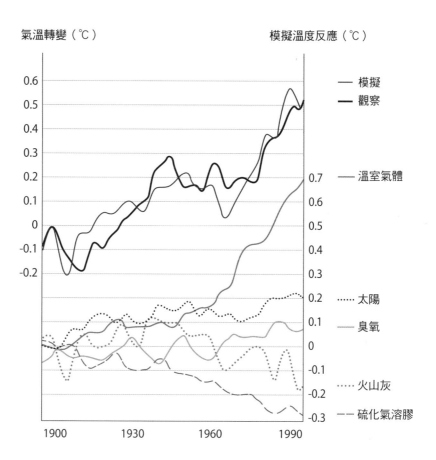

過去數十年來的急速升溫。

另一項支持人為因素的強有力證據，是科學家發現的「平流層冷卻」
（stratospheric cooling）現象。原來影響著我們的種種天氣變化，主
要都只是集中於從地面到 15 至 20 公里高的對流層（troposphere）。

在此之上，是垂直對流運動極少（因此也缺乏天氣變化）的平流層。
如果全球氣溫上升真的由太陽輻射加強所引起，那麼平流層與對流層
將會同時受熱而增溫。但科學家發現，過去數十年平流層的溫度不升
反降。這與溫室效應的預測吻合，卻與太陽變動假說不相符。

結論很清楚了，基林曲線於過去大半個世紀的急升，乃是地球溫度不
斷上升的罪魁禍首。正因為這樣，科學家把我們今天所觀測到的暖化
現象稱為「人為全球暖化」（anthropogenic global warming）。

第 4 章

關鍵的平衡——對「碳循環」的基本認識

假設你面前有一個很大的水缸，水缸上方有一個水龍頭，正把水不停傾注到水缸之中。另一方面，水缸近底部之處亦有一個水龍頭，可讓水從缸中流走。就是一個這樣簡單的裝置，即可大大加深我們對全球暖化危機的了解。

水缸中的水便是大氣層中蘊含的二氧化碳。在工業革命之前，不斷流進大氣中的二氧化碳主要源自動物的呼吸，而不斷把二氧化碳移走的則是植物的光合作用。雖然期間也有涉及一些好像風化等的地質作用，但總的來說，動植物之間的互動，令大氣中的二氧化碳水平處於一個微妙的動態平衡（dynamic equilibrium）。這種現象，科學家稱之為自然界的「碳循環」（carbon cycle）。在上述的例子中，這便有如從底部流出的水，被水泵不斷輸送回上方的水龍頭那兒，而由於流入量和流出量基本一致，因此缸中的水面高度保持不變一樣。

◎ 「庫存」、「流量」、「排放源」和「吸儲庫」

留意在這種情況下，我們會把某一刻缸中水的總量稱為「庫存量」（stock，往往又簡稱「庫存」），而把每時間單位流入或流出的水量稱為「流通量」（flow，往往又簡稱「流量」）。另一方面，把水注入缸裡的水龍頭我們稱為「排放源」（source，往往簡稱「源頭」），而

把水從缸中移走的水龍頭則稱為「吸納源」（英文的術語是 sink，由於背後的概念還包含了吸納後的儲存，因此更準確的稱謂是「吸儲庫」）。

在認識全球暖化這個問題上，特別是探討如何對抗全球暖化的威脅之時，「庫存」、「流量」、「排放源」和「吸儲庫」這幾個概念皆十分重要，有必要先把它們弄清楚。

回到大水缸這個例子之上。如果我們把上方水龍頭（排放源）的水流（流量）加大，缸中的水位最初自然會升高。但隨著水位升高，水缸底部的水壓亦會升高，而缸底水龍頭的流量（吸納源的移除量）亦會因此而增加，結果是：水位會因為流出量加大了而很快便降回原有的水平。

這正解釋了為什麼工業革命雖然發生了超過 200 年，但大氣中二氧化碳含量的增加（以及因此而帶來的增溫），並沒有立刻在記錄上顯示出來。這是因為人類最初傾注入大氣的二氧化碳總量不太大，而自然界的各種「吸納源」（學術界中一般稱為「碳匯」，carbon sinks）在二氧化碳濃度上升的情況下，自動地加大了吸納量，從而使二氧化碳的大氣濃度保持在一個大致穩定的水平。其中最重要的吸納源，是可把二氧化碳溶到水裡的海洋、陸地土壤裡的細菌，以及可以生長得更茂盛的森林。

◎　吸儲庫的飽和

然而，上述的「自我調節機制」（self-regulating mechanism）是有限度的。以水缸中的水位為例，如果我們不斷加大注入水流的流量（例

如多加幾個水龍頭），底部那去水管最終也會應付不了，而缸中的水
位會開始慢慢上升。在現實世界裡，由於工業化的步伐不斷加快，被
排放到大氣當中的二氧化碳不斷增加，大自然的吸納能力最後也追不
上排放的流量。吸納後剩餘下來的二氧化碳於是在大氣層中積累，最
終導致濃度的上升。這種上升最先是緩慢的，但隨著排放量的不斷上
升以及各種自然「吸儲庫」的吸納能力趨向飽和，二氧化碳濃度的上
升於是不斷加快，最後出現了基林曲線的急升階段。

圖 4.1　過去 80 萬年的二氧化碳大氣濃度變化

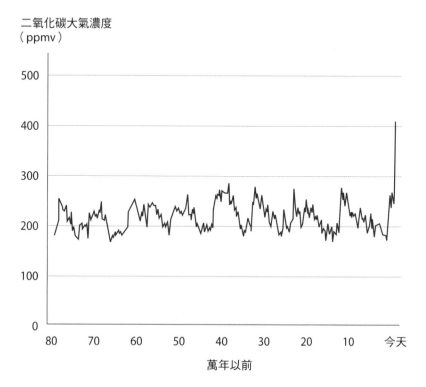

二氧化碳大氣濃度
（ppmv）

全球暖化的嚴重性，當然直接由大氣層中二氧化碳的庫存所決定，而庫存的指標，正是這一氣體在大氣中的濃度。記得基林開始進行測量時，這一濃度是 315ppm。科學家透過大量間接的資料（術語中稱為「替代性資料」，proxy data），推算出在工業化還處於較早期階段的 1850 年左右，這個濃度只是 280ppm。如果以這一數值作為基準（baseline）的話，人類的工業活動至今已令大氣層中的二氧化碳含量增加了近 46% 之多！

過去數十年來，科學家從南極洲和格陵蘭的冰層鑽取了大量的冰芯（ice cores），並從其中包含的氣泡測定出地球過去數十萬年來的二氧化碳大氣含量。他們驚訝地發現，今天達到 410ppm 的二氧化碳濃度，已經遠遠超出地球過去 80 萬年來的最高水平！

而最令人憂慮的，是二氧化碳的排放量還在不斷增大。按照科學家的計算，在上世紀九十年代初期，人類每年排放的二氧化碳約為 200 億公噸（200GtC/ yr），而濃度上升的速率約為每年 1 至 2ppm。但到了 2018 年，排放的速率已增至近每年 400 億公噸（400GtC/ yr），而濃度上升的速率已增加至每年 3ppm。

在「排放源」有增無減的情況下，更令人憂慮的是「吸納源 / 吸儲庫」的減弱趨勢。科學家的研究顯示，如今每年近 400 億公噸的排放，有超過 80 億噸由海洋（包括海水的溶解和浮游植物的吸收）所吸納，另有近 120 億噸則由陸地所吸收。也就是說，每年有近 200 億噸的剩餘二氧化碳在大氣層裡積累起來。如果各種「吸納源」的吸收能力因趨近飽和而逐漸下降，則二氧化碳的濃度將會猛然急升。一些計算指出，這個濃度到了本世紀末可高達 1,000ppm。

對於「二氧化碳吸儲庫」（碳匯）的運作詳情，顯然是當今一個重大的研究課題。在這方面，科學家對陸地的了解比海洋薄弱得多。最新的研究顯示，陸地（特別是岩石和土壤）的吸儲能力可能較我們之前預計的高。這固然是個好消息，卻也絕不應該成為可以鬆懈下來，甚至拖延抗暖化行動的藉口。（而另一方面，海洋吸熱的能力亦較科學家以往所估計的為高，所以我們現時所量度到的氣溫上升，已經因為海洋的緩衝作用而受到抑遏。）

◎ 「平衡狀態」有其極限

最後要提的一點，是一些人對於「平衡狀態」（state of equilibrium）的誤解。他們的理論是：大自然是如此的浩瀚和奧妙，我們即使作出了什麼干擾，它也有辦法回復到平衡的狀況，我們毋須杞人憂天。

事實是怎樣呢？讓我們以一個簡單的實驗來說明一下。我們將一個盛載飲料的高身塑料瓶子垂直地放在桌上。現在我們水平地向著瓶子的上半部碰撞一下，只要碰撞的力度不太大，我們可以看到，瓶子因外力傾側後，很快便回復到原來的位置。我們將碰撞的力度逐步增加又如何呢？不用說大家也猜到，瓶子傾側的程度會愈來愈大，而到了最後，會因傾側太大而倒下。也就是說，外來的干擾超過了一個限度時，原來的平衡便會消失了。

且慢，平衡真的消失了嗎？橫臥在桌上的瓶子不也是處於一種平衡狀態嗎？不錯，從物理學的角度而言，瓶子只是從一個垂直的平衡態轉移到另一個水平的平衡態罷了。但就地球的氣候而言，如果人類的干擾促使它從現在的平衡態轉移到一個新的平衡態，這個新的地球可能已是一個不適合人類居住的世界。

所以下次你再聽見人們呼籲「綠色救地球」之時，你應該明白這句話
從科學的角度來看是多麼可笑。地球形成至今已有 46 億年，它經歷
過無數劇烈的氣候變化而依然故我（或說它可以處於遠為不同的平衡
態而依然健在）。地球不需要人類來拯救，真正需要拯救的是我們人
類自己。

第5章

對「複式增長」的基本認識

自工業革命以來，人類對各種天然資源的消耗及對自然環境的破壞，都呈現出「複式增長」的趨勢。要充分了解人類現今所面對的問題，我們遂必須對「何謂複式增長？」這個問題有一較深入的了解。

首先讓筆者以一條數學題考考大家：把一張紙對摺 50 次的話，紙張會有多厚呢？請先不用計數機，而只是以直覺來作一個「常識性」的推斷，好嗎？

「紙張厚薄不同，答案自會不同嘛！」你可能會說。但請相信筆者，厚薄並非關鍵所在。為了使你安心，就假設厚度為 0.1 毫米吧。

答案是什麼？五毫米？十毫米？還是大上十倍的五厘米或十厘米？如果筆者說答案至少大於十米，你是否以為筆者在誇大其辭？若筆者說厚度會比巴黎鐵塔更高，你一定以為筆者瘋了！但要是筆者把真實的答案說出來，大家準會大嚇一驚並拒絕相信。答案是：「厚度」會較從地球到月球的距離更大！（當然這是理論上而言，在現實中我們根本無法做得到。）不信？你大可親自計算一下。

這便是複式增長的驚人威力！

◎ 複式增長有多厲害？

其實大家都可能聽過這樣的一個故事：古時有一個國王（一說是波斯、一說是印度）醉心棋藝，但由於他每次下棋都勝出，漸漸感到沒有什麼意思，於是向全國宣佈，誰贏了他便可向他索取任何賞賜。最後，他竟然落敗在一寂寂無聞的人手上。身為國王的他當然要信守承諾。然而，這個人卻只是要求賞賜一些麥子，而計算的方法，是在棋盤的第一格放一粒麥子、在第二格放兩粒、第三格放四粒、第四格放八粒……如此類推。國王最初以為這個人必定是個傻子。結果嘛，遠遠在 64 個棋格還未填滿之前，整個國家的穀倉即已為之一空！

有了上述的「熱身」，現在再來一條 IQ 題如何？假設一隻細菌被放到一支滿載營養液的試管。假如細菌每分鐘分裂一次，而一小時後整支試管都滿是細菌，則試管在什麼時候是半滿的呢？

如果還未能立刻說出答案的話，讓我們先看看以下這個寓言：一個園丁發現偌大的荷塘開始有野草生長，而生長的速度是每天面積增加一倍。過了很多天，他發覺半個荷塘已被野草所佔據。但那天他剛巧很忙，而且他心想：「野草要過了這麼多天才擴展至池塘一半的面積，要清除的話也不急於一時吧。」於是決定過兩天沒有這麼忙才作處理。結果嗎？結果他第二天一早醒來，整個荷塘都已被野草所佔據，而所有荷花和其他塘裡的動植物都窒息死了……。

讓我們回到上述裝有細菌的試管之上。至此你當然知道，試管半滿的時候是第 59 分鐘。

無怪乎愛因斯坦（Albert Einstein）曾經說過：「宇宙中威力最大的事

物是複式增長。」不幸的是，人類認知上一個最大的盲點，正是未能
充分領略複式增長的巨大威力。

複式增長（compound growth）又稱「指數增長」（exponential
growth）。它的特徵之一，是開始時一般都毫不起眼，因此十分容易
被人忽視。一個最好的例子是我們銀行裡的存款。我們一方面知道有
關利率是一種「複式利率」（compound interest），是以存款的數目
正在以複式增長；可是另一方面，我們從來不會覺得存款增長得很
快，相反只會抱怨它增長得太慢。正是這種「日常體驗」，蒙蔽了我
們對這種增長的真切了解。

◎ 倍增期的計算方法

描述一項複式增長其實只需兩個數字：事物的初始數量，以及增長
的速率（growth rate）。但對大部分人來說，「增長率」怎樣才算大
或怎樣才算小實在難以掌握，也難以由此得悉增長的威力究竟有多
大。幸好，我們可以透過一些簡單的數學運算，把這個數字轉化為另
一個容易理解得多的數字：倍增期（doubling period）。

所謂倍增期，便是事物數量由原本的水平〔可以用 $N(0)$ 來代表〕增
加至其兩倍所需的時間。相對於任何增長率 r，我們皆可透過方程式
計算出倍增期 t（若 t 的單位為「年」，則對應的 r 應為「年增長率」）。

倍增期的計算方法：

列出「指數增長方程」：$N(t) = N(0)[1 + r]^t$ ·····························（1）

現設 N(t) = 2N(0)，則方程變為

$$2 = [1 + r]^t$$

左、右兩邊皆取其對數（logarithm），則我們有

$$\ln2 = t \times \ln[1 + r]$$

移項後我們得出

$$t = 0.693147 / \ln[1 + r] \cdots\cdots\cdots（2）$$

就以 2008 年金融海嘯之後，總理溫家寶提出要「保八」為例。所謂「保八」，是指要把國家每年的經濟增長維持在 8% 或以上。好了，若把增長率 r = 8% = 0.08 這個數值放進方程式（2）之中，我們可以算出倍增期 t 為九年。

這意味著什麼？這意味著從 2008 年至本世紀中葉，我國經濟的整體規模——以及由此引致的物資消耗、能源消耗、廢物產生、生態破壞、環境污染等——將較 2008 年時大 32 倍；而至本世紀末，則更會大上 1,000 倍！

讓我們看看美國。美國的人口只是中國的五分之一多一點，可是物資與能源消耗卻長期處於世界之冠。金融海嘯後它爭取保持 3% 的經濟增長。請大家算算看，以這樣的增長率，到了本世紀的中葉和末葉，美國經濟的規模會較 2008 年大多少倍？

如此簡單的計算即已說明，現今世界發展的模式是如何的不可持續。但可悲的是，直至今天為止，我們最關心的新聞，仍然是「經濟增長較去年上升了多少個巴仙」，或（對於買了某間公司股票的人來說）「公司的業績較去年上升了多少巴仙」。這些人要是被邀接受有關環保的問卷調查，絕大部分準會表示「十分支持社會的可持續發

展」。這便是現時人類所患的精神分裂症。在本書的後半部，我們會
嘗試分析這種精神分裂症的深層原因。

圖 5.1　　過去 2,000 年的世界人口增長

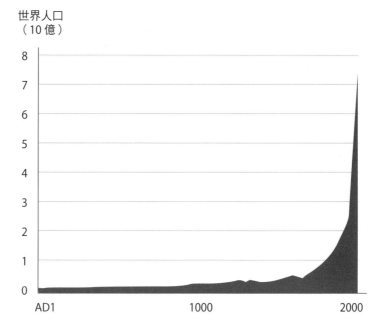

圖 5.2　全球能源消耗量的增長（1860-2000）

能源消耗量
（太瓦時）

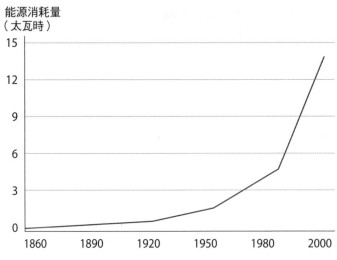

註：「太」為數量冠詞，代表 10 的 18 次方（10^{18}）

圖 5.3　每年由人類活動引致的全球二氧化碳排放量（1800-2015）

公噸碳／
每年（10 億）

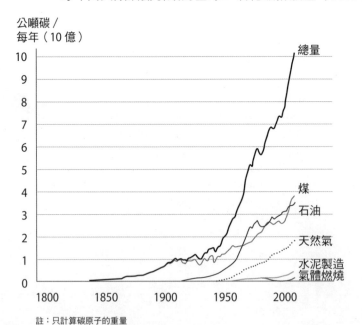

註：只計算碳原子的重量

第6章

對「反饋」、「時滯」和「臨界點」的基本認識

如果上一章的內容已經令你焦慮不安的話，那麼本章的內容更可能令你噩夢連場。但我必須強調，筆者的目的絕非散播恐慌。要對抗災難，我們便必須對災難的性質有正確的認識。「鴕鳥政策」不但於事無補，而且更會減低我們力挽狂瀾的機會。

◎ 正反饋與負反饋

首先讓我們看看「反饋」（feedbacks）的概念。反饋可以分為兩大類：正反饋（positive feedback）與負反饋（negative feedback）。前者指「某一事物的變化會進一步加劇這一變化本身」；而後者則指「某一事物的變化會反過來抑遏這一變化的進一步發展」。

一個很好的例子是在酒會中，由於人群的談話聲浪頗大，為了令對方聽得清楚，我們談話時惟有把嗓門加大，如是者背景的聲浪只會更大，而我們惟有把嗓門再加大……。這種聲浪不斷提升的情況稱為「正反饋」。好了，如果背景聲浪已令到我們無法好好交談，於是不少人借意把交談結束，結果是酒會的聲浪降了下來。這種「聲浪上升，最後反倒導致聲浪下降」的情況，便正是一種「負反饋」的現象。

反饋作用在很多自然界的變化中皆十分重要。大家也許都聽過「風乘火勢、火助風威」這種說法吧。風和火的相互促進便是一種正反饋的現象。但假設烈火把整座樹林燒毀了，大火因為再沒有東西可燒而最終熄滅，這也可看成為一種負反饋作用的表現。此外，雪崩之中的所謂「滾雪球效應」（snowball effect），也顯然是一種正反饋的結果。

大家有沒有想過，我們在唱卡拉 OK 時，偶然會因為音量驟然上升而被嚇一大跳，背後正是正反饋作用在作祟？原來我們偶一不慎把拾音器（咪高峰）指向正在發聲的揚聲器（喇叭）之時，揚聲器發出的聲浪會被拾音器拾取，然後交由擴音機擴大，從而再由揚聲器播出，然後再由拾音器拾取，然後再……。不難想像，這樣的滾雪球式效應會導致音量驟然上升，從而嚇我們一大跳。

反饋現象也普遍存在於社會現象之中。例如有傳聞說股市會因為某種原因大幅下挫，為求自保，不少股民於是將手上的股票拋售。結果是一眾股票的價格下挫，從而觸發起更大的恐慌和拋售潮，從而進一步將股市推低……。這種惡性循環當然也是正反饋在發生作用。在社會學中，這又稱為「自我實現的預言」（self-fulfilling prophecy）。

我們往後會看到，全球暖化背後充滿著各種正負反饋的現象。現在讓我們看看兩個比較簡單的：天氣熱了，人們把空調加大，結果是用電更多，燃燒更多化石燃料，從而釋放出更多二氧化碳，令天氣變得更熱……。不用說這是一個正反饋作用。可是另一方面，如果溫度升高令洋面的蒸發量加大，從而增加了大氣中的水汽並導致全球的雲量上升，則入射的太陽輻射會被雲層所反射和遮擋，最後令地球的溫度下降。這種變化便是一個負反饋的現象。

◎ 時滯效應與臨界點作用

現在讓我們來看看「時滯」（time lag，又稱「延滯」）和「臨界點」
（critical point，俗稱 tipping point）又是什麼回事。

讓我們做一個小小的假想實驗。假設在一個寒冷的冬天早上，我們把
一塊硬繃繃的牛油從冰箱裡拿出來，為了令它快點融化，於是把它放
到一個平底鐵鍋，並把鐵鍋放到灶頭上加熱。好了，讓我們選擇最猛
的火力。問題是，牛油是否於開火後便立刻融化呢？

答案當然是不會。原因是鐵鍋本身也是冷冰冰的，即使有猛火在下
面燒，它也要一段時間才會升溫，而升溫後的鐵鍋會把熱量傳給牛
油，牛油則會不斷吸熱然後慢慢升溫。而只有當整塊牛油的溫度高於
它的融點時，牛油才會開始融化。

由這個簡單的例子可以看出，事物的變化是需要時間的，而且變化中
往往有一些重要的轉捩點，例如上述牛油的融點便是。這些轉捩點我
們統稱為「臨界點」，有時又稱為一項變化中的「閾值」（threshold）。
但在日常用語中，一個更為人熟悉的英文稱謂是 tipping point，最接
近的中文翻譯便是我們日常所謂的「轉捩點」。

讓我們再深入點看看時滯效應的性質。這一效應主要源自一個系統在
面對外來干擾時的各種固有「惰性」（inertia）。例如鐵達尼號在撞向
冰山之前，船員已經發現危險並立刻將船減速和轉向。但海水的巨大
阻力令轉向不可能即時發生，而船隻前進時的巨大去勢亦令它無法即
時停止。結果是，災難性的碰撞還是發生了……。

＼

上述的時滯主要源自物質在運動期間的「動力惰性」(dynamical inertia)；而在牛油融化的例子當中，時滯的來源是物質的「熱力惰性」(thermal inertia)，更具體的說法是來自物質的「熱容量」(thermal capacity)作用。我們往後將看到，這一作用在我們預測氣候變化時起著極其關鍵的作用。

至於有關「臨界點」的一些例子，包括了地殼中的斷層長期受力，最終不堪負荷折斷而導致地震；以及不斷對一個人在語言上作出挑釁，最後導致他作出暴力的行為等等。在西方的諺語中，則有一句頗為生動（雖然有點誇張）的說法：「把駱駝弄垮的最後一根稻草。」(The last straw that break the camel's back.)

讓我們再以一個虛擬（即沒有考慮生物學上的真實性）的問題，以說明臨界作用如何會令我們掉以輕心。假設一片新鮮的魚生從冰箱被拿出來時擁有十隻細菌，而細菌在室溫中可於十分鐘分裂一次。如今再假設我們的天然抵抗力能夠處理 5,000 隻這樣的細菌，但若超過了便會開始感到不適。細菌數目超過了 10,000 的話，更會令我們嘔吐大作。現在的問題是，這片魚生被拿出來多少時間後，我們吃了會：

（1）沒有什麼感覺？
（2）感到有點不適？
（3）嘔吐大作？

答案是：

（1）直至 90 分鐘前；
（2）90 分鐘後；以及

（3）100 分鐘後。

而人們往往不明白的是：魚生拿出來已近一個半小時，為什麼他吃了什麼事也沒有，而我只是遲了十分鐘左右吃，卻嘔吐大作甚至要入醫院。事物的變化哪有這麼大的分別？

對！事物變化就是可以有這麼大的分別。而在人類一刻未止的干擾下，地球的氣候正在趨向「90 分鐘」的位置……。

危言聳聽嗎？請大家想想一座巍峨的水壩。假設水壩因日久失修而出現了一道微小的裂縫。一次洪水暴漲之下，裂縫逐漸擴大。在外表看來，水壩好像沒有什麼異樣，但數小時之後，裂縫終於抵受不住洪水的壓力而迅速擴張，水壩頃刻間轟然塌下。一些人可能覺得這是一個突然而來的災難，但有識之士當然知道，災難的禍根一早便種下了……。

無論是反饋作用、時滯效應還是臨界現象，都屬於事物變化中的「非線性現象」（non-linear phenomena）。我國諺語中的「差之毫釐、謬之千里」，或是「四両撥千斤」的說法，正是這類現象的形象描述。我們往後將進一步看到，這類現象在全球暖化中正如何扮演著十分重要——以及令人憂慮——的角色。

第7章

溫度還會上升多少？——IPCC 的
預測可靠嗎？

全球的溫度在未來還會上升多少？這是一個至為關鍵的問題，卻也是個不易回答的問題。

之所以不易回答，原因主要來自兩方面。第一是我們不能確定，人類在未來（例如未來 20、50 甚至 100 年）還會傾注多少二氧化碳到大氣中去。第二是即使按照最先進的科學知識和理論，我們仍是無法確定，隨著二氧化碳水平的增加，溫度會隨著溫室效應的作用而大致「線性地」增加，還是會因為自然界中一些「非線性的變化」，而作出更為大幅的飆升。

在探討這兩個問題之前，讓我們先看看，聯合國專家小組迄今作出了怎樣的預測。

◎ IPCC 的預測

原來早於 1988 年，在世界氣象組織（World Meteorological Organization）和聯合國環境計劃（United Nations Environment Programme，UNEP）的共同領導下，聯合國經已成立了一個名為「跨政府氣候變化專家組」（Intergovernmental Panel on Climate

Change，IPCC）的組織，以研究氣候變遷可能對人類帶來的影響。

IPCC 的成員來自不同國家，但都是在地球科學研究——特別在氣象學和氣候學方面——卓有成就的知名學者。他們的人數由最初的數十人，到了今天已達數千人之多。在個人的層面，他們之中固然有直接研究全球暖化這個課題的，但作為一個團體，他們的任務並非直接進行有關的科學研究，而是全面地考察、綜合和評估有關的最新研究成果，然後寫成報告以給世人參考。

迄今為止，IPCC 先後發表了五份詳盡的報告書，時間分別是 1990、1995、2001、2007 和 2013 年。其中第一份報告書對全球暖化是否屬實，以及即使屬實，與人類的活動是否有直接關連等問題，仍然作出了一定的保留。但隨著證據的積累，這些保留在 1995 年第二份報告書裡已大幅降低。正因為這樣，聯合國才推動各國於 1997 年在日本的京都簽署著名的《京都議訂書》（*Kyoto Protocol*）。

《京都議訂書》的具體內容是什麼，我們會於本書的第三部分講述。我們如今最感興趣的，是 IPCC 於 2013 年所發表的第五號報告書（亦即最新的報告，下一份報告預計將於 2022 年發表）之中，對全球升溫作出了怎樣的預測。這份報告的英文名稱是 *The Fifth Assessment Report*，人們大多簡稱為 AR5。為了簡潔，我們以後也會採用這個稱謂。

AR5 其實作出了多個不同的預測，而每個預測乃基於不同的「情境設定」（scenario settings）。其中最樂觀的，是假設人類立刻大力作出「減排」行動以遏抑二氧化碳的增長。在這種最樂觀的情況下，到了公元 2100 年，全球的溫度上升預計為攝氏 0.3 至 1.7 度，而海平

面的上升則為 26 至 55 厘米。

至於最悲觀的預測，乃所謂「一切照舊」（business-as-usual，BAU）的情況，即人類什麼也不做而繼續追求經濟的高度增長。在這種情況下，到了公元 2100 年，全球的溫度上升預計為攝氏 2.6 至 4.8 度，而海平面的上升則為 52 至 98 厘米。

以上便是 AR5 的結論，是迄今為止有關全球暖化發展最權威的論斷。（把這個預測和 2007 年發表的 AR4 比較是頗為有趣的，那時的最高升溫預測是 6.4 度，而最高海平面上升預測是 59 厘米，也就是說，新的評估將溫度預測調低了，卻把海平面預測調高了。預測之困難由此可見一斑。）

◎　事態發展超出預測

然而，自 AR5 發表以來，這個「最權威」的論斷已受到了科學界不少質疑甚至挑戰。質疑的原因包括：

（1）在二氧化碳增長的問題上，批評者指出即使在最悲觀的情境設定下，IPCC 也大大低估了中國和印度的崛起，以及其他第三世界國家興起所帶來的影響。也就是說，在真正的 BAU 情況下，二氧化碳的增長會較預計中的更為厲害，而溫度的上升也會遠遠超過 4.8 度。

（2）在海平面上升的問題上，AR5 預測的大前提是處於格陵蘭和南極洲的巨大冰層不會出現任何顯著的融化。但近年來觀測到的現象卻是，這兩處的冰層（特別是格陵蘭冰川）的融化，皆較科學家原先估計的厲害和迅速。按此推斷，AR5 所預測的海平面上升很有可能大

為偏低。一些科學家的估計是接近 2 米，而不是報告中所預期的不足 1 米。

（3）在 IPCC 所用作參考的各個有關氣候變化的電腦數值模型（computer climate models）之中，大部分都沒有充分考慮自然界中的一些臨界現象（如凍土的大規模融解）可能導致溫度的大幅跳升。這是因為它們都假設升溫的幅度不致引發這些臨界現象。但假如它們原先的增溫估計偏低，我們便必須認真地考慮這些驟變所會帶來的嚴重後果。

事實上，不少前線的科學家指出，很多暖化的指標如高山冰雪融化的速度、格陵蘭平均氣溫的上升，以及海平面上升的速率等，都較 AR5 所預計的迅速。總的來說，不少論者都認為 IPCC 的結論是過於保守了。

不少論者指出，IPCC 的結論過於保守是完全可以理解的。一來厚近千頁的報告撰寫需時，因此當中引用的很多資料都是一兩年前（即 2011、2012）甚至更早的研究結果；二來好像 IPCC 如此龐大的一個編輯委員會（單是負責撰寫的科學家便多達 800 多人），要每樣事情都達至共識是接近不可能的一回事，結果是下筆時只能以相對最少爭議的較保守論斷作依歸……。

總結來說，今天大部分科學家都認為「最樂觀」的預測已經可以置諸不理。在溫度方面，全球溫度於本世紀末較今天高出 3 至 4 度差不多是肯定的了。但至於會否再升至更為災難性的地步，則視乎人類未來的努力而定。早於 2009 年，一群專家在哥本哈根國際氣候會議召開的前夕，發表了一份名為《哥本哈根診斷》（*Copenhagen*

Diagnosis）的研究報告，指出以目前的趨勢，本世紀末的二氧化碳濃度將突破 1,000 ppm 大關，而溫度的升幅將達 7 度之多。自報告發表以來，世界發展的趨勢似乎更符合《哥本哈根診斷》而非 AR5 的預測。

結論是，人類如今的發展模式不作出重大改變的話，巨大的災難將無可避免。

至於在不同的預測之下海平面會上升多少，由於爭議更大，我們會於第 10 章再作探討。

第 8 章

全球暖化迄今已帶來了什麼影響？

全球暖化帶來的最直接影響，不用說是「天氣變得愈來愈熱」。

到了今天，差不多全世界的人都已經感覺到，每年的夏天變得愈來愈熱，而冬天則愈來愈溫暖。與此同時，夏天的時間愈來愈長，而冬天則愈來愈短。也就是說，秋天來得愈來愈遲，而春天則愈來愈早。

科學家的研究更加發現，在全球的範圍內，氣溫上升的幅度不是均勻的。總的而言，高緯度（即離赤道較遠）地區的升溫，較接近赤道的區域（即熱帶及亞熱帶地區）為多，至於接近兩極的地區則升溫幅度更為顯著。此外，高山的區域一般亦較低地（特別是沿海）升溫更多。這一空間上的差異，某一程度上解釋了科學家最初為何大大低估了高山和兩極冰雪融化的速率。（就以格陵蘭為例，雖然全球平均溫度於過去 100 年只是升了 1 度左右，但格陵蘭於同一時期的升溫卻達 4 至 5 度之多。）

再進一步的研究顯示，全球暖化迄今帶來的影響，可以歸納為以下幾個方面：

（1）氣候區域的遷移：一些研究高地生態的科學家於 20 多年前即察覺，不少平常在低地生長的動、植物，開始在愈來愈高的海拔出

現。最初他們百思不得其解，並以為這只是個別的現象。隨著資料的積累，他們才知道這是一個全球性的普遍現象。不用說，這正是全球暖化之下，低地氣候區域不斷向高山推進的結果。與此同時，科學家亦發現，全球的熱帶氣候不斷向高緯度的區域（即南、北兩極的方向）進發，這不論對自然生態還是人類社會，都做成了巨大的影響。（例如不少處於高緯度的城市如倫敦和紐約等，以往從不需要空調，如今則難以抵擋炎熱的夏天——特別在地鐵系統之內。但這已是最低層次的一種影響。）

（2）高山冰雪的融化：過去數十年來，高山冰雪的大量融化已是一個人所共知的現象。按照科學家的估計，過去 100 年來，撇除了兩極的冰冠（ice-caps）不計，全球高山的冰雪覆蓋已經減少了接近一半。其中一個後果，是除了在隆冬，不少滑雪勝地已經近乎無雪可滑，一些滑雪場因此而倒閉或被迫轉型。

（3）冰川的大幅退卻：以上說的是高山上的狀況，但同樣的情況亦發生在接近海平面的地方。這兒所指的，當然是冰川出海時，其覆蓋範圍的大幅消減和退卻。這種情況在阿拉斯加、斯堪的納維亞（Scandinavia）、格陵蘭及至南極等地皆日趨嚴重。就以位於阿拉斯加的著名國家公園「冰川公園」（Glacier Park）為例，如今巨型郵輪已經可以駛至以往完全被冰川所覆蓋的巨大 U 形海灣（筆者於 2006 年正身處一艘這樣的郵輪之上）。按照科學家的推斷，以目前的消融速度，不出 30 年，冰川公園將會沒有冰川可供觀賞。

（4）北冰洋海冰的大幅消減：假如我們從太空觀察地球，全球暖化迄今所造成的影響，最明顯不過的必然是北冰洋海冰的大幅消失（Arctic ice shrinkage）。這一消失的驚人程度，大家可以從互聯

網上不少 Youtube 短片看得清楚。迄今為止，2017 年是海冰消減得最厲害的一年。在以往，西方航海家曾夢想有一條「西北航道」（Northwest Passage），可穿過北冰洋從歐洲直達美洲，從而大大減短航程。他們的夢想今天終於成真了，但這是個大大的壞消息而非好消息。海冰消失的影響至少包括：北極熊數目銳減並瀕臨滅絕、愛斯基摩人的生計備受打擊、剩下來的海水吸熱較多而令全球暖化加劇等。

（5）海平面的上升：北冰洋海冰的大量消失，是否正令全球的海平面不斷上升呢？答案是否定的。原因是海冰一直浮在海面，按照浮力定

圖 8.1　北極海冰覆蓋範圍的銳減（以每年盛夏時的面積作比較）

理，它所引致的水位上升一早便已顯現出來。也就是說，即使海冰融化掉，由於水的體積比同等質量的冰為小（因水的密度比冰為高），所以不會導致水平面進一步上漲。相反，如果陸地上的冰雪融化，流入海洋的水便會令海平面上升。按照過去的潮汐觀測記錄和近年的人造衛星測量，科學家發現海平面於過去 100 年上升了近 23 厘米。按照分析，這個升幅主要源於在全球暖化的影響下，海水受熱而膨脹，也有一部分來自世界各地冰川的消退。不要小看這個升幅，對於一些臨海的低地或海拔不高的海島，海岸的侵蝕和猛烈風暴時帶來的海水淹浸，將因此較以往嚴重得多。

（6）對海洋生態的影響：海水溫度不斷上升，亦為海洋生態帶來了災難性的影響。例如近年在世界各地日趨頻密的「紅潮」（源自一種海藻的過度生長），以及大量湧現的一些水母（如日本海的越前水母），都可能和海水溫度異常有關。其中一項備受關注的影響是珊瑚的「白化」（coral bleaching）和死亡。原來大部分珊瑚對海水溫度的變化極其敏感，而因為海水的升溫，過去十多二十年來，全世界已有大量珊瑚因為不能適應而死亡，而大量居住在珊瑚礁的各種生物亦因此失去棲身之所。按照科學家的估計，全球的珊瑚礁之中，已有接近一半遭遇這種厄運。其中香港人最熟悉的澳洲「大堡礁」（Great Barrier Reef），亦正面對這種滅頂之災。

另一項源自二氧化碳卻與溫度無關的災難，是海洋的「酸化」（ocean acidification）。原來由於大氣中的二氧化碳濃度上升，更多的二氧化碳於是溶到海洋之中，最後導致海洋的酸性增加。要知不少海洋生物都屬甲殼類，而這些甲殼的主要成份是碳酸鈣（calcium carbonate）。由於碳酸鈣的形成需要一個鹼性的環境，隨著海水的酸性增加、鹼性下降，這些甲殼類生物將無法製造正常的甲殼而死亡。

（7）天氣反常加劇：全球暖化不但表示天氣會愈來愈熱，也意味著天氣反常的情況會愈來愈嚴重。這個結論既來自理論的推導，亦來自實際的觀測。從時間上來說，這種反常意味著某地會應熱時不熱、應冷時不冷，或是應濕時不濕、應乾時不乾。從空間上來說，則意味著從來不會出現熱帶式暴雨的地方會出現滂沱大雨、從來不會出現旱情的地方會出現大旱，或甚至從來不會颳颱風的地方會受颱風侵襲，或從來不會下雪的地方會下起雪來等等。不用說，這些天氣反常（也可稱為氣候反常）對人類的各種活動──特別是農業生產──帶來了不少破壞性的影響。

（8）極端天氣和暴烈天氣的增加：與上述的氣候反常密切相關的，是天氣變化的幅度。研究顯示，在全球暖化的影響下，這些幅度有上升的趨勢。就溫度而言，極高溫的酷熱天氣和極低溫的嚴寒天氣會變得愈來愈普遍；就雨量而言，特大暴雨──以及因此引致的水災和山泥傾瀉──會變得愈來愈常見。以往什麼「百年一遇」（甚至 200 年一遇、500 年一遇）的天氣災害如特強的熱浪、雪災、旱災、水災等，不久將會變為「50 年一遇」、「20 年一遇」甚至「5 年一遇」。此外，各種風暴如颱風和龍捲風等的威力亦會不斷地增強。背後的原因很簡單，風暴的威力主要來自空氣的對流運動和水汽所蘊含的熱量。而隨著全球氣溫上升，地面上空的空氣對流自會加劇，從而導致更強的龍捲風；而洋面的蒸發量增加致令大氣中的水汽含量增加，則提供了更多的熱量（術語稱「凝結潛熱」，latent heat of condensation），致令颱風威力更強，而雨勢也更大。

大家都可能聽過「厄爾尼諾」（El Nino）以及它的反面「拉尼娜」（La Nina）這兩種大氣環流反常的現象，也大致知道每當這些現象出現時，全球不少地方（特別是環太平洋的區域）皆會出現大量天氣反常

的情況。科學家的研究顯示，全球暖化很可能令「厄爾尼諾—拉尼娜」這類現象變得更為頻繁和強烈。也就是說，暴烈的反常天氣會在未來變得愈來愈頻密。

（9）對生態平衡的破壞：氣候的反常必然會影響生態的平衡。其中一個例子，是溫寒帶山區的不少針葉林（conifers）皆出現大批枯萎死亡的現象。究其原因，是它們受到了一種專門侵害這種樹木的甲蟲（pine bug）所破壞。但這是一種新出現的甲蟲嗎？事實卻不。原來這種甲蟲一直都與樹林並存。牠們在夏天十分活躍，但到了冬天，就會大批地死亡，留下眾多卵子蟄伏在雪地的泥土之中，以待春天的來臨。在以往，樹木與甲蟲之間維持著一種周而復始的平衡。可是隨著全球暖化，冬天變得愈來愈短也愈來愈沒有那麼嚴寒，這些卵子的存活率較過往大大地提高。結果是早春一到，大批甲蟲破土而出，樹木於是招架不了而大批枯萎。當然，這只是生態失衡的無數例子之一。近年來，人們發現了一種以前從未見過的生物：北美洲的大灰熊（grizzly bear）與北極熊因雜交而衍生的一種「兩不像」的品種。不用說，這是因為全球暖化令大灰熊的活動領域向北伸展的結果。

（10）疾病的蔓延：無論是從低地到高山還是從赤道到兩極，熱帶氣候不斷伸展，正把一些原本只是熱帶獨有的疾病，帶往一些從來沒有這些疾病的地區。不用說，由於當地的人沒有對應這些疾病的抵抗能力，疾病一旦爆發，就很易成為難以控制的瘟疫。事實上，科學家已發現瘧疾（malaria）開始在從來沒有這種疾病的地區蔓延。一些其他的熱帶病和風土病也有這種趨勢。肯雅的首都奈羅比是一個很好的例子。這個十分接近赤道的城市由於海拔很高而氣候清爽，在英國統治期間，很多英國人都喜歡在此居住。然而，從來不受瘧疾影響的這個城市，近年來已受到這個疾病的困擾。聰明的你自會猜到，這是因

為隨著氣溫上升，原本無法在奈羅比滋長的瘧疾蚊，已開始在這兒活躍起來。

以上所描述的，是已經發生和正在發生的一些影響。在下一章我們將看到，在人類仍然不停地把大量二氧化碳傾注到大氣之中的情況下，科學家預計還會有什麼情況出現。

註

曾經有人指出，考察我國數千年來的歷史，將會發現朝代的興衰與氣候變化存在著頗為密切的關係，朝代興盛的時期大多與溫度上升的時期相脗合。言下之意，就是暖化可能是一件好事而非壞事。可是這些人忽略了：（1）溫度變化的起始點、（2）溫度變化的幅度、（3）溫度變化的速率，以及（4）人口總數、人口密度及已經為環境帶來的負荷等因素上的差別，令今天的情況與過去不可同日而語。

第 9 章

全球暖化還將會帶來什麼影響？

在上一章，我們看到全球暖化帶來的一些影響。如果大家因此而憂心忡忡的話，我可以告訴大家，這只是冰山一角。

然而，在未繼續探討全球暖化還會帶來什麼更可怕的影響之前，我們必須先回應一個問題，那便是：我們迄今所談的都是壞的影響，難道全球暖化就不會帶來一些好的影響嗎？

這是一個十分合理的提問，而科學家亦確實找到了一些好的影響，它們分別是：

（1）因為大氣中的二氧化碳濃度增加，促進了植物進行光合作用的效率，從而令森林變得更茂盛，而農作物的產量亦會提高，我們稱此為二氧化碳的「增產效應」（fertilization effect）；

（2）由於全球變暖，溫寒帶國家中每年因為嚴寒天氣而死亡的人數（主要為高齡和長期患病人士）將會明顯降低；

（3）由於全球變暖而令中高緯度地區的種植季節延長，因此這些地區（特別如加拿大和俄羅斯一些廣闊區域）的農業將會有長足的發展，一些之前不能進行耕作的地區可能會成為肥沃的農田。

上述三點固然皆有事實的根據，但科學家亦同時指出，增產效應是有限度的，如果二氧化碳的濃度不斷上升的話，實驗證明，植物的生長反會受到負面的影響；而不斷暖化對植物帶來的「高溫損害」（heat stress），最終會導致大部分農作物減產。至於在溫寒帶國家之中，因寒冷天氣而死亡的人數固然會下降，但因熱浪而死亡的人數則會上升，所以總的來說只能說好壞參半。最後，農地的開闢固然可以增加全球的糧食產量，但我們將於往後看到，全球暖化對糧食生產的負面打擊，可能令這增長得不償失。

那麼，全球暖化還會為世界帶來什麼令人憂慮的影響呢？

確實的影響當然視乎二氧化碳在大氣中的增長情況，但大致而言，我們可以預見的影響包括：

（1）水源的短缺
（2）糧食的短缺
（3）新型疫症的蔓延
（4）厄爾尼諾現象的增強
（5）熱帶雨林的消失
（6）海洋的沙漠化
（7）生物物種的大批滅絕
（8）海平面的大幅上升

讓我們對這些影響逐一作出分析。

◎　淡水資源的短缺

首先，為什麼暖化會導致全球水源（這兒指的當然是淡水資源）的短
缺呢？我們在上一章不是說過，溫度上升會導致海洋的總蒸發量提
高，從而令大氣中的水汽含量增加嗎？如果是這樣，全球的雨量應該
上升，而淡水的供應應該絕不闕如才是。

但問題可沒這麼簡單。科學家的確預計全球的雨量會上升，但無論
在空間上還是時間上，這些雨量的分佈都會極不均勻。從空間上來
說，這表示雨水很可能會在一些我們用不著的地方出現，而在我們需
要雨水的地方卻滴雨全無。從時間上來說，雨水一方面可能不再在農
作物最需要它的時候出現，當它來臨之時，也很可能會形成強度極高
的暴雨，以致水分未有足夠時間被植物和土壤吸收即已流走。還有不
要忘記的是，高溫固然會令洋面的蒸發量增加，但同樣會令大地的蒸
發量增加。也就是說，土壤會更加容易變得乾涸而龜裂，而在特大暴
雨的沖刷下，水土流失的情況會變得愈來愈嚴重。

但這還不是令科學家最擔心的地方。最令科學家擔心的，是在高山冰
雪不斷消減的趨勢下，世界主要的河流會逐漸枯乾萎縮，而數以億萬
計靠這些河流維生的人將受到嚴重的打擊。這種情況在人口超過世界
一半的亞洲將會最為嚴重。

要知無論中國、印度還是東南亞這些人口稠密的地方，所依賴的河流
皆源自青藏高原。隨著全球暖化、冰雪消融，每年春天的特大冰雪融
解，首先會導致河流流量急升，再加上夏季來臨時的暴雨，將會導致
河流氾濫、洪水成災的情況頻頻出現。然而，隨著冰雪的進一步消
失，接下來的將是河流流量大幅下降，甚至未抵達大海即出現「斷

流」的現象。不用說，這將會為無數的人帶來災難性的後果。

如果河流途經不止一個國家（例如著名的湄公河），對水源的爭奪將會導致國與國之間的紛爭。不少專家指出，對於關係本已緊張的國家（例如印度和巴基斯坦），這種爭奪甚至可能導致戰爭的爆發。

◎ 糧食大幅減產

水源短缺一個最嚴重的後果便是糧食短缺。為什麼這樣說呢？這是因為令全球糧食產量在二十世紀下半葉大幅提升的「綠色革命」，其背後的主要功臣固然是科學家經過無數艱辛培育出來的嶄新穀物品種，但另一個鮮為人知的功臣，則是大規模的水利灌溉設施。在今天，主要靠雨水灌溉（rain-fed）的農田只佔全球糧產耕地的一小部分。一旦河流萎縮枯竭，大量靠水利灌溉（irrigation-fed）的農田將大受打擊而導致全球糧食減產。（我們往後將看到，預計中的石油價格上漲將會令情況雪上加霜。）

◎ 瘟疫世紀的降臨

有關瘟疫的蔓延我們在上一章已經談過。事實上，在上世紀六、七十年代，世界衛生組織（World Health Organizationn，WHO）先後宣佈人類經已戰勝多種疾病如霍亂、瘧疾、天花、肺癆等。不少人相信，隨著醫學的不斷進步，人類在不久的將來會免於各種傳染病的折磨。但出人意料的是，從二十世紀末葉至今，傳染病的威脅不但沒有消失，而且更出現了不少新的疫症和變了種的病毒，其中包括禽流感、豬流感、非典型肺炎、登革熱、寨卡病毒、伊波拉病毒等。誠然，全球交通發達、人流往返頻繁肯定是原因之一，但不少學者開

始懷疑，這一趨勢應與全球暖化及氣候變異所引致的生態失衡有所關連。而隨著這種失衡有增無已，二十一世紀將是一個危機四伏的「瘟疫世紀」。（不要忘記的是，不斷變種的病原體不但會侵害人類，其中一些亦會侵害農作物，致令糧食生產進一步受到打擊。）

一些科學家更提出警告，隨著青藏高原和西伯利亞等地的冰原逐步融化，很多埋藏在冰層下而人類毫無免疫力的「古細菌」可能重現世上，從而引發我們難以抵擋的世紀大瘟疫。

根據世界衛生組織所作的一項粗略估計，就現時來說，每年因氣候變化所直接或間接導致的額外死亡人數，可能高達 30 萬之多。而愈往未來看，這個數字只會有增無減。

◎　　沙漠化威脅和厄爾尼諾加強版

專門研究全球大氣環流運動（global atmospheric circulations）的科學家則指出，隨著地球變暖，把赤道區域的熱空氣從高空運送到溫帶地區，空氣下沉後再流返赤道所形成的「哈德利環流圈」（Hadley Cell）將會逐漸膨脹，結果是空氣下沉的位置會向兩極的方向伸展。要知空氣下沉會形成乾熱空氣和遏抑對流，因此兩個位置（約於北緯25 至 35 度和南緯 25 至 35 度）如今正是世界上主要沙漠地區所在之處。隨著哈德利圈的擴展，全球的沙漠也將會向北（在北半球）和向南（在南半球）伸展。這些地方很多都是人口稠密的區域，大氣環流轉變所導致的沙漠化將是人力所無法扭轉的巨大生態災難。

而正如上一章所述，除了令颱風（嚴格的稱謂是熱帶氣旋，tropical cyclones）的威力和破壞力不斷上升外，全球暖化的另一個影響，是

令到厄爾尼諾這個擾亂全球天氣秩序的現象增強。也就是說，因這個現象所導致的反常天氣——包括異乎尋常的特大水災和旱災等，將會較過往的更為厲害。

◎　熱帶雨林即將消失

隨著異常旱災的蔓延，令科學家十分憂心的另一個災難是熱帶雨林的消失。

其實自從工業革命以來，全球森林的覆蓋率已經大幅下降。以往，消失的森林大多在西方國家的中高緯度區域。但過去數十年來，這種情況開始出現在不少熱帶和亞熱帶的第三世界國家。

全球最大的熱帶雨林有三個，以覆蓋面積計算依次為南美洲的亞馬遜雨林（Amazon rainforest）、非洲中部的剛果雨林（Congo rainforest），以及以印尼各群島為主（特別以婆羅洲為主）的雨林（Indonesian-Borneo rainforest）。從吸收二氧化碳和製造氧氣的角度來看，它們堪稱地球的「巨肺」。當然，它們所庇蔭著的生物物種和蘊藏著的各種天然資源（包括具有藥用價值的動植物），亦使它們成為地球上最後的天然寶庫。但不幸的是，這三個寶庫在經濟發展的「硬道理」和全球暖化的巨大衝擊下，正不斷受到摧殘和破壞。一些專門研究熱帶雨林的科學家鄭重地指出，隨著降雨區的遷移、旱災的日益頻繁，以及特大火災的蹂躪，這些地球上最龐大的獨特生態體系很有可能在未來數十年內轟然倒下。

我們可能覺得熱帶雨林離我們的日常生活十分遙遠。事實卻是，它們的死亡將是一個頭等的災難。還記得我們談過「碳循環」中的「排放

源」和「吸儲庫」這兩個概念嗎？熱帶雨林的死亡，意味著它們將由地球上重要的吸儲庫，搖身一變成為排放源（因為無論是樹木的燃燒還是腐爛，雨林也會釋放大量的二氧化碳）。不用說，全球暖化將會因此而大大加劇。

◎　海洋沙漠化

發生在大陸的災難也正在全世界的海洋中發生。在上一章我們已經看過，水溫上升和海洋酸化正破壞著海洋生態。科學家進一步發現，洋面升溫會遏抑海水的上下翻動（overturning），從而令深海裡的豐富養分無法被帶到近表層的地方。結果是洋面因缺乏養分而變得貧瘠；此外，由於溫暖的海水能夠溶解的氧氣偏低，含氧量的下降亦會令海洋生物無法維生。科學家稱這些死寂一片的區域為海中的「沙漠」。隨著全球暖化加劇和更多二氧化碳的積聚，海洋沙漠化（ocean desertification）這個現象將會愈見嚴重。

◎　物種大滅絕

把上述的影響綜合起來，我們不難看出，人類文明的不斷發展，正為地球上絕大部分的生物帶來巨大的災難。以往，這些災難主要來自大量的獵殺，以及人類的各種活動如農業、工業、城市建設、交通運輸網絡的不斷擴張所引致的棲所破壞（habitat destruction）。但過去數十年來，全球暖化導致的氣候變遷和生態失衡正把災難推向高峰。

一些人可能會說，地球的氣候過往也曾出現巨大的變化，而生物最終也能適應過來。他們忘記的是，過往的氣候變化從來沒有好像今天的迅速。就以熱帶氣候向兩極伸展為例，一方面物種的遷徙和適應根

本無法追得上伸展的速度；而另一方面，滿佈各處的市鎮、公路和鐵路網絡，亦令遷徙無法進行。結果是，物種的滅絕（extinction of species）正以前所未有的速率發生。按照科學家的估計，在二十世紀遭到滅絕的物種，較之前的五六千年文明加起來還要多。今天，估計每年平均有 14 萬個物種消失，也就是說，平均每天消失的物種達數百種之多，而每個小時便有十多個物種永遠從這個世界上消失。

古生物學家在研究地球的歷史時，發現了五次重大的生物滅絕事件，其中最後一次正是導致恐龍滅絕的「白堊紀大災難」。在考察今天地球的狀況時，這些古生物學家一致認為，我們正目睹地球史上的「第六次大滅絕」（The Sixth Extinction）。至於這次滅絕的物種當中，最後會不會包括人類本身，至今仍是未知之數。

◎　　海平面上升與氣候戰爭

對這個未知之數具有關鍵性影響的另一個因素，是全球的海平面會否大幅上升這個問題。由於這個題目實在太重要了，筆者將會於下一章作出深入的探討。這兒要指出的是，過去 100 年全球的海平面已上升超過 23 厘米，而現在則正以每年約 3 毫米的速度繼續上升。這種上升已令全球的海岸侵蝕（costal erosion）大大加劇，亦令世界不少沿岸地區（以及眾多島國）的地下水因海水入侵而出現嚴重的「鹹化」（salinization）。一些島國甚至因此而不再適合人類居住。

綜合了這兩章所描述的巨大變化，曾獲頒諾貝爾化學獎的科學家保羅‧克魯岑（Paul Crutzen）早於 2000 年便指出，按照地質年代劃分的角度看，人類已經由過去數百萬年的「上新世」（Pliocene）、「更新世」（Pleistocene）及「全新世」（Holocene）等年代，進入到

一個嶄新的年代：一個以人類活動的干擾為主要特徵的「人類世」
（Anthropocene）。

總的來說，在這個「人類世」之中，隨著生態環境不斷劣化、食水與
糧食出現短缺、海平面逐漸上升等災難的升級，世界上將會出現愈來
愈多因無法為生而被迫遷徙的「氣候難民」（climate refugees）。按
照聯合國的估計，這些「氣候難民」的人數於本世紀中葉可能高達兩
億之多。（一些學者指出，近年困擾著歐洲並且導致極右政黨得以崛
起的「難民潮」，表面的原因固然是戰亂，但背後還有著氣候變化導
致生存環境不斷惡化的深層原因。）

緊貼著難民潮而來的，極有可能是基於各種資源（特別是水源）爭奪
而爆發的「氣候戰爭」（climate wars）。

簡言之，假如我們不及早採取果斷有力的措施以力挽狂瀾的話，將於
二十一世紀出現的巨大人道災難，可能令二十世紀的兩次世界大戰變
得小巫見大巫。

註

以上說的，是未來數十至一百年間的影響，但科學家的研
究揭示出一個更驚人的結論，那便是原本會於數千至一
萬年後出現的下一個冰河紀，已經被人類徹底取消了！
想了解背後的分析，各位可閱讀氣候學家 David Archer
於 2010 年所發表的 *The Long Thaw: How Humans are
Changing the Next 100,000 Years of Earth's Climate*。

第 10 章

海平面會大幅上升嗎？

2009 年哥本哈根國際氣候會議召開的前夕，位於印度洋的島國馬爾代夫安排了一趟在海底召開的國會會議，引來了傳媒的廣泛報導。這次安排的目的，自然是希望世人關注到在全球暖化、海平面不斷上升的威脅下，世界上所有島國所面臨的滅頂之災。

全球暖化會導致冰雪融化，而冰雪融化則會導致海平面上升，這差不多是每一個人都懂得作出的推論。但問題是，海平面會上升多少呢？不用說，上升幅度是 50 厘米還是 5 米，對我們的影響會有天淵之別。

迄今為止，有關這個升幅的大小，最權威的預測仍由 IPCC 於 2013 年所發表的 AR5 之中所作出。我們在第 7 章曾經看過，根據不同的「情境設定」，最樂觀的估計是到了本世紀末，海平面會較今天的上升 52 厘米（對應於全球升溫只有攝氏 0.3 度而言）。至於最悲觀的預測，則是 98 厘米（對應於全球升溫達攝氏 4.8 度而言）。

綜觀報告發表至今的世界發展趨勢，上述的最樂觀估計是完全可以忽略不理的了。但即使就最悲觀的預測而言，不少科學家亦提出了重大的質疑。他們的理據何在呢？現在就讓我們探討一下。

◎　IPCC 的預測備受質疑

我們首先要明白的是，IPCC 的預測數值，主要綜合了世界上數個最著名的氣候研究中心（例如英國的哈德利中心，Hadley Centre）的電腦氣候模型（computer climate models）所作的推算。雖然科學家已盡量把我們已知的事物變化規律都放進這些數學模型之內，以致進行運算時，我們必須運用世界上最先進的「超級電腦」才能算解有關的數學方程，但模型始終是模型，它的可靠性將決定於科學家在建立模型時所作的種種假設，亦取決於我們所輸入的資料有多準確。

在二氧化碳濃度上升引致全球增溫的推算上，最大的不確定性是大自然的「碳循環機制」（特別是「吸儲庫」的吸碳效率）會發生怎樣的變化。一個有關的概念是「氣候敏感度」（climate sensitivity），亦即大氣中的二氧化碳濃度每增加一倍時，地球的平均氣溫會升高多少。但即使這個看似簡單的概念其實也絕不簡單，因為這個敏感度的數值很有可能會隨著溫度的變化而有所不同，也就是說，它的變化可能是非線性的。

在上述的不確定性之上，有關海平面會上升多少則存在著更多的不確定性。要知除了海水受熱膨脹外，海平面上升的主因是冰雪的融化，但就在這個看似簡單的問題上，過去十多年的痛苦經驗告訴我們，科學家的認識實在十分有限。

問題的關鍵，是冰雪融化期間所出現的種種「非線性」現象。而所謂非線性，來源正是我們在第 6 章介紹過的「你中有我、我中有你」、互為因果、互相促進（或互相制衡）的「正負反饋機制」。

簡單的「線性推論」是：氣溫上升了某一數值後，額外的熱量會傳到冰雪中去。假設冰雪的體積有多大而導熱率和融點是多少，便可計算出冰雪在什麼時候會完全融化云云。而上述所謂的「痛苦經驗」，是科學家出乎意料的發現，大自然中的非線性效應，令變化較上述的情況複雜得多。讓我看看以下四個例子。

◎　冰雪融化的「非線性」現象

（1）高山冰雪的消失較科學家的預計迅速得多：這兒起作用的正反饋機制，是冰雪融化後會暴露出其下較深色的沙泥和土壤。由於這些泥土的吸熱能力較冰雪高出很多倍，因此會導致更多冰雪融化。而更多冰雪融化則會暴露出更多的泥土表面，從而導致更多冰雪融化……。（科學家事前沒有充分考慮的另一個因素，是骯髒的工業污染物以及山林大火產生的灰燼，會隨風飄降到冰雪的表面，從而提高了太陽熱力的吸收量。）

（2）北冰洋海冰的消失較科學家的預計迅速得多：背後的原理跟高山冰雪融化的十分接近。海水變暖令海冰變薄並最後融掉，但剩下來的海水的「反照率」（albedo）較雪白的海冰低得多，也就是說，它對太陽輻射的吸收較冰塊大得多。結果是，海水的溫度上升更多而海冰融解得更快……。

（3）冰川（特別是格陵蘭的冰川）的融化較科學家的預計迅速得多：這兒的情況較為複雜。首先，科學家發現，高緯度的區域如格陵蘭和阿拉斯加等地方，其氣溫的上升比全球的平均高得多。以格陵蘭為例，雖然過去 100 年全球氣溫上升了 1 度左右，但格陵蘭的氣溫卻上升了達四、五度之多（這一情況在某程度亦出現在北冰洋之上）。

隨著氣溫上升，一些冰川的表面在盛夏時會出現部分融化，而融化後的水會於冰川表面的裂縫（crevasses）處匯聚成一個個的水窪（科學家稱之為 moulins）。由於水窪的吸熱能力較強，因此會導致其下及周邊的冰雪進一步融化。久而久之，這個水窪會發展成為一個直通冰川底部的垂直通道。一旦這種情況出現，融化後的水便會源源不絕的流到冰川底部並起著潤滑劑的作用，從而使冰川滑動出海的速度大大加快。由於海水的溫度亦較以前提升了，不用說這會令冰川的前沿迅速融化，最後令冰川的消減和退卻的速度大大提高。一些科學家把冰川前沿融化加劇的影響稱為「香檳栓效應」，意謂以前冰川出海時融化十分緩慢，有如一支香檳的瓶栓所起的阻塞作用。如今瓶栓消失了——或至少大大減弱了——瓶內的酒自然可以輕易地流出。（要特別指出的是，上述分析都是科學家「事後孔明」的發現。我們不禁要問：自然界中還潛藏著什麼令人意想不到的非線性變化？）

（4）南極洲邊沿的冰架（ice shelf）融化和解體較科學家的預計迅速得多：這是令科學家最為詫異的一項變化。主要的原因是南極洲的溫度是這麼低，以致令科學家以為即使全球的氣溫上升十度八度，經常處於零下數十度的南極洲冰層也不會出現任何融化。但事實卻是，隨著周遭的海水變暖，南極洲邊沿的冰架（亦即其下是海水而非陸地的冰層）已經出現大規模的融化和解體。迄今最驚人的，是發生於 2002 年 3 月的「拉辛 B 冰架」（Larsen B ice-shelf）解體事件。而於 2017 年 7 月從「拉辛 C 冰架」分裂出來的 A-68，是歷來觀測到最巨大的冰山。其實，「冰山」這個名稱對這些龐然巨物已不適用，因為 A-68 的面積比五個香港加起來還要大。

而由於上述的「香檳栓效應」，科學家觀測到，由南極大陸的內陸流出海洋的多條巨大冰川，亦出現了加速的跡象。最新的研究顯示，

在 2012 至 2017 短短五年之間，南極融冰的速率加快了近三倍。這些不尋常變化令科學家深感不安，因為計算顯示，南極冰冠即使融化1%，全球海平面也會上升 60 厘米。（必須指出的是，南極大陸的降雪量近年有增加的趨勢，可是這無法補償融冰帶來的影響。而另一方面，冰雪融解的現象，亦開始在大陸的心臟地帶出現。）

這兒需要再次澄清的是，正如我們在第 8 章所述，原先已浮在海面的冰塊，無論它們融化得多厲害，也不會導致海平面的上升。也就是說，上述的北冰洋海冰消失和南極洲冰架的解體，皆不會引致海平面上升的災難。但問題是，如今處於格陵蘭大陸和南極大陸（特別是大陸西部的冰床，West Antarctic Ice Sheet，WAIS）之上的巨大冰層，真的不會出現大規模的融化嗎？

按照科學家計算，WAIS 的融化會把海平面提升 3 米多，格陵蘭大陸冰層的融化會把海平面提升 7 米，而整個南極大陸冰層的融化，更會把全球的海平面提升達 60 米之多。也就是說，即使上述的冰層融解 10 %，全球的海平面也會上升 7 米。不用說，如此的升幅將意味著人類文明的終結。

但這有可能發生嗎？抑或這只是故意聳人聽聞的虛構而已？

◎　古氣候研究的驚人啟示

近年來，由於數學演算模型無法充分處理如此複雜的自然變化，科學家開始從另一個角度來推敲這個問題，這便是研究地球遠古環境變化的地質學和古氣候學（paleoclimatology）。

在我們眼中，海平面上升數十米好像是匪夷所思的一回事。但地質學的研究揭露了一個驚人的事實，那便是我們今天所見的海平高度，只是地球歷史上曾經大幅波動的海平高度的一個面相。原來按照古氣候學的研究，地球曾經經歷過極其巨大的氣候波動。而在極度寒冷的「冰封地球」（Snowball Earth）和異常炎熱的「熱屋地球」（Hothouse Earth）之間，全球的海平面分別可以較今天的低出 100 多米和高出 200 多米。也就是說，海平面上升數十米對地球來說是十分等閒的一回事。

就氣溫而言，科學家的研究顯示，冰河紀周期之中最冷和最熱的時刻，全球的平均溫度波幅大致是 5 至 6 度左右。也就是說，IPCC 最壞預測中的接近 5 度升溫，已經等於地球冰河紀變化的波幅。

但這還不算最驚人的發現。最驚人的是，在地球氣溫正處於上升軌道時，平均氣溫每上升攝氏 1 度，海平面就會上升 10 至 20 米之多。也就是說，即使我們接受 IPCC 謂本世紀末氣溫會上升攝氏 2 至 3 度這個較「中庸」的預測，相對應的海平面上升也至少會達 20 至 30 米，而絕不是 IPCC 所預測的只有數十厘米。

是電腦模型的預測，還是古氣候學的啟示更可靠呢？愈來愈多的科學家開始認為，後者實較前者更具參考價值。但問題是，IPCC 所參考最先進的氣候模型當中，沒有一個預測格陵蘭和南極洲的陸上冰層會有任何顯著的融化。難道這些模型都錯了？如果是的話，它們錯在什麼地方呢？由於這個問題實在太重要了，讓我們在下一章再作探討。

圖 10.1　過去五億年的全球海平面變化

對比今天的海平面高度（米）

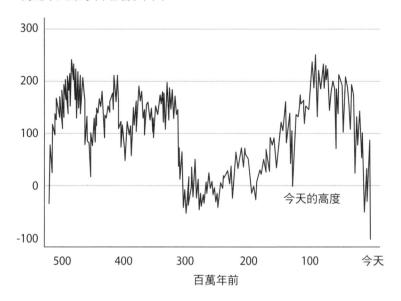

百萬年前

註

大家有看過《明日之後》（*The Day After Tomorrow*）這部電影嗎？如果撇開 1995 年推出並劣評如潮的《未來水世界》（*Waterworld*）不計，於 2004 年上映的《明日之後》可說是首部以全球暖化災難為題材的電影。但絕大部分看過這部電影的人都會感到十分混淆，因為電影提及的是全球暖化，但電影後半段出現的景象卻儼如一個冰河紀的來臨。為什麼會有這樣顛倒的結果呢？原來電影的大前提，是全球暖化導致格陵蘭的冰層大規模融化，融化後的

淡水傾注入北大西洋並改變了洋流的運動，最後令著名的「灣流」（Gulf Stream）停頓下來。由於這一巨大的暖流對美國和加拿大的東岸以及西歐大部分地區起著重要的氣候調節作用，它的停頓將令這些地區陷入冰天雪地之中。上述這個假設並非編劇的胡亂杜撰，而確有科學家作過這樣的推論。但必須指出的是，即使推斷完全正確，事態的發展也不可能有如電影情節中的快速。電影中大大加速了的節奏當然是為了加強戲劇性的效果。有興趣進一步了解這一推論的讀者可於《維基百科》參閱「Shutdown of thermohaline circulation」這一條目。

第 11 章

什麼東西令科學家寢食不安？

在全球暖化的研究過程中，有什麼東西令科學家最感到寢食不安？一言以蔽之：反饋作用。

我們已於上文看過，反饋作用如何在全球暖化的過程中起著關鍵作用。但你可能會說，我們迄今所看到的都是令情況加劇的「正反饋」作用，難道自然界中便沒有可能抗衡暖化的「負反饋」作用嗎？

事實上，科學家一早便看出一個明顯的負反饋作用，並已把它包括到電腦計算模型之中，這個作用便是隨著溫度上升、蒸發量增加，全球的雲量自會增加，從而阻擋了入射的陽光。從另一個角度看，亦即提高了整個地球的反照率，從而導致地球的溫度下降。

◎　反饋作用令全球暖化失控

但更深入的研究顯示，問題實較這個簡單的分析複雜。原來雲層的作用很受它們的形態所決定。大氣低層的積雲（cumulus）──也就是我們從人造衛星圖片中所見到的最矚目的雪白雲團──的確能起到降溫的作用。但位於大氣較高處（如 6,000 米或以上）的雲層如卷雲（cirrus），不單不會降溫，卻反而會起到保溫的作用。分析下來，雲量的增加總體來說仍是會導致某一程度的降溫，但這顯然無法阻止全

球暖化的趨勢，否則過去數十年來全球氣溫也不會持續上升。而令科學家寢食不安的，不用說，是那些將會令暖化加劇甚至失控的正反饋作用。

我們在上一章看過，冰雪融化後暴露出下面較暗黑的海水或泥土，將會導致一個強烈的「反照率回饋效應」（albedo feedback loop），從而令冰雪融化比我們原先預計的嚴重和迅速得多。原則上，這個效應也可以反其道而行，也就是冰雪偏多時會反射更多太陽輻射，從而令氣候變冷，導致更多冰雪。古氣候學家的研究便顯示，約六億多年前，地球即透過了這樣的一個反饋作用（誘因可能是太陽輻射的變動）進入了一個冰封的「雪球世界」（Snowball Earth）。五億多年前這個冰封世界的「解凍」（觸發點可能是大量火山爆發所噴出的二氧化碳令溫室效應大增）亦是透過一個類似（但方向相反）的反饋過程，並開啟了生物進化的「寒武紀大興盛」（Cambrian Explosion）。

◎　凍土融化的夢魘

對於上述的反饋作用，科學家已大致可以納入氣候數學模型的計算之中。但另一個難以準確預算——也更令科學家寢食不安——的反饋作用，是凍土的大規模融化。所謂凍土（tundra），是指在嚴寒的天氣之下，大量未徹底腐化分解的動植物屍體被埋藏在泥土之中，牠們所釋放的甲烷和其他氣體，與泥土中的水分混合並結成冰塊，致令大面積的土地變成了堅硬的地表。由於這些地表即使在夏天也非常堅固，以致人們可在其上修建公路甚至鐵路（例如我國的青藏鐵路），所以它們又被稱為「永久霜結土壤」（permafrost）。

上述的凍土覆蓋範圍十分廣闊，其中包括亞洲北部（包括西伯利亞在

內）的大片土地、青藏高原、北美洲北部如加拿大北部和整個阿拉斯加，以及南美洲最南部的高原地帶等。科學家的憂慮是，隨著全球氣溫繼續上升，這些凍土開始解凍和融化，其中蘊含的大量甲烷會被釋放到大氣之中。要知甲烷是一種較二氧化碳還要厲害 20 多倍的溫室氣體，一旦它們被釋放到大氣之內，定必引致全球暖化的加劇。而隨著氣溫不斷上升，更多的凍土會融化，而更多的甲烷會被釋出⋯⋯。

上述的設想並非杞人憂天。阿拉斯加一些建於凍土之上的公路與房屋，已由於地基融解而出現塌陷。問題是，這些迄今只是局部的融解，會演變成一發不可收拾的大規模融解嗎？關鍵不用說在於地球進一步升溫的幅度。科學家推斷，如果全球氣溫較今天的再升 1 度多（甚至只是 0.5 度），這個被稱為「凍土計時炸彈」（permafrost timebomb）的巨大災難將會爆發。

近年來，西伯利亞一些渺無人煙的地方出現了眾多神秘的巨大坑穴，科學家推斷，這些坑穴（稱為 Siberian sink holes）很可能是地底下的甲烷因冰晶融解而被釋出，最後因為氣壓不斷上升，最終破土而出所做成的。也就是說，甲烷的釋放已經開始了。

◎　海床下的計時炸彈

在世界各地的海洋深處，科學家發現了另一個更為可怕的計時炸彈。原來海床之下的一些地方，埋藏著大量與水混合的甲烷晶體（methane hydrates，又稱 clathrates），其蘊含的甲烷較凍土的還要大得多。海床中的巨大水壓和低溫，令這些晶體保持在一個相對穩定的狀態。但假如熱力從不斷升溫的海洋逐漸轉到海底，這些晶體便有可能解體，從而釋放出巨量的甲烷。這些甲烷會迅速上升，抵達海面並

進入大氣，不用說這將會造成空前的災難。

大家在新聞報導中可能聽過「可燃冰」這種事物，並知道它被稱為一種未來的「清潔能源」。現在大家知道了，所謂可燃冰其實就是上述的甲烷晶體。這是人類應該敬而遠之的危險物品，要開發它作為「未來的能源」，是一種愚不可及的行為。

這個被稱為「甲烷大炮」（clathrate gun）的計時炸彈威脅有多大？沒有人能夠確切地肯定。可是另一個同樣與海洋有關的威脅，其可能出現的機會則大得多。這便是全球的海洋由世界上最大的「碳吸儲庫」，搖身一變而成為「碳排放源」的夢魘。

這個夢魘有兩部分。第一部分是隨著溫度上升、海洋酸化、冷水上湧（cold upwelling）受抑而養分短缺等因素，海洋中以吸取二氧化碳維生的浮游微生植物（phytoplankton）會大批死亡。要知這些浮游植物的總量十分龐大，有估計大氣層中一半的氧氣都是它們製造的。它們死後固然不會再製造氧氣和吸入二氧化碳，屍體分解時更會釋出二氧化碳。一些科學家更指出，這些浮游生物活躍時會釋放出一種叫二甲基硫醚（dimethyl sulfide，DMS）的化合物，而在海洋上空的雲層形成的過程中，DMS是一種重要的「凝結核」（condensation nucleus）。也就是說，隨著大批浮游生物死亡而停止釋放DMS，全球海洋表面的雲量將會下降，而隨之而來的反照率下降將進一步令全球升溫。

至於夢魘的等二部分，是海洋本身由吸儲庫變為排放源。原因之一，是因為海水能夠再吸收多少二氧化碳，視乎它已含有的二氧化碳份量而定。顯然地，已溶解的份量愈多，可再吸收的份量也就愈

少。原因之二，在於氣體在某一液體中的溶解度（solubility of a gas in liquid），一般與溫度成反比（這與固體在液體中的溶解度隨溫度上升的情況剛好相反）。也就是說，隨著溫度不斷上升，海水能夠蘊含的二氧化碳將愈來愈少。最後的結果，是二氧化碳會達至飽和而從海水中跑出來。這便有如把一杯冰凍的可樂從冰箱裡拿出來之後，可樂中不斷會有氣泡形成、上升和消散一樣。

這一情景之所以驚人，是因為蘊含在海洋中的二氧化碳，較存在於大氣層中的足足大 50 倍之多！也就是說，即使其中的 1% 跑了出來，大氣中的二氧化碳含量也會暴升 50%！

問題當然還在於，海洋一旦由「庫」變「源」，透過不斷的正反饋作用，二氧化碳的逃逸將會一發不可收拾。

由「庫」變「源」的情況不單會出現於海洋，也同樣會出現於陸地之上。我們在第 9 章看過，由於氣候轉變，旱情加劇，熱帶雨林的大火將會愈來愈頻密和猛烈。大火會釋出大量二氧化碳，而令情況變得更糟。由於熱帶雨林之下的土壤其實十分薄弱，雨林死後將會留下大片荒涼的沙漠地帶。

◎　潛藏雨林的危機

雨林是否真的會崩潰可能有點言之尚早，但雨林中潛伏著的一個威脅卻經已出現，那便是一些雨林（特別是婆羅洲和蘇門塔臘等地）的泥炭窪沼（peat bogs），因耕作開墾的需要（包括種植棕櫚以提煉工業所需的棕櫚油和交通運輸所需的「生質燃料」）而被放火焚燒，從而釋放出大量的二氧化碳和甲烷。（這些窪沼的形成與凍土有點近似，

那便是大量動植物的屍體在氧氣不足的情況下分解,從而製造出甲烷
這種氣體,只是前者在苦寒之地,後者則在濕暖的熱帶。)

最後要提的一個計時炸彈是大地本身的土壤。科學家對全球土壤的巨
大吸碳作用,了解得其實並不充分。近年的研究顯示,這個作用可能
較我們預計的大,但這只是就短期而言。隨著氣溫的不斷上升,這個
巨大的「碳庫」也會有一天飽和而轉變為「排放源」。土壤裡蘊含的
碳雖然沒有海洋的多,但也較大氣中的多逾兩倍。這些碳一旦被釋
出,對地球氣候的影響也將是驚人的。

以上描述的種種情況,都有機會導致溫室效應的失控發展。天文學家
相信,今天的金星之所以是一個表面溫度達攝氏 400 多度的高溫煉
獄,「失控溫室效應」(runaway greenhouse effect)正是背後的罪魁
禍首。令科學家寢食不安的是:地球會有可能成為另一顆金星嗎?

註

在一些文獻裡,甲烷的「溫室作用」被列為「二氧化碳的
20 倍」。但在另一些文獻當中,這個數字則是 21 甚至 23
倍。為什麼會有這樣的差異呢?原來科學家在計算各種
溫室氣體的「全球暖化潛勢」(global warming potential)
時,都會把它們在大氣中的「平均逗留時間」(average
residence time)定為 100 年。對二氧化碳來說,這與事實
相差不是太遠,但對甲烷來說則頗有出入。這是因為甲烷
在大氣層的平均逗留時間其實只有 10 至 12 年左右。由
於不同的科學家在計算時採用了略為不同的逗留時間,所
以得出的結果便略為不同。(壞消息是:如果我們不是以
100 年這個標準化的基礎計算而集中於短期內的增溫效
果,甲烷的增溫作用實較二氧化碳大上 100 倍之多!)

第12章

全球暖化引致的災劫有多危急？

雖然科學家早於數十年前已提出「溫室效應」的威脅（那時還沒有「全球暖化」這個名詞），但在研究初期，即使科學家本身也以為，氣候變遷是一個十分緩慢的過程，故此這一威脅將於未來一二百年才會逐漸顯現。他們始料不及的是，隨著二氧化碳排放量的爆炸性增長，以及自然界中各種「非線性」變化所起的作用，這個威脅的迫切性已經遠遠超過他們的預期。

自 AR5 於 2013 年發表以來的數年間，二氧化碳增長的速率已經完全符合報告中最悲觀的預期，而科學家在世界各地所觀測到的變化，不少更超出了 IPCC 所作的預測。就以海平面上升的速度為例，由於這個速率本身（現時已超過每年 3 毫米）正不斷上升，IPCC 所採用的偏低數值將令預測遠遠低於實際會出現的升幅。

美國麻省理工學院於 2009 年所做的一項研究顯示，按照現時的趨勢，全球溫度於本世紀末將較今天的高出 5.2 度。而為了配合 2009 年 12 月在哥本哈根召開的全球氣候會議，一班專家另行作出分析計算，最後於會議前夕發表了《哥本哈根診斷》。報告指出，以目前的發展趨勢，本世紀末的二氧化碳濃度將突破 1,000ppm 的大關（今天的數值是 410ppm；1958 年首測時則是 315ppm），而溫度的升幅則會達攝氏 7 度，亦即較 AR5 中最悲觀的上限 4.8 度還要高得多。

回顧上一章的各種正反饋自然現象，無論是 5.2 度還是 7 度的增溫，都會帶來災難性的後果。其中最令人憂慮的是凍土的融化，因為按照科學家的推斷，全球氣溫只需較今天再升 1 度左右（即較工業革命前期上升 2 度），這種融化將會達至臨界點而變得一發不可收拾。

◎　控制二氧化碳刻不容緩

那麼按照現時的趨勢，我們將於何時抵達這個「無法回頭」（point of no return）的地步呢？科學家的計算顯示：當二氧化碳的大氣濃度超越 450ppm 之時，全球溫度較工業革命前期上升逾 2 度將無可避免。（這兒牽涉第 10 章所述的「氣候敏感度」問題；嚴格來說是「當二氧化碳水平超越 450ppm，氣溫升逾 2 度的機會率將大於 50%」。）以現時的濃度為 410ppm 計算，我們必須把未來的增長額控制在 450ppm － 410ppm ＝ 40ppm 之內。再以現時為每年約 2 至 3ppm 的增長率計算，亦即我們最多只有十多二十年的時間。

有一點要留意的是，上述的計算皆以二氧化碳的變化為指標。但除了二氧化碳外，人類的活動還會釋放其他溫室氣體。IPCC 所考察的包括：甲烷、氧化亞氮（nitrous oxide）、全氟碳化物（perfluorocarbons）、氫氟碳化物（hydrofluorocarbons）、六氟化硫（sulfur hexafluoride），以及三氟化氮（nitrogen trifluoride）等。為了方便計算，科學家會把這些氣體的增溫效應折算為二氧化碳含量，從而計算出大氣層中的「二氧化碳當量」（carbon dioxide equivalent，CO2eq，往往又寫成 CO2e）。若以這個當量計，我們早便超過 450ppm 的界限了。

不過，情況比這還要複雜一點。這是因為按照另一種「當量」的計

算方法，我們還必須考慮到懸浮粒子因反射太陽光而引起的降溫作用，而化石燃料的燃燒會不斷產生懸浮粒子。如此一來，當量的數值會較上述的計算為低。（還要複雜的一點是，懸浮粒子實可分為「硫化氣溶膠」和「黑碳氣溶膠」兩大類。前者有降溫作用但後者則有增溫作用。）

但無論如何計算，情況的緊急是不容置疑的了。

2009 年底的哥本哈根氣候會議以失敗告終，唯一可堪告慰的，是各國的代表皆認同 450ppm 這個不可逾越的警戒線。2015 年的巴黎氣候峰會則更將相對應的升溫寫進《巴黎協議》（*Paris Accord*）之中，那便是各國應該共同努力減排，以令地球的平均溫度較工業革命前期不會升逾攝氏 2 度，而更安全的目標是 1.5 度。但至於大家要採取什麼措施才可保證這一界線不被超越，則只會留待各國自行決定。（詳情可參閱第 35 章）

留意自工業革命前期至今，地球的溫度實已升了 1.2 度左右，要停留在危險線之下，我們必須令這個溫度從今天起不能升逾 0.8 度。若以 1.5 度作為更安全的界線，則我們必須把升溫控制在 0.3 度以下。

愈來愈多的學者指出，我們已經到了最後的關頭，而情況的惡化只會比我們預計中的嚴重，理由如下：

（1）每年 2 至 3ppm 的溫室氣體濃度增長只是現時的速率。隨著更多發展中國家的經濟起飛，這個速率將有增無已。

（2）過去數十年的氣溫上升，其實並未充分反映出全球暖化的嚴

重性。究其原因，是自然界中的各種巨大「系統惰性」（systems inertia）把升溫的幅度遏抑了。大家若唸過一點物理學即知道，冰雪在融化之前所吸收的熱能，不會從溫度上反映出來，因此也不會令周遭的空氣變暖。但一旦融化開始，這種儲熱作用將不復存在，而太陽的熱力將完全用於加熱融化後的水和周遭的空氣，全球的氣溫將會上升得更急。同樣地，海水的巨大「熱容量」（heat capacity）亦把暖化的趨勢暫時掩蓋了。最新的研究顯示，人為加劇的溫室效應所帶來的熱量增加，過去大半個世紀有 90% 乃由海洋所吸收，亦即全球氣溫的上升，只是反映了剩餘下來的 10% 熱量的影響。但隨著暖化的持續，這種「緩衝」作用只會愈來愈弱。

（3）科學家從過去百多年來的氣象資料得悉，大氣層的透明度自二十世紀中葉以來有明顯的下降趨勢，以致天空的明亮度平均來說較以前降低了。究其原因，這個被稱為「全球暗化」（global dimming）的現象，乃由全球高速工業化所排放的空氣污染物所致。科學家的憂慮是，由於「暗化」令抵達地球表面的陽光減少了，因此過去數十年的全球暖化幅度，在某一程度上已是被遏抑了。（上世紀四十至七十年代間的全球降溫，很有可能便是「暗化」所帶來的。）而隨著全世界注重環保而大力改善空氣質素，全球氣溫的上升會較我們之前所預計的更屬害。

（4）我們之前看過，太陽活動的變化（variations in solar activity）是氣候自然波動的主因之一。到了今天，即使人為加劇的溫室效應已經成為左右氣候變化的主因，這並不表示太陽變動對地球氣候的影響不復存在。大家都可能知道，太陽活動的一個最基本周期是為期約 11 年的「太陽黑子周期」（sunspot cycle）。但大家可能有所不知的是，從二十世紀末到二十一世紀初的兩三個周期之中，太陽的活動即使在

高峰期也頗為平靜。令科學家感到憂慮的是，這段異乎尋常的平靜期似乎正在結束，而太陽將開始進入一個活躍期。活躍期的太陽，輻射強度可較平靜期大上 0.1 至 0.2%，對全球暖化將有如火上加油。

綜上所述，無怪乎一些論者借用了氣象學家在研究大氣風暴時所用的一個術語：在各種可怕條件的驚人配合之下，一個「完美風暴」（a perfect storm）似乎正在形成。生物學家哈爾登（J. B. S. Haldane）曾經講過：「宇宙不但較我們想像的奇妙，它較我們可能想像的更奇妙！」不幸的是，我們今天要借用他的這句話指出：「問題不但較我們想像的嚴峻，它較我們可能想像的更嚴峻！」

◎　地球氣候將急速變化

在過去，很多人——包括科學家在內——都以為氣候變化必然是一個緩慢得很的過程，即使不是以數十萬年為單位，也應該以數萬或至少數千年為單位。然而，過去數十年來的古氣候研究，正不斷地挑戰這個「傳統智慧」。冰層裡所「記載」的證據顯示，在緩慢的地球氣候變化歷史當中，也包含著一些十分急速而巨大的變化。今天，「急速氣候變化」（abrupt climate changes）已成為了古氣候學最熱門的一個研究課題。而隨著研究的深入，這些變化的最短時間已由最初的 1,000 年縮減為數百年，然後再縮減為數十年甚至更短。

讓我們回到 450ppm 這個警戒線之上。以詹姆士・漢森（James Hansen）為首的一些科學家鄭重地指出，450ppm 已經是一個風險太高的警戒線。要避免巨大災難的發生，我們必須把二氧化碳當量的濃度限制在 350ppm 或以下。但事實是，今天的濃度已經超越這個限度達 60ppm 之多！

結論是什麼？結論是人類的反應已經遠遠滯後於事態的發展。在講求超級效率的現代辦公室裡，一句半戲謔的說話是：「工作完成的最後期限永遠是昨天！」（The deadline is always yesterday！）把這句說話用到對抗全球暖化的問題上，可說最貼切不過。全球抗災的行動實應在 40 或至少 30 年前便開始，但基於種種原因，我們平白浪費了數十年的時間。如今災難已經開始出現，果斷的抗災行動已是刻不容緩。任何的延誤皆會令災難變得更為嚴重，而我們──以及我們的後代子孫──將會付出沉重的代價！

註

留意本章雖然介紹了「二氧化碳當量」這個指標，但由於控制二氧化碳排放仍是對抗全球暖化的首要任務，因此在本書往後的章節，我們仍會把注意力放在二氧化碳濃度水平之上。

第 **13** 章

為什麼有人聲稱這是個騙局？

相信你們都可能聽過有人這麼說：「全球暖化不是一個仍然未有定論的科學爭議嗎？」或甚至是：「全球暖化只不過是一些環保份子的危言聳聽罷了。」但如果你已閱讀至此，你應該懂得去問，為什麼對一個如此重大的議題，人們的認識竟然到了今天仍有這麼巨大的差別？

在回答這個問題之前，我想請大家回顧一下：各國政府的高層早於 1997 年，已在日本簽署《京都議訂書》（*Kyoto Protocal*）以嘗試控制二氧化碳的排放；而於 2009 年 12 月，各國的領導人——包括時任中國總理溫家寶和美國總統奧巴馬（Barack Obama）——皆雲集丹麥的首都哥本哈根，以商討如何應付氣候變遷這個重大議題；2015 年，全球關注的聯合國氣候峰會在巴黎召開，習近平、奧巴馬、普京（Vladimir Putin）等最高領導人皆有出席。請試想想，如果「全球暖化」只是一個「懸而未決的科學爭議」，或甚至是「一個騙局」，難道所有這些領導人都只是「閒來無事」趁機「聚一聚」，抑或他們皆愚昧無知，被底下的人蒙騙了？

顯然，世界各國的最高領導層都認同全球暖化是一個不容忽視的大問題，那麼為何我們仍然不時聽到「這不過是個騙局」這種言論呢？

◎　既得利益集團的詭計

一言以蔽之，這是巨大既得利益集團的一種有計劃、有部署的混淆視聽行為。這些集團包括多間富可敵國的跨國石油生產商，也包括其他相關產業如煤炭、鋼鐵和汽車。這種情況，便有如上世紀的煙草商在科學家發現吸煙會導致肺癌之時，如何動用龐大的人力物力以作出反撲，千方百計（甚至不惜捏造證據）否定科學家的研究成果一樣。唯一不同的地方，是這次牽涉的利益比上一次的大上百倍甚至千倍，因此用以混淆視聽、顛倒是非的資源也比煙草商所調動的龐大得多。

事實上，外國不少資深記者曾經進行過深入的研究調查，發現絕大部分否定全球暖化威脅的言論，其發表者——無論是個人還是一些「智庫」（think tanks）性質的機構——都和一些大石油商有著千絲萬縷的關係。一些論者更歸納出一個屢試不爽的「規律」：只要找出「錢從哪裡來」（just follow the money），你便會知道某人為何會發表這樣的言論。

美國總統特朗普（Donald Trump）拒絕承認全球暖化是眾所周知的，但大家可能有所不知的是，在 2001 至 2009 年初整整八年的時間裡，帶頭否定全球暖化威脅的，也是當時的美國總統布殊（George W. Bush）。不少人以為布殊在任時的最大惡行，是以「莫須有」的罪名攻打伊拉克而導致生靈塗炭，以及聽任甚至刺激金融泡沫不斷膨脹，引發全球金融風暴。但從一個更宏觀的角度看，他大力否定全球暖化的威脅，令人類在對抗這個災變時耽誤了極其寶貴的時間，對世界的貽害實更為深重。

《京都議訂書》是在克林頓（Bill Clinton）任內簽署的，但由於克氏

明知協議無法在由共和黨控制的國會獲得通過，所以根本沒有提交國會進行確認（ratification）。但在名義上，美國未有退出協議。布殊於 2001 年 1 月上任，短短兩個月後，即以協議有違美國的利益為理由，宣佈退出。由於美國的退出，雖然大部分其他國家都繼續支持協議，但協議終於要等到 2005 年俄羅斯宣佈確認才生效。而因為沒有了美國這個全球最大排放國的參與（中國的排放超越美國是 2008 年之後的事），這個國際減排的條約已近名存實亡。

可悲的是，布殊雖然已經下了台，但有關的利益集團並沒有偃旗息鼓。相反，由於奧巴馬打算推動可再生能源和「綠色經濟」的發展，這些集團害怕自身的利益受損，於是發起了新的一輪攻勢，以求令到世人繼續相信全球暖化仍是一個「懸而未決的科學爭議」或甚至是「一個騙局」。

更重要的是，美國國會與克林頓時一樣，主要由共和黨所控制。結果是，奧巴馬的八年任期間不但沒有從根本上扭轉美國的能源格局，還迎來了「頁岩氣」（shale gas）的大規模開採。

最為令人氣餒的發展，當然是特朗普於 2017 年初當選美國總統。他一方面向化石燃料產業大開綠燈，另一方面則不斷以削減經費來打壓研究氣候變化的科學組織。不用說，否定全球暖化的「產業」（the denial industry）更是前所未有的蓬勃。

◎   氣候否認者的模糊立場

面對這些用錢可以買得到的、最高水平的「公關」高手，普羅大眾感到困惑是不難理解的。最為令人暈頭轉向的，是這些「氣候否認者」

（climate deniers）那不斷改變的立場。這些立場包括：

（1）全球暖化根本沒有發生，而科學家所謂的全球溫度上升，只是測量誤差和數據分析錯誤所引致的錯覺；

（2）全球暖化確實在發生，但這只是大自然正常波動的一部分，與人類的活動無關（一些論點更宣稱，隨著波動的方向改變，未來數十年全球將會變得更冷而不是更熱）；

（3）全球暖化確實在發生，而且也是人類活動影響的結果，但這實在是一件好事而不是壞事，因為二氧化碳濃度增加，會令植物更為茂盛和農作物增產，而溫度上升則會令位處溫、寒帶的西方國家更為氣候怡人；

（4）全球暖化即使會帶來一些負面的影響，也不值得我們慌張失措。我們要做的，是繼續致力發展經濟，因為只有經濟高度繁榮，我們才可有足夠的能力應付這些影響；

（5）全球暖化即使會帶來一些負面的影響，政府也絕不應該作出任何「激進」的減排措施，因為這些措施會嚴重損害經濟發展，甚至會令全球經濟陷入衰退（一些論者更會苦口婆心地說：而受到最大打擊的將是低下階層的勞苦大眾）；

（6）在致力發展經濟之餘，我們唯一需要做的，是研究一下採取怎樣的準備措施，以求更好地適應一個暖化了的世界。

留意上述六種觀點雖然看似順序發展，但它們在社會上的傳播，卻是

同時進行的。也就是說，雖然有人已在宣揚「只有經濟發展能解決問題」，卻仍然有人在高調地否定全球暖化的真確性，這正是令普羅大眾感到混淆的地方。而不用說，「混淆」正是這些言論背後的最大目的。

◎　右翼人士大話連篇

然而，巨大利益集團的一些代言人有時也會赤裸裸地露出狐狸尾巴。例如美國著名的右翼智囊團「美國政策中心」（American Policy Centre）在一份向會員發放的通訊中便大聲疾呼：「如果你想保存你們的槍械、財產、子女和上帝，那麼『可持續發展』便是你的敵人！」（If you want to keep your guns, your property, your children, and your God, then sustainable development is your enemy.）否定全球暖化最強烈的美國參議員詹姆士・英霍夫（Senator James Inhofe）曾經公開地宣稱：全球暖化是「有史以來施諸於美國人民身上的最大騙局！」（Man-made global warming is the greatest hoax ever perpetrated on the American people. ）而英國的《金融時報》（Financial Times）更曾直斥全球暖化之說是「基於一套左翼的、反美的及至反西方意識形態的全球騙局！」（a global fraud based on a left-wing, anti-American and anti-West ideology）

美國號稱一個擁有充分言論自由和學術自由的國家，但其中最大的一樁醜聞，是 2002 年由美國環境保護署綜合了多個頂尖科研機構——包括美國國家海洋及大氣管理局（National Oceanic Atmospheric Administration，NOAA）、美國太空總署（National Aeronautics and Space Administration，NASA）、美國國家科學基金會（National Science Foundation，NSF）——的研究結果所作出的一份有關氣候變

遷的報告，在呈交國會的途中，竟被白宮一名官員菲爾·庫尼（Phil Cooney）大肆竄改。這位由布殊親自任命的官員不但把科學家的所有警告字眼刪掉，還硬生生加入一些段落，以製造科學界在這個問題上仍然爭論不休、莫衷一是的假象。這件事後來被記者揭發，而揭發後兩天，這位原本為「美國石油研究所」（American Petroleum Institute）當法律顧問的庫尼先生旋即離開了白宮，並轉到全球最大的石油公司埃克森—美孚（Exxon-Mobil）出任要職。

IPCC 於 2007 年初發表了 AR4 的初稿後不久，另一所右翼機構「美國企業學院」（American Enterprise Institute）推出了一項獎賞計劃：任何科學家若能指出 IPCC 報告中有不妥的地方，可獲得 10,000 美元的獎金。同年三月，英國 Channel 4 電視頻道則播出了一套特別攝製的紀錄片，片名就叫〈全球暖化大騙局〉（*The Great Global Warming Swindle*）。（各位可以從互聯網的 YouTube 中，分段觀看這部筆者稱為「帝國反擊戰」的宣傳製作。）

埃克森—美孚是一間富可敵國的超級跨國企業，她在否定全球暖化的運動中扮演著重要的角色。特朗普上任後所委任的國務卿雷克斯·蒂勒森（Rex Tillerson），正是過去十年間埃克森—美孚的行政總裁。而特朗普委任的環境部長史考特·普魯伊特（Scott Pruitt）也是個著名的全球暖化否定者，並在出任參議員時多次挑戰國家環境局的條例並提出訴訟。可以這樣說，特朗普政府是赤裸裸地代表既得利益集團向環境保護宣戰。他上任不久即宣佈退出《巴黎協議》，實屬意料之事。（像不少特朗普的內閣成員一樣，蒂勒森和普魯伊特皆因與特朗普不咬弦，一年左右便離任。）

至此大家應該看出，全球暖化絕非環境問題這麼簡單，而是一個牽涉

巨大利益集團角力的問題。在本書的後半部我們還將見到，隱藏在這個問題背後的巨大國際角力和地緣政治的霸權爭鬥。

◎　反對派捏造的「醜聞」

為了加深我們對這場鬥爭的認識，以下讓我們看看，「反對派」歷年炮製出來的幾樁所謂「醜聞」，背後究竟是什麼回事。

（1）曲棍球棒溫度圖事件（Hockey Stick Graph Incident）。1998 年，科學家麥可‧曼恩（Michael E. Mann）和他的同儕透過樹木的年輪、從冰層鑽取的冰柱、珊瑚遺骸以及其他間接證據（術語稱「替代性資料」，proxy data），建立起一幅地球過去 1,000 年的氣溫變化圖表。圖表顯示，這一氣溫雖然包含著不少波動，但自二十世紀下半葉開始，出現了遠超過往波幅的急升，以致溫度曲線看起來就像一支曲棍球棒的弧度。這一圖表後來被收錄在 IPCC 於 2001 年發表的 AR3，並成了全球暖化的關鍵證據之一。

然而，有人認為曼恩所用的數據與研究方法可能存在問題，因此結果值得商榷。反對派不用說立即按此大造文章，並宣稱科學家捏造證據以欺騙世人。但結果嘛？經過了多番核實分析，科學界的結論是：溫度的上升趨勢是真確無疑的。其中最權威的判決，來自美國科學界地位最為崇高的國家科學院（National Academy of Sciences）於 2006 年發表的一份報告。報告不單支持曼恩所作的結論，更指出不少科學家透過不同的方法和資料來源，也得出了同樣的結果。

你道反對派會就此罷手，對嗎？你可大錯特錯了。反對派最厲害的伎倆，便是無視於科學界的任何澄清，繼續散播「科學家蒙騙世人」

的「醜聞」。事實上，否定陣營於 2010 年即出版了一本名叫 *The Hockey Stick Illusion*（暫譯：《曲棍球棒的幻象》）的書籍，繼續宣揚「全球暖化是一場騙局」。面對這些做法，科學界又能夠做些什麼呢？

（2）《恐懼之邦》事件（State of Fear Incident）。相信大家都很熟悉《侏羅紀公園》（*Jurassic Park*）這部科幻猛片吧。它的原著小說作者，是有「科技驚慄小說（Techno-thriller）之父」之稱的米高‧基里頓（Michael Crichton）。基氏於 2008 年 11 月離世，但他於 2004 年出版的一部小說 *State of Fear*（台灣譯本名為《恐懼之邦》，而內地譯本則名為《恐懼狀態》，其實兩種譯法都成，這正是小說名稱中「state」一字的巧妙之處），曾經引起了反對派的高度重視。基里頓不但獲邀在美國國會作證，更被時任總統布殊邀請前赴白宮共聚。

原因是什麼呢？原來小說所描繪的，是一班「環保恐怖分子」為了向世人證明他們的警告屬實，竟不惜刻意製造一場人為的環境大災難；而一些科學家為了獲得巨額的研究經費，亦不惜竄改資料、捏造證據，製造一種「大難將至」的假象。為了支持其「全球暖化是個騙局」的觀點，基氏更於書末羅列了大量資料和參考文獻。正是這種言之鑿鑿的論證，引來了反對派的垂青。可大家只要稍為想一想，美國有這麼多世界一流的科學家，卻竟然邀請一個小說家往國會作證，這場鬧劇揭示了事情已發展到一個多麼荒謬的地步。（但不幸的是，不少美國的民眾已備受小說中的觀點所影響。）

（3）氣候門事件（Climategate Incident）。《京都議訂書》的有效期是 2012 年，而於 2009 年 12 月召開的哥本哈根會議，是一場研究如何延續這項協議的極重要會議。然而，就在會議召開前夕，爆出了所謂「氣候門事件」。事緣英國東英吉利亞大學（University of East

圖 13.1　過去 1,000 年的北半球氣溫重組圖（曲棍球棒圖）

氣溫異常（℃）

Anglia）的氣候研究組（Climate Research Unit）的電腦被黑客入侵，數千個電郵通訊及大量文件外泄，而取得這些資料的人則聲稱，這些電郵和文件足以證明，科學家編造事實而把全球暖化的危機大大誇張了。一時間全世界的傳媒爭相報導，世人又一次被引導至懷疑的道路之上。但事實的真相是怎樣呢？

經過多個各自獨立的調查委員會的深入調查，發現有關科學家在專業操守方面雖然確實出現了問題，但有關「作假」的指控則非屬實。到最後，即使如《紐約時報》（The New York Times）這份傾向保守的刊物也聲稱：這是徹頭徹尾的一趟抹黑行動，是一件刻意捏造出來

的「假醜聞」。但問題是，又有多少人會留意到事件如何「收場」呢？
人們只會記著這是一場醜聞，反對派的目的也就達到了〔此事件之被
稱作「氣候門」，是炮製這事的人想大眾聯想到迫使美國總統尼克遜
（Richard Nixon）下台的「水門事件」醜聞（Watergate Scandal）。〕

（4）冰川門事件（Glaciergate Incident）。差不多與上述事件同時發
生的，是 IPCC 草率地引述了喜馬拉雅山的冰川將於何時消失。事緣
IPCC 的 AR4 曾經提到，如果全球暖化持續不斷的話，喜馬拉雅山的
冰川近八成將會於 2035 年消失。其實，研究這個課題的一些印度學
者對這個結論早有存疑，而就在哥本哈根會議召開前夕，有人揭露這
個預測的年份（即 2035）乃來自一個名叫賽義德‧哈斯奈恩（Syed
Hasnain）的科學家。但問題是，這只是他個人的一項初步推斷，嚴
格的論證從來沒有在「經歷同儕評審」（peer-reviewed）的學術期刊
中發表過。

在了解過情況之後，IPCC 對於他們沒有依足既定程序辦事，以致把
一些未經嚴格審核的資料納入報告之中，作出了公開的道歉。在反
對派的眼中，這無疑是一場「漂亮的勝仗」，但問題是，科學界皆認
為這項失誤並沒有動搖 IPCC 的主要立論。不少科學家更指出，縱使
2035 是一個過早的預測，假設全球暖化繼續惡化下去的話，還未到
本世紀末，冰川的大幅消融必會對印度、中國和周邊不少國家的淡水
資源帶來嚴重的影響。

（5）論文統計事件（The Benny Peiser Incident）。2004 年，科學家
娜奧美‧奧勒斯基斯（Naomi Orsekes）進行了一項深入的文獻調
查，目的是找出科學界對全球暖化這個課題是否仍然存在著重大的
爭議。她翻閱了自 1993 至 2003 年期間所發表的 1,000 份經歷同儕

評審的學術論文，發現基本上沒有一篇質疑全球暖化正在發生這個事實。論文之間當然有所爭辯，但都是一些相對較為細節的科學觀點，而非全球暖化這個現象本身。這項統計結果發表不久，一位名叫本尼‧皮爾瑟（Benny Peiser）的社會學家也進行了一趟相類似的研究，並聲稱獲得頗為不同的結果。但經歷了多番的爭議和資料審核，皮爾瑟最後承認他的調查有問題而撤回他的結論。

但我們再一次要問的是，在普羅大眾之中，有多少人會對上述的情況有深入的了解呢？

◎　普羅大眾受到擺佈

所謂上樑不正下樑歪，過去十多年來，世界各國的民意調查顯示，以美國人認為「全球暖化不是一個嚴重問題」的比例最高。2010 年 3 月，亦即所謂「氣候門事件」發生不久，美國著名的蓋洛普民意調查（Gallop poll）顯示，認為全球暖化問題被遠為誇大的人由 2008 年的 35% 大幅增加至 48%，這說明了否定者混淆視聽的策略十分成功，也解釋了奧巴馬銳意推動的「綠色經濟」政策為何舉步維艱。

2007 年 8 月，美國《新聞周刊》（Newsweek）的封面故事名為〈關於否定的真相〉（The Truth About Denial），其中對我們所面對的情況作出了很好的總結：「這場由御用學者、鼓吹自由市場的智囊團，以及工業集團所精心策劃的、資源充沛的宣傳運動，已在普羅大眾對氣候變遷的認識過程中，成功地製造了一團使人不知所措的迷霧。」

既諷刺又可悲的是，在這篇專題刊登後不久，《新聞周刊》——按筆者推測當然是在某種外來壓力底下——刊登了一篇猛烈批評這篇專

題的文章，論旨是專題的觀點過於片面並有誤導之嫌⋯⋯。

為了揭露暖化否定集團的惡行，娜奧美·奧勒斯基斯和另一位科學家康維（Erik M. Conway）於 2010 年發表了一本名叫《販賣懷疑的商人》（*Merchants of Doubt*）的書籍，以大量證據揭示這些否定者如何動用龐大的資源以混淆視聽、迷惑人心。這本書於 2014 年被拍成同名的紀錄片，筆者極力推薦大家找來一看。

註

本書末的「參考資料」之中，列有多本揭露全球暖化否定者伎倆的著作，有興趣的讀者大可到圖書館找來一讀。筆者在此想介紹的，反而是一部有關上世紀煙草商劣行的電影，由真人真事改編的 *The Insider*（在港上映時譯為《奪命煙幕》），由著名影星阿爾·柏仙奴（Al Pacino）和羅素·高爾（Russell Crowe）主演。觀看後當可大大加深我們對有關鬥爭的認識。

第 **14** 章

為什麼我們不感到大難臨頭？

如果大家於秋冬時節閱讀這書，而剛好讀到這一章之時，外面是藍天白雲、清風送爽，你站到戶外享受著這一切時，無論是你的腦袋還是你的身軀也實在無法接受，人類正在步向一場史無前例的巨大災難。你不禁會問：這一切都是真的嗎？抑或整件事情不過是我們庸人自擾、杞人憂天？

筆者當然希望我們真的是庸人自擾，但我們無法對眾多科學家過去大半世紀以來的辛勤研究成果視若無睹，更不能無視現今世界發展趨勢的不可持續性。不錯，在熱浪退卻和暴雨不再的一刻，平靜怡人的天氣很難使人聯想到大自然那可怕的威力，這便有如在大海嘯之前，我們在海灘漫步時所感到的平靜安詳，而遠方海上的一點兒波濤是如此的毫不起眼……。

筆者可能真的在危言聳聽也說不定。我既沒有預知未來的能力，也沒有可以透視未來的水晶球，所以你們不要相信我，而必須相信自己的判斷。而這些判斷應該基於：

（1）有關溫室效應和正反饋作用等基本科學原理；

（2）實測的變化，包括二氧化碳濃度的上升、全球氣溫和海洋溫度的

上升、高山和極地冰雪的融化等；

（3）地球所經歷的巨大氣候變化所帶來的啟示；

（4）科學家透過不同的數學氣候模型——又稱「大氣環流模型」（general circulation models，GCM）——所演算出的「情景推斷」（projected scenarios）。

留意在最後一項中，科學家一般不用「預測」（forecasts）而只是用「引申推斷」（projections）來形容演算結果，這是因為地球的大氣、海洋、岩石圈和生物圈等的相互作用是如此複雜多變，要作出具體而準確的預測是幾近沒有可能的一回事。我們最多能做的，是對事態發展的趨勢作出一個總體的推斷。

筆者在考察上述資料後作出了某一個結論，而你在考察了同樣的資料後，當然有權作出一個不同的結論。

◎　對「波動」和「趨勢」缺乏了解

好了，現在讓我們根據我的結論，嘗試回答「為什麼我們不感到大難臨頭？」這個問題。

在所有大自然災害之中，氣候變遷無疑是人類最難作出有效回應的一種。主要原因有兩個：第一是比起其他災害如火山爆發、地震、龍捲風、暴雨和颱風等，氣候變遷的時間尺度（time scale）都長得多，有關的變化往往是漸進（incremental）而非急速（abrupt）的，以致人們在短時間內不易察覺。大家也許都聽過「溫水煮青蛙」這個法國

寓言吧：假如我們把一頭青蛙扔到一大鍋燙水裡，青蛙會立刻從水中跳出來；但假如我們先把青蛙放到一鍋冷水之中，然後慢慢把水加熱，則青蛙會感到愈來愈溫暖舒服，最後熱死在鍋裡⋯⋯。

此外，全球暖化所引致的天氣異常，例如一趟特大的風災、洪水、大旱和山林大火等，每每都可被看作為一次個別的、孤立的事件。相反地說，我們永遠無法確鑿無疑指著一件事件說：「看！這便是全球暖化的結果！」

至於第二個原因，與上述最後一點的關係十分密切，那便是即使十分穩定的氣候也存在著自然的隨機波動（random fluctuations），要在這些波動中判辨出一個明顯的趨勢是一件毫不容易的事情。

這個原因十分重要，需進一步探討。我們都知道，同樣是某一地方的冬天，某一年可以是異常寒冷，而某一年可以是和暖怡人。而同樣是雨季，某一年可以是暴雨連場、釀成水災，另一年則可能雨水稀少、出現旱災。由於影響天氣具體變化的自然因素是如此複雜紛紜，因此上述的這些年度差異（inter-annual variations）乃屬正常的變化。

好了，如今假設一個長期的氣候趨勢（long-term climatic trend）真的出現了，那麼是否說，上述的自然波動都會消失掉？答案是當然不會。現實是，這些波動與長期趨勢會並存，致令我們難分彼此。

科學家詹姆士・漢森用了一個很好的例子來說明這種情況。以一顆骰子代表異於尋常的氣候變化，例如擲到單數代表某一年的氣溫較正常的高，而擲到雙數則代表氣溫會較正常的低。在只有自然波動的情

況下，這兩種情境出現的機會長遠來說應該均等。但假如氣候出現了一個長期的趨勢，例如因人為加劇的溫室效應而氣溫逐漸上升，這便有如骰子的六面當中，代表異常高溫的單數由原本的三面增加至四面。也就是說，在多番投擲之下，出現異常高溫的年份會因此而增加。但那是否表示——這是至為關鍵的一點——異常低溫的情況不會再出現呢？

當然不是。事實是，即使全球暖化進一步加劇，而導致骰子的六面當中有五面代表異常高溫，那仍然表示有一面代表異常低溫！也就是說，即使在一個全球不斷升溫的情境之下，我們仍然有機會碰到一些異常寒冷的冬天甚至特大的雪災。但正正是這些短期的氣候隨機波動，擾亂了我們對氣候變遷的正確認識。每當某年的冬天特別寒冷，或是某年的北極海冰不減反增，或是某條冰川不退反進之時，人們自會禁不著說：「他們竟然還說全球正在暖化呢！」然後把危機一笑置之。

◎　時滯效應扭曲認知

再從另一個角度看，我們之所以不感到大難臨頭，是因為時滯效應在起著作用。究其原因，是全球性的變化當中包含著巨大的系統惰性，而其中最重要的是水的「比熱」（specific heat）作用，以及冰雪融化所需的「融化潛熱」（latent of fusion）作用。還記得我們在第 6 章所提過的牛油融化的例子嗎？按照科學家的計算，由於這些時滯作用，即使我們從今天開始即時停止排放任何溫室氣體，全球的氣溫仍會繼續上升至少攝氏 1 度，升溫將持續至下一個世紀才會慢慢停止。這便有如我們即使把火爐熄滅掉，鐵鍋上的牛油仍會有一段時期繼續融化一樣。

讓我們再以一個例子說明一下。假設我們每天都由城西的家中，駕車穿越市中心到城東上班。我們每天準時 8 點出發，8 點半即可抵達公司。但我們亦知道，只要遲 15 分鐘出發（即 8 時 15 分），路面的擠塞情況會令交通時間由半小時增加至一小時（即不是 8 時 45 分抵達，而是 9 時 15 分）。好了，如今公司有一個十分重要的會議在 9 時正召開，你要是遲到的話會有十分嚴重的後果。可是你剛好前一晚與好友共聚暢飲，今晨遲了 15 分鐘起床。如今是早上 8 時半而你正在路上，你已行了三分一的路程但交通愈來愈擠塞。不錯，會議還有足足半小時才召開，在感性上你可能不接受會有災難發生，但理性的分析顯示，災難性的後果幾乎已是無可避免的了。

另一個例子是一座堤壩的崩塌，我們在第 6 章已經看過這個例子。假設一座堤壩日久失修而出現一道裂縫，最初只是很小，但如果沒有人察覺，或負責的人掉以輕心沒有處理，裂縫會靜悄悄的擴大和伸延。終於，在一次洪水暴漲的衝擊下，它的猛然擴張終於引起了人們的注意。負責的工程人員預計，這種情況繼續下去的話，整座堤壩將於數小時之後崩塌。問題是，我們如今還有挽救的辦法嗎？

◎　不確定性並非藉口

筆者承認，我如此「言之鑿鑿」地講述「大難將至」，嚴格來說並不科學。因為科學的研究往往充滿著不確定性（uncertainties），特別對全球氣候如此複雜的演變，沒有一個科學家會敢說已經全盤掌握。但不確定絕對不是不採取行動的藉口。這便有如我們到一個海灘游泳，卻有人告訴我們最近有鯊魚在這個海灣出沒。再假設你是一對子女的父母，而子女都嚷著要下水暢泳。你會不會因為「鯊魚的出現不是確定的一回事」，而不採取任何行動任由子女下水呢？

再舉一個例子。假設我們正在一個廣闊的平原上，駕著一輛超級跑車高速奔馳。這時天氣驟變起了濃霧，接著有人告訴我們附近原來有一個與平原接釀的懸崖。請試想想，我們即使不把車子停下來，是否也應該立即將車速大幅減慢呢？

常識告訴我們，在巨大的風險當前，我們即使面對一定的「不確定性」，也必須作出防禦的措施，以免恨錯難返。在環保的哲學中，這便是著名的「預防性原則」（precautionary principle）。

還有一點我們不要忘記，那便是「不確定性」的背後實有兩種可能性，第一種是科學家高估了問題的嚴重性；第二種卻是低估。在眾多徵兆已經湧現的當前，以「不確定性」作為拒絕採取行動的藉口，當然是一種愚不可及的行為。

第 15 章

為什麼全世界的人都坐以待斃？

筆者得承認，這一章的題目可能有點誇張。但無可否認的是，面對著如此巨大的一個挑戰，我們現時所做的與我們所必須做的，存在著極其巨大的落差。有人曾經作過一個比喻，我們現時所做的，就有如一個人受了嚴重的槍傷，但我們只是貼上了一塊消毒膠布便算把問題處理一樣。

再借用上一章提到「溫水煮青蛙」的寓言，今天地球上的 76 億人，就活像 76 億頭青蛙，大難臨頭卻仍然沒有逃離的意識和決心。

令筆者印象深刻的是，2009 年 12 月哥本哈根氣候會議以失敗告終，但全球的股市不跌反升！人們繼續開心地「馬照跑、舞照跳」以迎接新年。這不是醉生夢死是什麼？

不錯，2015 年底召開的巴黎氣候峰會號稱圓滿結束，不少人因此以為問題已經得到解決，他們可以安枕無憂，於是繼續上網搶購超廉價機票去旅行。

事實卻是，科學家的計算顯示，即使《巴黎協議》中所有減排承諾都得到貫徹，全球升溫仍會超越攝氏 2 度這個大會所定的危險線，而巨大的環境災難將接踵而來。2018 年駭人的全球熱浪和山火，只是

這些災難的前奏（大家可上《維基百科》查閱 2018 heat wave 條目）。
我們現時所做的，就只是將一塊較大的消毒膠布貼在傷口之上而已。

「但這是毫不合理的呀！」閱讀至此，你可能禁不著大呼：「人類即使
如何愚蠢和自私，也應有趨吉避凶的本能嘛！」然而，你只要重溫第
13、14 兩章，便會明白事情實較我們想像的複雜得多。

以下，筆者嘗試為我們為何「坐以待斃」提供一些答案。這是十分
重要的一步，因為只有充分了解背後的原因，我們才有機會扭轉局
勢，力挽狂瀾於既倒。

令我們沒有作出適當回應的原因至少有下列各項：

（1）「全球暖化」這個名稱改錯了。對很多人來說，天氣變暖一點沒
有什麼大不了。對於大部分身處溫寒帶的西方富裕國家中的居民而
言，天氣變暖更加是好事而非壞事。正是「暖化」這個毫無威脅性的
稱謂，令世人對問題降低了戒心。

（2）巨大既得利益集團的混淆視聽、顛倒是非的行動十分成功，致令
普羅大眾滿腹狐疑、不知所以。一些人更對這些「無休止的爭拗」（其
實完全是一種假象）感到厭惡，從而對問題失去興趣。

（3）從心理學的層面看，在面對如此巨大的問題之時，人們很容易會
因恐懼和無助的感覺，從而生出一種「不願面對現實」的「否定心態」
（state of denial）。這便有如一些人獲悉患了不治之症後，不肯接受
事實一樣。〔令美國前副總統戈爾（Al Gore）於 2007 年獲頒諾貝爾
和平獎的紀錄片，便是名為 *An Inconvenient Truth*，台灣中譯是《不

願面對的真相》。〕

（4）不少人即使對問題有所認識，卻認為這是各國領導人應該解決的事情。個人的力量是如此微弱，他們不覺得有什麼可以做的。某些人更由此引申：既然政府至今也沒有作出任何緊急呼籲和推出什麼果斷的措施，問題也不會緊急到哪裡去。（他們當然忘了，在 2008 年金融海嘯前夕，各國政府也沒有作出任何緊急呼籲和推出什麼果斷的措施……。）

（5）除了相信政府外，不少人則更相信市場，認為只要政府不胡亂干預，自由經濟的市場規律自會把問題解決。（他們似乎忘了金融海嘯正是自由經濟的產物。）

（6）另一些人則從「歷史的高度」來看待這個問題。他們指出，在人類數千年的歷史長河裡，也曾出現大小不同的各種災難，但到最後也能化險為夷，並且更上一層樓。由是看來，全球暖化也不過是一個這樣的「瓶頸」，所謂「船到橋頭自然直」，我們實在毋須杞人憂天。（他們當然忘了，過去不少文明曾因環境崩潰而整個消失，而今天的人類文明早已連為一體……。）

（7）回到較為個人的層面。其實不少人都意識到，要對抗暖化便必須大力「減排」，但這些措施必會影響到我們的日常生活方式。不用說，絕大部分人都害怕轉變，不願改變慣常的生活方式，而極力想留在既定——無論是思想還是行為上——的「舒適區域」（comfort zones）。在抵制「抗暖化」的問題上，布殊的父親老布殊（George H. W. Bush）便十分懂得利用人們的這種心態。他的一句名句是：「美國人的生活方式是沒有任何妥協餘地的。」（The American way of life is not up for negotiation.）

上述是從民眾的反應來分析這個問題，從責無旁貸的政府層面出發，我們至今的反應又為何如此不堪呢？

◎　政府正把人民領向絕路

對於這個至關重要的問題，我們會於本書的第三部分作出更深入的探討。在此筆者只想指出一點：現代文明已被「經濟增長」這個觀念「騎劫」了，以致任何無法刺激經濟增長的政府——即使這一增長將以環境的嚴重破壞為代價——都會很快倒台。結果是，應該負起領導人民責任的各國政府，正在經濟增長的「硬道理」之下，把人民領往一個極其危險的方向。

曾經有學者深刻地指出，任何提出有效對抗全球暖化但要人民作出犧牲的政策（例如徵收「碳稅」）的領導人，將會等於進行政治自殺。由於沒有政治領袖願意進行政治自殺，所以我們正在進行集體自殺。

當然，說政治領袖完全忽略這個危機也是不公平的。要不是她們意識到問題的嚴重性，也不會早於 1997 年便齊集日本簽署《京都議訂書》，2015 年底亦不會雲集巴黎共商對策。但事實勝於雄辯，上述之謂「我們至今的反應為何如此不堪」的論斷，仍是一點也沒錯。

◎　四大界別的責任

最後，筆者要批評多個同樣責無旁貸的團體，分別是大眾傳媒、科學界、以環保為己任的壓力團體（environmental pressure groups），以

及世界各大宗教團體。

大眾傳媒被稱為現代社會在行政、立法和執法「三權分立」以外的「第四權力」，其作用在於監察政府、反映民情和伸張公義。但過去十多二十年來，它們在報導全球暖化的威脅時卻是嚴重失職。究其原因至少有兩個：第一個是今天的傳媒大多以商業和娛樂掛帥，而為了維持銷量或收視率，都傾向「報喜不報憂」，只會集中人們愛看的東西（如美食和旅遊等節目），而不會反覆報導令觀眾長期感到不安的信息。（新聞固然會報導災難，但那些永遠都是已發生的事件，而不是防患於未然的。金融海嘯前後的經濟報導正是一個很好的例子。）

至於第二個理由，則與政府和科學家有關。不錯，傳媒本身固然可以進行深入的新聞調查（investigative reporting），但更多時候，它們報導的資料總得靠外在來源。而就全球暖化這個議題，主要的來源是政府機構（如環境局）和專家學者。先就政府來說，假如政府從來不高度重視這個問題，甚至刻意把它低調處理，那麼傳媒自然不會高調起來。就專家學者來說道理也是一樣。如果一眾專家學者從來不站出來大力呼籲，傳媒當然也沒有條件大聲疾呼。因為沒有了專家的作證，傳媒這樣做只會被批評為「嘩眾取寵」、「危言聳聽」、「製造恐慌」。

這便把我們帶到科學家所起的關鍵作用。

我們不禁要問的是：科學家既然深知形勢不妙，卻為何不大聲疾呼，令世人有所警覺呢？難道他們全都是象牙塔裡麻木不仁的學究嗎？

於 2010 年中去世的著名氣候學家史提芬‧史耐達（Stephen Schneider）

對這個問題作出了切要的回答:「作為科學家,我們必須緊隨科學方法的道德要求,亦即在任何情形下也要實話實說,包括我們推論期間的懷疑、假設,以及所有『如果』、『以及』、『不過』等複雜情況。可另一方面我們也是個人,我們想看到一個更美好的世界,想盡量減低氣候災變發生的可能性。為了達到這個目的,我們需要深入群眾並引起他們的注意,不用說這要透過傳媒的廣泛報導。這時我們必須提出駭人的情境、作出簡單化和戲劇化的聲稱,而隱藏我們某些學術上的疑慮。這種雙重標準帶來了難以調解的矛盾。每個科學家都只能自己找出他的平衡點。」

在一個正常的世界裡,上述的矛盾還不算太過尖銳。但在這個是非顛倒的世界裡,全球暖化的否定者正正看準了科學家的這個弱點而大肆攻擊。因為他們不用服膺於「科學方法的道德要求」,可以把任何歪理也說得言之鑿鑿、振振有辭。面對著這些「對手」,科學家可真簡是「秀才遇著兵,有理說不清」,大部分人為了不想與這些人糾纏,也不想影響自己的正常研究工作,惟有選擇三緘其口。這當然更加令反對派佔盡上風。好了,如果科學家選擇作出正面回應並向大眾作出呼籲,除了浪費了寶貴的科研時間外,稍一不慎更會被其他科學家指責為「不務正業」、「愛出風頭」、「譁眾取寵」……。正是基於上述的考慮,大部分科學家都不願意高調地站出來作出呼籲。

問題是,在牽涉巨大的公眾利益和風險時,上述這種審慎和保守的傾向是否一種負責任的行為呢?最先呼籲世人關注這個威脅的詹姆士・漢森,對這種傾向便大不以為然。他更曾甘冒大不韙的直說:「如果科學界能夠做的就只是這麼多,那麼我們不如回鄉耕田或轉行做其他東西。」(If this is the best we can do as a scientific community, perhaps we should be farming or doing something else.)他的同業兼

好友史耐德在去世前的幾個月，終於深切體會到問題的嚴重性。他說道：「如果一個科學家必須等到有十足把握和確鑿無疑的證據才挺身而出，他便沒有盡到他的社會責任。」(If a scientist does not speak up until he has high confidence and solid evidence, he is failing society.)

但問題是，迄今為止，大部分科學家仍然認為他們的主要責任只是找出事實的真相。至於怎樣把這些真相告訴普羅大眾，則是另外一些人的責任。

這便把我們帶到環保團體所扮演的角色之上。

筆者雖然從來沒有加入任何環保組織，但自幼便是一個環保主義者。過去數十年來，眼看環保團體面對全球暖化這個問題，最先是後知後覺、反應遲緩，然後是態度曖昧、輕重不分，實在令筆者感到十分失望。「反核」固然有其道理，但此時此刻，「反煤」才是他們的首要任務。他們沒有這樣做，令世人很易產生一種錯覺：「既然連環保團體都不把對抗全球暖化放到最高的戰略位置，想來問題也不會嚴重到哪裡去……。」

正是有鑑於此，筆者與友人於 2015 年成立了一個名叫「350 香港」的環保組織，致力提升社會對全球暖化危機的認識，以及促使政府推行對抗暖化的有效政策。值得慶幸的是，近幾年來，其他環保團體也意識到形勢的危急，而把對抗全球暖化放到他們工作的首位。

最後筆者要批評的是世界各地的宗教團體。宗教的最大目的是讓人類可以「去苦得樂」，一些宗教固然著重人類靈魂的救贖以及對「永

生」和「永福」的追求，或是如何超脫塵世「達於彼岸」，但他們也不會否定「現世」的意義，甚至會致力於現世的救傷扶危和保赤安良的工作。顯然，全球暖化所會引發的巨大人道災難絕非他們願意見到的。但既然這樣，為什麼他們不大力呼籲所有信眾關注這個問題，並且集體發聲，向為政者進言呢？要知全球的天主教、基督教和東正教的信徒加起來達 24 億之多，回教徒則有 18 億人、印度教徒有近 11 億人、佛教徒也有 5 億。如果有關宗教團體肯振臂高呼，所起到的作用將較任何民間團體都大。

或說在「政教分離」的大原則下，宗教不應干涉世俗的事情。但我們現在說的不是哪一個黨執政或哪一個人當選，而是人類生死存亡的問題，「不問塵世事」的原則在這兒是完全說不通的。

將上述所有的因素加起來，便造成了歷史上最大的一宗「溫水煮青蛙」事件。在本書的最後一部，我們將探討怎樣才可以打破這種「集體思想麻痹症」，讓 76 億隻青蛙（聯合國預計到 2050 年會超越 90 億）跳離致命的熱鍋。

註

要補充的一點是，2013 年上任的教宗方濟各（Pope Francis），是歷來最關心環境保護和全球暖化危機的宗教領袖。他曾多次呼籲人類齊心協力扭轉現今的發展趨勢，2018 年 6 月，他約見了一班石油企業的代表，並呼籲他們拿出勇氣改弦更張以力挽狂瀾。他說：「文明需要能源，但我們不能讓能源摧毀文明！」但另一方面，很多人都期望教宗會響應全球的「去碳撤資」運動（Divestment Campaign），令梵蒂岡擁有的巨額資產不再投資在化石燃料產業之上，但這個期望至今仍然落空。

有什麼對應的

第 二 部 分　第 16 章 ───────────── 第 29 章
SECTION　TWO　　　　　　　　　　WHAT IS THE
　　　　　　　　　　　　　　　　CORRESPONDING
　　　　　　　　　　　　　　　　METHOD?

方法？

大自然的資源足以滿足我們的生活所需，卻不足以滿足我們的無窮貪念。

Mother Nature provides enough to satisfy every man's need, but not every man's greed.

甘地 | Mahatma Gandhi

It is the greatest market failure the world has ever seen.

尼古拉斯・斯特恩 | Nicholas Stern

這是一趟最巨大的市場失效。

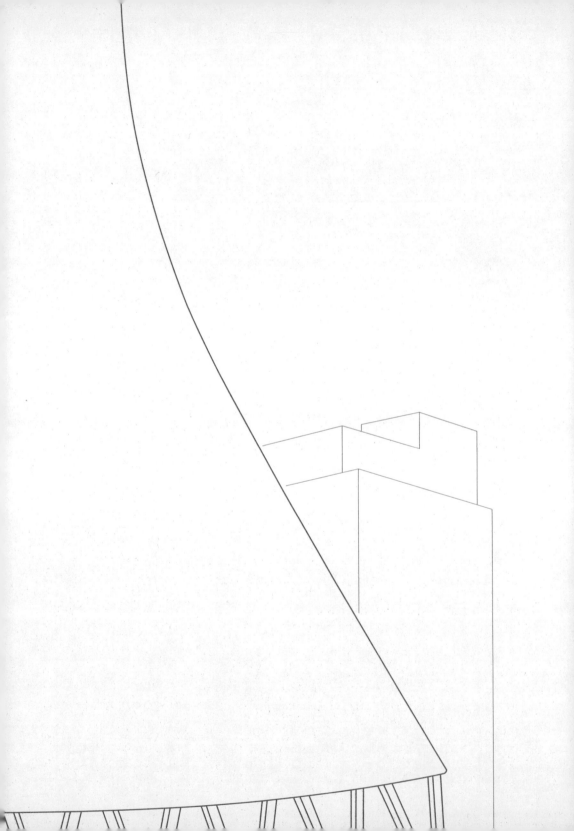

第 16 章

怎樣才可以防止災難的發生？

今天，我們常常聽說為了防止氣候變化的發生，必須推行「低碳經濟」和實踐「綠色生活」。筆者對這些倡議本身百分之百贊同，但我不得不高聲呼籲，這些倡議絕不足以解決我們當前面對的問題。

讓筆者打一個比喻。假設你有一隻蛀牙，那疼痛已經影響日常生活。我的朋友知道了卻跟我說：你必須多注重牙齒保健和口腔衛生，不要吃太甜的食物、要早晚刷牙、多用牙線、多用嗽口水……。這些建議當然全部正確，卻解決不了當前的問題。當前的要務，是先把蛀牙拔掉。這便正如在對抗全球暖化的問題上，當前的要務是盡快取締化石燃料的使用，而不是大力鼓吹「綠色生活」。

你可能會問：推行「低碳經濟」不正是向這個方向進發嗎？對！但問題是，我們今天所鼓吹的低碳經濟究竟有多「低」？就筆者所見，絕大部分的有關措施都屬「櫥窗粉飾」之舉，真正的效果甚微。環保分子稱這些舉動為「綠漂」（greenwash，又譯作「漂綠」）。

事實上，由於自然界的時滯效應（二氧化碳在大氣層的停留時期平均超過 100 年），即使我們從今天開始停止一切溫室氣體的排放，這些變化——包括全球溫度的繼續上升和冰雪的繼續融化——仍然會延續至下個世紀甚至更遙遠的未來。我們如今所能夠做

的，只是防止這些變化的進一步惡化，以及極力阻止最嚴重災難的發生。從這個角度看，我們的目標不應是低碳經濟，而必須為「無碳經濟」甚至「負碳經濟」（後者即表示要將大氣中的二氧化碳吸回來）。（中國諺語中的「取法乎上，得乎其中；取法乎中，得乎其下」在此最為合用。）

讓我們重溫一下我們所面對的問題。還記得在十九世紀中期，二氧化碳的大氣濃度仍只是 280ppm 左右嗎？100 年後，當基林於 1958 年開始精確地量度這個濃度時，數值已經增加至 315ppm，即增加了 12.5%。但自 1958 年至今短短 60 年間，這個數值已經升至 410ppm，即較十九世紀中葉增加了接近 45% 之多。這一急升，顯示人類工業文明的二氧化碳排放速率，已經遠遠超出自然界的「碳吸儲庫」能夠把二氧化碳從大氣中移除的速率。

◎　把二氧化碳含量降至警戒線下

在 2009 年的哥本哈根氣候會議中，各國的領導人雖然無法達成一致的減排協議，卻都一致認同 450ppm 這個二氧化碳濃度，是絕對不能超越的一道危險界線。一些科學家更指出，450ppm 已是一個過於危險的水平。一班環保人士於是組成了一個名叫「350.org」的組織，致力推動人類把二氧化碳水平拉回到比今天還要低 60ppm 的地步。

不少人都指出，把二氧化碳含量的水平穩定於 450ppm 已是一個難比登天的目標，要把它拉回二十世紀的水平則更是癡人說夢。好了，讓我們暫時忘記 350ppm 這個「理想」，而只是集中於 450ppm 這個較為「現實」的目標，那麼要實現這個目標，我們必須怎樣做呢？

不少科學家對此已一早作出了計算：考慮到大自然吸儲庫的吸收能力，要保證人類不超越這條警戒線，全球二氧化碳的總排放量（以每年計，嚴格來說即排放速率）便必須於 2050 年之前，降低至 1990 年的 20% 以下，亦即減幅要等於當年排放量的 80% 或以上。（計算採取了 1990 年作為基準，只是為了方便劃一的比較，如果我們選取一個更近的年份，所需的減排幅度自會更高。）如果達不到這個目標，450ppm 這一道界線便肯定會被超越，而全球升溫甚有可能超越攝氏 2 度，以致凍土融解、釋出甲烷以及其他正反饋迴路相繼出現，從而把人類推向災難的深淵。

你可能會說，2050 年距今還有近 30 年左右，我們應該有充分的時間作出準備吧。你真的這樣想便大錯特錯了。把問題拖延至接近本世紀中葉才採取行動，等於保證這些行動必然失敗──碳排放量要於短時間內大幅下降根本沒有可能（除非人類文明出現大規模的崩潰！）。為了糾正這種錯誤的觀念，不少學者指出，要達到這個「遠期」目標，一個「中期目標」是於 2030 年把總排放量收縮至 1990 年水平的 35 至 40% 以下（即減幅達當年排放量的 55 至 60%）。

粗略的計算顯示，要達至上述的目標，我們從今天開始，必須每年把排放量下調約 7 至 8%。事實卻是，排放速率仍在一天一天地增加！從 2007 至 2017 的十年間，這個速率大概是每年 2.3ppm，但單就 2016 至 2017 的一年間，二氧化碳的水平便增加了 3.3ppm。

在世界各國的政策中，「經濟增長」的「硬目標」仍然佔首位，其中倡議的「低碳經濟」即使能夠落實，充其量也只能把排放增長的速率略為減緩，而並非把排放量固定下來，更遑論整體向下調。也就是說，我們現時正在做的，與我們必須盡快做的，其間存在著巨大的落差。

◎　人類自救必須作出抉擇

事實是，人類今天的文明乃建基於大量廉價能源的供應和消耗的基礎之上，當中絕大部分能源則來自化石燃料。要大幅減低二氧化碳排放的話，一是全人類大幅減低能源的消耗量，要不便是盡快開發沒有溫室氣體排放的「潔淨能源」，以取代化石燃料。

前一個抉擇意味著文明的大幅倒退，後果雖然沒有海平面大幅上升等環境災難般嚴重，但肯定也不是我們願意看到的結果。（這一抉擇對富裕國家和貧窮國家的影響很不一樣，這個問題我們將於本書的第三部分詳細探討。）

至於後一個抉擇又如何呢？至此我們終於來到本書中的第一個好消息！因為科學家的研究告訴我們，「清潔能源」不但存在，而且完全足夠人類之用。在這一部分的其餘章節，我們將逐一看看這些能源的潛質和發展狀況。

◎　全球暖化的「罪魁」

但所謂知己知彼，要對抗全球暖化，我們必須更全面地了解其背後的成因。圖 16.1 展示了促成全球暖化的各個「罪魁禍首」。我們可以看出，在發電和交通運輸所導致的排放之外，一個重要的暖化來源是農業和「土地利用轉變」（land use change）。廣義來說，後者包括林木的摧毀、大地的水土流失、草地的劣化甚至沙漠化、泥炭窪沼的燃燒、牲畜飼養時所排放的甲烷、垃圾堆填區釋放的甲烷等等。我們在第 24 章〈大地保育的挑戰〉，會對這個問題作出更深入的了解。

在工業生產方面，耗能最多、也因此排放最大的產業，除了鋼鐵業之外，位列榜首的是混凝土生產（cement production）和鋁的冶煉過程（aluminium smelting）。在未能完全轉用可再生能源之前，如何在上述的工序中減少能耗和排放量，是一項十分迫切的課題。

圖中沒有包括的「暖化元兇」，是科學家近年才開始重視的「黑炭粉末」（black carbon）。原來在煤和汽油的燃燒過程中，不完全的燃燒會產生大量的炭質微粒，而當它們被大氣環流輸送到高山和兩極，並沉降於冰雪的表面之時，會吸收太陽的熱力而大大加速冰雪的融化。如何控制這些「黑炭粉末」的形成和散播，也是現時的當務之急。

圖 16.1　**全球溫室氣體排放比例（按行業）**

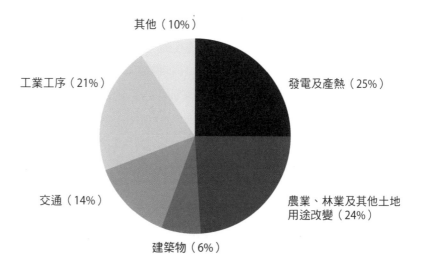

註：由於排放來源的比例隨時間不停變動，而且不同學者採不同歸類及計算方法，也會得出不同結果，因此圖表中的數字只作粗略參考。（資源來源：AR5）

◎　穩定楔子的方略

為了令人們能更好地制定對抗暖化的策略，兩位普林斯頓大學的學者史提芬·珀卡勒（Stephen Pacala）和羅伯特·索科洛（Robert H. Socolow）於 2004 年提出了「穩定楔子」（stabilization wedges）的概念。從圖 16.2 可以看出，所謂「穩定楔子」，是指在二氧化碳繼續急升的基本情景底下，我們可以透過什麼方法把排放量一步一步的遏抑下來。兩人最先提出的「楔子」有 7 個，後來則增加到 15 個。涵蓋的範圍包括「提升能源生產的效率」、「提升能源使用的效率」、「開發潔淨能源」、「保育森林和土壤」等。當然，這只是一個輔助我們思考和分析的圖略，要令每一個「楔子」發揮穩定的功效，要求我們坐言起行，並投入巨大的人力物力，其中不少更涉及廣泛的公眾討論和政策制定。遺憾的是，迄今為止，世上沒有一個政府敢拿著這樣的一個圖，跟廣大的人民開誠佈公地作出討論。

這便把我們帶到本書最重要的一點之上。顯然，認識問題是解決任何問題的第一步。世人對這個問題繼續缺乏認識的話，問題便無法得到解決。醫生因怕病人恐慌而不告訴他患了癌症的時代已經過去了。筆者在此懇切呼籲，如果你是政府的決策官員，請盡你所能將問題的嚴重性和迫切性公諸於世，並引發廣泛的社會討論。要防止災難的發生，這是不可或缺的第一步。

就具體的措施而言，防止災難發生的辦法只有兩個：一是盡快關掉二氧化碳和其他溫室氣體的「排放源」，重點是有計劃地關閉地球上每一所燃煤發電廠以及大幅減低石油的使用，更直接的辦法是逐一關閉世上的煤礦和採油田。（環保分子的口號是「讓它留在地下」，Keep it in the ground!）二是盡力保護甚至強化二氧化碳的「吸儲庫」，重

圖 16.2 穩定楔子

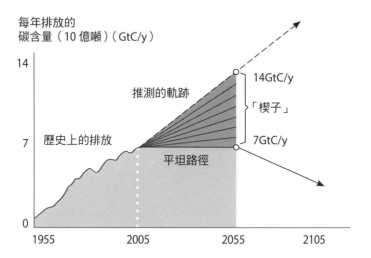

點是保護熱帶雨林和全球的土壤，更進一步是大規模培養吸碳能力特
強的植物和藻類（alage）以把二氧化碳吸走。沒有了上述的大方向，
什麼「低碳經濟」和「綠色生活」的倡議，都只會淪為一堆自欺欺人
的口號。

註

「碳排放」和「二氧化碳排放」在文獻上往往交替地使用，
但嚴格地計算的話在數量上往往使人混淆。因為前者只計算
碳原子的重量，後者則計算整個二氧化碳分子的重量。按此
計算，人類現時每年排放到大氣層的二氧化碳約為 400 億公
噸，而相應的「碳排放」則為 110 億公噸左右。

第 **17** 章

發展核能——我們必須與敵同眠嗎？

我們最先考察的一項「替代能源」，是最具爭議性的核能（nuclear energy）。

事實上，自從第一個核子反應堆（nuclear reactor）於 1942 年成功運作以來，不少人曾經寄望，這種嶄新的能源會帶來一個「美麗新世界」：藉著幾乎用之不竭的能源，人類將會開創一個空前昌盛與和諧的新紀元。

不幸的是，核能最初的應用，乃以毀滅性的可怕形式出現於戰爭中。這固然令很多科學家感到痛心，但自二戰結束之後，這種能源的確很快便轉移到和平的用途。核能發電成為了戰後一項振奮人心的發展，它與太空探險和電腦一起，把人類帶進了由「核子時代」（Nuclear Age）、「太空時代」（Space Age）以及「電腦時代」（Computer Age）所共同組成的一個激動人心的新紀元。就以美國這個核子大國為例，自上世紀五十至七十年代的短短 20 多年間，核能發電所佔的份額，便已上升至全國發電量的 20% 有多。

◎　對核能的恐慌和抗拒

但好景不常，由於核能發電所用的「燃料」（主要是鈾 -235，但「燃

料」一詞只是一種習慣的叫法，因為這些物料在使用時不會進行任何化學燃燒）帶有對人體有害的放射性（radioactivity），而使用後所產生的廢料，則帶有更高的放射性，所以很早便引起了人們的重大憂慮。這些憂慮再加上美、蘇兩國在「冷戰」期間不斷製造大量威力愈來愈駭人的核子武器，最後在西方產生了規模日益龐大的反核運動（anti-nuclear movement）。

對核能發電的致命打擊，來自 1979 年美國「三里島事件」（Three Mile Island Incident）和 1986 年蘇聯「切爾諾貝爾事件」（Chernobyl Incident）。前者其實只屬一個小小的操作失誤，期間並沒有對周遭的環境做成輻射污染，亦沒有引致任何人命傷亡。但不幸的是，在人們對核電安全的信心仍未完全恢復之時，即發生了規模和影響都嚴重得多的切爾諾貝爾核災難。可以這麼說，人們對核電的最大恐懼，在這項災難中差不多完全實現：廣泛的環境受到了嚴重的輻射污染，而直接或間接導致的死亡人數則高達數千之多。（若把日後因患癌症而死亡的人計算在內，更達過萬之數。）

基於上述的原因，核電工業的發展在美國幾乎停頓下來。正在運作的核電廠雖然繼續運作，但接下來數十年，美國政府沒有發過任何新的經營牌照，也就是說，沒有任何新的核電廠落成。而美國不斷增長的經濟，電力供應主要還是來自不斷擴張的燃媒發電，以致二氧化碳的排放與日俱增……。

更為不幸的是，在對抗全球暖化危機已刻不容緩的 2011 年初，日本因為超級大地震和海嘯的破壞，出現了一場嚴重的核災難，全世界「恐核」的情緒再度高漲。一向極力反對以核電作為對抗全球暖化手段之一的各大環保團體（如綠色和平、地球之友等），其反核的呼聲

變得更加振振有辭。

◎ 核裂變與核聚變

在未進一步了解核電的利與弊之前，讓我們先了解兩種「核能」之間的分別。

嚴格來說，所謂核能其實包括了兩種截然不同的能量來源：由重元素（如鈾 -235）分裂成為較輕元素的「核裂變」（nuclear fission），以及由輕元素聚合成為較重元素（如氫聚合成氦）的「核聚變」（nuclear fusion，又稱核融合）。前者是原子彈背後的原理，而後者則是氫彈背後的原理。理論上，核聚變能為人類帶來幾乎用之不竭而又相對潔淨的能源（太陽的能量來源正是核聚變）。很不幸，人類至今仍只懂得以毀滅性的形式（即氫彈等「熱核武器」）把這種能量釋放。過去大半個世紀以來，雖然世界各國都投入了大量的資源以攻克這個難關，但迄今為止，「可控核聚變」（controlled nuclear fusion）的實現仍然遙遙無期。按照最樂觀的估計，核聚變要成為人類的主要能源，最快也是本世紀下半葉的事情。

所謂「遠水救不了近火」，在探討如何對抗全球暖化時，我們將不把核聚變放到考慮之列。當我們提到核能時，只會集中於以核裂變為操作原理的設施。

◎ 反對核電的主要論點

讓我們回到過去數十年的反核運動之上。為了讓大家能更好地了解這個問題，我把反對核電的主要論點羅列如下：

（1）運作時可能產生的核洩漏意外事故；

（2）燃料運輸時可能產生的核洩漏意外事故；

（3）核廢料的處理問題；

（4）核原料失竊和核擴散（nuclear proliferation）的危險；

（5）恐怖襲擊所可能引致的重大災難；

（6）退役核電廠拆卸（de-commissioning）的高昂費用和可能引致的環境污染。

讓我們逐一審視這些論點。美國和歐洲是反核運動最為高漲的地方，但大家可能有所不知，迄今為止，核電仍然佔美國總發電量近20%。在歐洲，法國多年前已經全面擁抱核電，如今的發電量佔全國總額的 80%，居世界首位。另外一個核電大國是日本，發電量佔全國總額的 35%。（相信大部分人都認為日本是一個十分注重環保的國家，對嗎？）而英國和加拿大則分別佔 20 和 15%。

事實是，全世界眾多核電廠已經成功運作了數十年之久，安全記錄差不多位列人類各種工業運作之首。由於各國一早已經擯棄了切爾諾貝爾所用的核反應堆設計，同類的災難已經不可能再次發生。日本福島的核災難乃由百年一遇的大地震和大海嘯所引發，而它之所以變得這麼嚴重，很大程度上是決策的錯誤，而非設計上的錯誤所引致。

總的來說，跟燃煤發電比較起來，歷年來不絕如縷的重大煤礦災

難，其所導致的人命傷亡數目，較核電工業所導致的人命傷亡（即使包括鈾礦開採的傷亡事故）實在不知大多少倍。這還沒有計算開採煤礦時所做成的重大環境污染，以及整個燃煤工業所引致的健康問題。

至於核燃料在運輸時所可能出現的意外或失竊事故，至今亦保持著非常良好的安全記錄，證明現有的保安制度行之有效。有關恐怖襲擊的憂慮，「911」事件發生至今已十多二十年，即使先後有阿爾蓋達和「伊斯蘭國」等恐怖組織肆虐，至今未有任何核事故發生。

當然，至今沒有發生，不表示將來不會發生。而反核分子強調的正是，萬一事故真的發生，其後果將是極其嚴重的。

但問題是，在現實世界中，我們做任何事情都不可能沒有風險。每年死於空難的人較死於核意外的人多得多，而假如一部載滿乘客的民航客機在一個大城市之上墜毀，所引起的災難將較最差的核事故還要嚴重，但我們並沒有因此而停止一切航空活動，而是努力把有關的風險減至最低。對核電工業的風險，我們不也應該採取同樣的態度嗎？

至於核廢料的處理和核電廠拆卸等問題，技術難度雖然不低，卻都不是原則上解決不了的問題。

反核人士不肯接受核能作為對抗全球暖化的重要手段，背後還有另一個較為政治性的理由，那便是他們認為核電是一種「資金密集」和「權力密集」的工業，因此必會為大財團、大企業所壟斷。相反，可再生能源帶有「分散性」和「草根性」的特質，更為符合他們的社會和政治理想。

但事實是，核電廠不一定要由私人經營。世界各地不少公用事業（public utilities）都存在著政府的積極參與。在發展核電和對抗暖化的全盤規劃中，政府必須擔當起更主動的角色，即使不是直接投資經營，也應該是所有新建核電廠中的大股東大董事。與此同時，民間的監察亦可以起著重要的作用。

◎   過渡性的緩衝

也許你會問，假如全世界都大力發展核電，所需的燃料是否也會不敷應用呢？專家的研究顯示，即使全球皆大力發展核電，已知的鈾礦也足夠未來 100 年之用（隨著需求的增加，鈾的價格自然會有所上升）。而假設我們現在新建的都是最新設計的第四代快速繁殖反應爐（4th generation fast-breeder reactor），則我們在燃料供應方面將更不虞闕如。

可惜的是，無論專家學者如何作出有力的論證，大部分環保團體仍然抱著舊有的觀念不放，一於「反核」到底。在筆者看來，這是一種令人十分遺憾的情況。大家在往後的章節會看到，各種「可再生能源」長遠來說固然可以取代化石燃料，但關鍵正在於「長遠」這兩個字。對抗全球暖化是一件刻不容緩的事情。而就人類目前所掌握的科技，核電是唯一能夠幫助我們過渡至一個較安全境地的技術。

還有一點反核人士不肯面對的是，作為最主要再生能源的太陽能和風能，都存在著能源供應上的間歇性（intermittency）問題。要令它們成為主流能源，我們仍然需要一所以較傳統方式發電的電廠，以提供一個穩定的「本底負載輸出」（baseload）。核電在這方面正好發揮積極作用，令再生能源更快的發展起來。

但有一點筆者是與所有環保團體立場一致的，那便是發展核電絕對不能成為拖延發展可再生能源的藉口！研究顯示，核電廠的投資額十分巨大，從論證、設計、環境評估、審批、施工到投產，時間動輒在十年以上，與可再生能源所具備的模組性（modularity）、擴展性（scalability）、分散性（distibutiveness）和靈活性（flexibility）不可同日而語。從這個角度看，我們的主力必定是發展可再生能源而非核電。

◎　與敵同眠

權衡輕重之下，全球環保團體的首要任務應是「反煤」而非「反核」，事實上，即使撇開全球暖化的威脅不計，只要我們肯認真地看看現實，便知過去數十年來，煤礦開採對環境造成的巨大破壞、所引發的眾多傷亡事故，以及原油泄漏所導致的生態災難等，實在較核電對環境和社會造成的傷害不知大多少倍。我在此謹向所有環保人士作出呼籲：在「核電安全」和「氣候災變」這兩個議題上，我們必須「兩害相權取其輕」。扼要言之，我們必須拿出智慧和勇氣，選擇「與敵同眠」。

留意筆者既稱之為「敵」，表示我其實並不喜歡核電。筆者甚至認為人類最終應該取締核電，實現「核電歸零」。但現時更為迫切的，是盡快取締一切化石燃料的使用。事實是，從鄰近的台灣到較遠的德國，盲目「反核」的結果是燃煤發電用多了，與我們對抗全球暖化的方向背道而馳。就此筆者再向環保人士作出呼籲：請你們把十倍於你們現時花於「反核」的精力，用於「反煤」和「反石油」的全球社會運動，那麼人類戰勝全球暖化的機會將會提升不少。

最後要澄清的一個問題是，大力發展核能是否便可解決全球暖化的

問題呢？答案是否定的。如今世界有接近 450 所核電廠，發電量佔全球總額的 14% 左右（全球的大型火力發電廠接近 10,000 間）。按照最樂觀的估計，即使我們有能力在 2050 年之時把這個數目翻兩番——亦即有接近 2,000 間核電廠，它們的發電總量也遠遠未能追上預計中的世界能量需求。核電的主要任務，是遏止燃煤發電廠的不斷興建。（要知一所火力發電廠的平均壽命至少為五、六十年，因此每一間新發電廠落成，即表示未來五、六十年會天天都在噴出二氧化碳……）要真正對抗氣候災變，我們還必須努力節能，並全方位地發展各類型的再生能源。

註

2011 年 3 月 28 日，筆者在《星島日報》讀到一篇新聞報導，標題是〈綠色和平喊停核　創辦人唱反調〉，內容引述了「綠色和平」創辦人之一的派卓克・摩爾博士（Dr. Patrick Moore）對日本福島災難的觀感：「今次福島事故是一次獨特事件，全球 400 多座核電站都非常安全，而各國專家從今次事故汲取教訓，今後的核能發展將會更為安全。」他復指出：「核電事故與燃煤發電所導致的死亡人數比例為 1 比 4,000。以去年（2010 年）為例，5,000人死於煤礦開採，數以萬計人士因呼吸燃煤及其他化石燃科的廢氣而致死。」他的結論是，面對全球暖化的威脅，大力發展核能仍是必須的。

第 18 章

可再生能源概覽

「可再生能源」（renewable energy，以下簡稱「再生能源」）是我們
今天到處都聽到的一個名詞。一些人以為這是一項新事物，這當然是
一個「美麗的誤會」。事實是，在人類漫長的歷史裡，所用的能源幾
乎全部都是「再生能源」：我們的體力、動物所提供的動力（如牛耕
田、馬拉車）、風力（如帆船以及風車推動的磨坊）、水力（如河水
推動的磨坊和灌溉設施）、燃燒柴火所提供的熱力、溫泉所提供的熱
力等等。

◎　多種能量最終來源是太陽

留意除了最後一項之外，上述各項能量的最終來源都是太陽能：植物
透過光合作用把太陽能「儲存」起來，而柴火的燃燒便是把這種「儲
存的太陽能」重新釋放。就生物的體力而言，素食的動物透過消化作
用，把植物體內的能量化為己用；而肉食的動物（或好像人類般的雜
食動物）則透過進食其他動物和植物，進一步把這些能量化為己用
（期間當然出現大量的能量損耗）。在物質的層面，所有生物死後都
會腐化，從而轉化為（至少在陸地上而言）植物生長所需的養料。而
在能量的層面，太陽的不斷照射則推動著這個永不停息的循環。

至於風力和水力（後者亦包括海浪），當然亦是太陽熱力推動的結

果。事實上，在我們今天所考察的「再生能源」當中，只有潮汐力和地熱（包括上述的溫泉熱力）和太陽能無關：前者來自月球的萬有引力作用，而後者則來自地球內部的熱力。這些熱力一部分來自地球形成時的餘溫，一部分來自地球內部的放射性元素透過放射性衰變（radioactive decay）所產生的能量。

從科學的角度看，太陽能和地熱等能量是「不可再生」的，但它們的穩定供應至少可以持續數十億年，對於我們來說等於是用之不竭，因此我們把有關的能源一概統稱為「再生能源」。

與此相反，所有化石燃料包括煤、石油和天然氣，都是由遠古動植物死後的遺體變化而成。從某一個意義來看，它們所包含的能源乃是一種「遠古的陽光」。但由於這些燃料在地層中的存量必定有其上限，我們不斷消耗，剩下來的便會愈來愈少。正因為這樣，我們把所有化石燃料稱為「不可再生能源」（non-renewable energy sources）。

眾所周知，工業革命的興起和現代文明的騰飛，與這些不可再生能源的大量使用有著極其密切的關係。這些能源具有兩大優點：（1）儲存和運送方便、（2）能量密度十分之高。我們很快將會看到，再生能源的最大弱點，正是缺乏上述的兩大優勢。

但在逐一察看每一種再生能源的優點與缺點之前，讓我們先看看人類利用了已接近一個世紀的再生能源：水力發電（hydroelectric power）。

◎　水力發電潛質已近極限

水力發電是工業社會最先大規模使用的再生能源。我們今天討論再生能源時很少提到它，是因為它的發展潛質已經接近極限。隨著我國三峽大壩的建立，最後一個可以提供巨額發電量的地方也用上了。這並非說我們完全無法再找到地方興建較小型的發電站，但它們面對的眾多問題包括：（1）地點偏僻，不但施工艱巨、成本高昂，亦因為遠離城市而導致輸電困難；（2）對生態環境會造成嚴重破壞；（3）往往要對原住民（indigenous people）實行強迫性的人口遷移。就三峽而言，問題還包括對珍貴歷史遺址和文物的破壞；而對好像埃及的阿斯旺（Aswan）和巴西的伊泰普（Itaipu）等大壩而言，則更包括地層力學改變而引發的地震和山泥傾瀉等風險。（有學者指出，2008 年導致70,000 人死亡的汶川大地震，也有可能由剛落成的三峽大壩所誘發。）

就全球的總發電量而言，水力發電至今已經貢獻了 18% 有多的份額。但按照專家的估計，就是再發展下去，也難以超越 20%。

◎　電價均勢和建造碳價

這便把我們帶到其他的再生能源之上：風能、太陽能、海浪與潮汐等等。我們在以下的章節會對每一種再生能源作進一步的介紹，但我想在這兒先介紹兩個基本的概念：「電價均勢」（grid parity）和「建造碳價」（carbon cost of construction）。

所謂「電價均勢」，是指再生能源要取代傳統的化石燃料，便必須在市場上具有競爭的能力。簡單地說，便是它所提供每單位電量［一般以千瓦（kilowatt）計算］的價格，至少要等於（最好當然是低於）傳

統火力發電的價格。從經濟學看來這是個十分合理的要求，但稍後筆者會指出，表面合理的要求在更深刻的層次來說，其實是毫不合理的。

而所謂「建造碳價」，是指我們在建造這些再生能源的各項基礎設施（如大型的風力發電場）之時，我們也必會花費大量的能源，從而導致大量二氧化碳的排放而加劇全球暖化。這個至為顯淺的道理筆者當然明白，因此我全力支持在進行這些建設時要執行嚴格的「碳審計」（carbon audit）。但筆者絕不能同意的，是以這樣的推論而非難再生能源的發展。這便好像有人生了急病而必須動大手術，我們卻認為動手術會令身體元氣大傷而極力制止一樣。我們做事當然要盡量考慮周全，但凡事都有輕重緩急之分，我們決不可本末倒置、輕重不分。

◎　氫燃料並非可再生能源

筆者最後想一提的，是「清潔能源」（clean energy）與「再生能源」之間有什麼分別。在對抗全球暖化的大前提下，任何不會排放溫室氣體的能源都應歸類為清潔能源。從這個角度看，核電當然屬於清潔能源。但對於大部分環保分子而言，核電所製造的放射性核廢料是完全不能接受的一種污染，因此他們不會把核電歸類為清潔能源。是耶？非耶？作為讀者的你必須自行判斷。

但確實還有一種環保分子也接受的清潔能源，本質上不屬於再生能源之列，這便是大家都必定聽過的「氫燃料」（hydrogen fuel）。

相信大家都知道，水乃由氫和氧這兩種元素結合而成。早於上一世紀，科學家已經發現，在適當的設置底下，氫和氧的結合不單會產生水，而且還會直接產生電流。由於按照這項原理設計的電池，只要不

斷有燃料（即氫氣和氧氣）便可不斷發電，所以被稱為「燃料電池」（fuel cell）。早於上世紀六十年代，美國和蘇聯便已把這種電池用在人造衛星和太空船之上。但由於成本高昂，它們一直未有普及起來。

近年來，為了減低汽車廢氣的污染和二氧化碳的排放，世界多個國家都研發了「燃料電池汽車」（fuel cell car），以致不少人把氫氣看作為再生能源的一種。事實是，氫氣雖可被看成為一種清潔燃料，卻並非一種再生能源甚至清潔能源。這是因為氫氣是要被製造出來的，而製造的方法，主要是以電流將水分解（術語稱「電解」，electrolysis of water），而這些電流如果來自傳統的火力發電站，則製造出來的氫燃料也包含著二氧化碳的排放。

當然，如果用以製造氫氣的電力乃來自「零排放」的再生能源（如風能或太陽能），則氫氣便可被看成為真正的「清潔（燃料）能源」了。

圖 18.1  2015 年人類能源結構

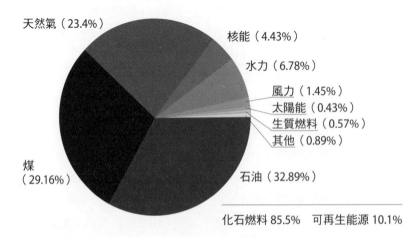

第 19 章

再生能源之（一）：風力發電

在所有再生能源當中，風力（wind power）是迄今規模最大而又發展得最迅速的一種。

風是空氣的流動，而這種流動，是不同地方在太陽照射（或缺乏照射）之下，受熱程度不同所產生的結果。按照科學家的計算，地球上的風能，只是地球接收的太陽能量總額的不足 1%。然而，就是這樣微小的一個百分比，原來已高於人類能源消耗總額的數十倍！當然，大部分這些能量都不是我們所輕易用得著的，例如地球表面的四分之三為海洋，而在大洋中心的風能便難以利用。即使如此，科學家的計算顯示，全球可供開發的風能總量，也較人類今天的能源消耗總額大數倍之多。

◎　開發風能需面對的問題

然而，風能的開發必須面對以下的一系列問題：

（1）要有寬廣開闊的地段以建立眾多大型風車；

（2）地段還必須坐落於全年平均風力較高的地方；

（3）地段過於偏遠會構成電力運輸上的困難；

（4）若風車列陣較為接近民居，則一些居民會認為它們會嚴重破壞景觀而予以抵制；

（5）這些居民亦會指出，風車轉動時會帶來噪音滋擾；

〔上述第四、五兩點，便是在推動環保時常常遇上的「不要在我的後園」（Not In My Backyard，NIMBYism）的矛盾：每一個人原則上都支持環保，卻又不願意成為「作出犧牲的那一小撮人」。每一個人都會問：為什麼要是我而不是其他人呢？〕

（6）一些環保分子指出，風車的轉動會對飛鳥構成危險。

先從最後一點說起。專家的研究顯示，風車大部分時間其實轉動不快，雀鳥可以在風車之間穿梭飛翔而不受威脅。誠然，大風期間轉動較快時，雀鳥被車葉打中而傷亡的可能性還是有的，但按照推斷，因此而死亡的雀鳥數目，仍將低於每年因航空事故（主要是雀鳥被吸進飛機引擎）而死亡的數目。在對抗全球暖化這個重大問題上，這些影響是我們必須接受的。

讓我們回到第一、二點之上。的確，大規模的風力發電站並不適合每一處地方。可是另一方面，風力發電的規模其實可大可小。如果作為一項輔助性而非全面取代性的能源，使用小型風車（micro-turbine）的設施，基本上可以樹立在任何較開揚的地方。此外，先進的風車設計亦不要求有很高的風速。

當然，如果我們考慮的是可以為一整座城市供電的風力發電場，則選址仍將是一個十分頭痛的問題。鑑於這個問題再加上之後的第四、五項因素，不少人提出了在沿岸的海上興建風力發電場的構思。這固然可以解決土地供應的問題，但一來建造成本高昂，二來興建期間亦會對海床和海洋生態造成破壞，所以也不是毫無爭議的一種做法。

在工程設計上，離岸風力發電場可以分兩大類，就是大型風車乃固定到海床之上，還是固定在浮動的平台（當然可以落錨令其相對固定）之上的。兩種設計都有其優劣之處，需視乎當地的環境（例如海床有多深、會不會受到颱風吹襲等）而定。

無論是建在海上還是較偏遠的陸地，電力的遠程輸送都是一項需要克服的問題。要知遠程的電力輸送必定會帶來能量的損耗，而且距離愈大則損耗愈大。隨後我們將看到，這個問題不但出現在風力發電之上，也出現在太陽能發電之上。為了克服這個問題，科學界和工程學界已經發展出一套高壓直流輸電（high voltage direct current，HVDC）系統，從而實現超低損耗（low loss transmission）的技術。然而，除了技術本身的掌握，還要克服如何把這系統與傳統的交流電供電網（AC power grid）好好接合起來。（我國的三峽大壩輸電網已採取了這種技術，並做到了每 1,000 公里的輸送只損耗 3% 電力的驕人成績。）

風力發電還有一個很大的問題，那便是發電量的間斷性。不用說大家也知道，風力的強弱往往是飄忽無定的。大風時產生的電力有可能超過我們所需，而無風時則會出現無電可用的情況。正如遠程電力輸送一樣，這個難題不單出現於風能，也出現於不少其他再生能源身上。

◎　能量儲存的難關

為了保持穩定的電力供應，我們可以採取兩個方法：一是透過一個較傳統而穩定的供電來源，以彌補風力發電的間歇性（也就是第 17 章所提到的「本底負載輸出」）；二是透過一些方法，把風力發電在高峰期產生的剩餘電量儲存起來，在發電量處於低谷期間使用。

第一個方法要求風力發電站必須與一所傳統的發電廠聯網，那可以是火力發電廠，但更理想的是一所「零排放」的核子發電站。

至於第二個方法，即把剩餘的電力儲存起來，原來是一個殊不簡單的問題。你可能立刻想到採用大型的儲電池（battery arrays），但大家有所不知的是，電池的儲能效率原來十分低。若採用這個方法，不但成本高昂，而且大部分的能量都會浪費掉。

那麼該怎麼辦呢？科學家提出了把電力用於製造氫氣，然後作為交通運輸的燃料；或是把大量的礦物鹽在高溫下融化，然後以高度隔熱裝置把鹽保存，在有需要時才讓水流通過鹽層（molten salt beds）裡的管道，水被化成蒸汽後再推動渦輪發電等等方案。但令人驚訝（也頗為氣餒）的是，所有這些方案的儲能效率，竟然都不及一個最低技術的方案，那便是以電力驅動一個水泵，把大量的水輪往高處，然後在有需要時讓水流下，以傳統的水力方式（即推動渦輪）發電。研究顯示，透過這個方法（英文稱 pumped storage），我們可以取回原來能量的 80% 以上。

問題當然是，這個方案要求我們既有低處的水源，亦有位於高處的水庫，這不是每個風力發電廠（或太陽能發電廠）的附近所能找到的。

近年來，科學家正努力研究飛輪儲能（flywheel energy storage）、利
用空氣壓縮來儲能（compressed air energy storage），以及利用超導
體的磁場來儲能（superconducting magnetic energy storage）等各種
先進的儲能方法，可以這麼說，在再生能源的開發上，大規模的能量
儲存（large-scale energy storage）是一個仍待克服的困難。

◎　風力發電前瞻

現在讓我們看看風力發電的近況與前瞻。2000 年，風力發電佔全球
的總發電量仍然不足 0.5%，可是到了 2015 年底，這個份額已經急

圖 19.1　1996-2016 年全球風力發電裝機累計容量

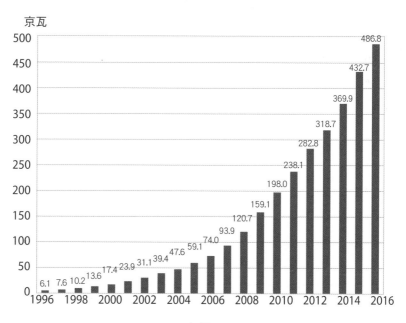

年份

升超過七倍達到 3.5%。以總發電量計，現時排名最高的國家分別
是中國、美國、德國、西班牙和印度。但若以所佔的全國發電量百
分比計算，名列前茅的則是丹麥（40%）、葡萄牙（18%）、西班牙
（16%）、愛爾蘭（14%）和德國（9%）。

風力發電正以每年近 30% 的驚人速度增長，以致有關的硬件設施已
經出現供不應求的問題。這個勢頭當然不可能永遠持續下去。按照專
家的最樂觀估計，至 2030 年，風力發電最終應可滿足全球電力需求
的 20% 左右。

簡單的結論是，風力發電是我們對抗全球暖化策略極其重要的組成部
分，但單靠風能絕不足以對抗這個巨大的挑戰。

第 20 章

再生能源之（二）：來自海洋的動力

海洋的動力主要有兩種，其中潮汐力（tidal power）來自月球的萬有引力，而海浪的動力（wave power）則來自太陽能。

◎ 潮汐發電潛力有限

讓我們先介紹前者。潮汐發電的潛質有多大，決定於潮漲與潮退之間的水位落差（tidal range），而這一落差在不同地方有很大的差別，決定的因素包括海岸線的形狀、海床的地形以及洋流的方向等。在落差最小的地方，海平面的起伏可能只有十數厘米，但在落差最高的地方，如加拿大的芬迪灣（Bay of Fundy）、英國的布里斯托灣（Bristol Channel），落差可達十多米之高。（潮汐落差大的地方往往帶來很大的危險，因為遇上潮漲時，海水淹至的速度往往快於人們逃跑的速度。）

即使找到落差足夠大的地方，我們仍要考慮，附近的地形是否能夠讓我們合乎經濟原則地興建一道「潮壩」（tidal barrages，相對於水力發電的水壩）。此外，我們還要考慮這些設施對周遭生態（例如紅樹林）所帶來的破壞。綜合起來，世界上適合興建大型潮汐發電站的地方實在不多。

為了克服上述困難，科學家想出了在近岸的海床安裝「潮流渦輪列

陣」（tidal stream turbine array）的構思。這固然可以減低對環境的影響，但在水底施工和維修則無可避免令成本上漲，是否划算必須經過仔細的成本效益分析才能決定。

從上述的分析得知，潮汐可以是一種很好的輔助性能源，卻難以成為人類未來的一項主要能源。那麼海浪又如何呢？

◎　海浪發電應用範圍狹窄

表面看來，海浪遍佈海洋的每一處，作為能源的潛質應較潮汐大得多。但事實上，由於海浪的能量十分分散，要把它們有效地收集起來並不容易。不用多說，在茫茫大海中設置海浪發電器（wave power generator），無論施工、維修和電力傳輸也存在著巨大的困難。

結果是，海浪發電只較為適合一些離岸不遠處已是經年風高浪急的地區。不用說，這些地方也大都適合風力發電，只是如果沿岸沒有足夠的土地興建風力發電場，則建於海上的「風力／海浪綜合發電場」便成為了一個很好的選擇。

從力學上來看，海浪發電機組如能以固定的方式安裝，所能捕獲的能量將會最大。但從實際角度出發，把機組以任何方式固定在海床之上，也會把施工成本提升。折衷的辦法，是建造一個較重型的浮台以將海浪攔截，這正是現時一些主要設計的方向。

至執筆為止，已興建海浪發電場並接駁到電網的國家只有四個：英國、葡萄牙、澳洲和美國，而且規模都不是很大。

◎　洋流和海水溫差發電

除了潮汐和海浪之外，來自海洋的動力還包括了洋流（ocean currents）和海水溫差發電（ocean thernal energy conversion）這兩種形式。前者是希望從洋流（如西太平洋的「黑流」和西大西洋的「灣流」）的巨大動能中提取能量；後者是希望利用熱帶洋面的高溫和大洋深處的低溫，透過彼此的溫差來產生電力。但無論從技術或成本角度看，這兩種方式仍然處於十分初始的研發階段，並不叫人樂觀。

總結下來，科學家對來自海洋的動力並不懷有太大的寄望。就以最樂觀的估計，這項能源的貢獻也不會超過人類能源總需求的 10%。

第 21 章

再生能源之（三）：生質能源

在眾多再生能源之中，生質能源（biomass energy）可說是最為複雜的一種。它的來源至少包括：

（1）木質燃料；

（2）炭；

（3）一切可燃燒的有機物質；

（4）生物糞便和垃圾所產生的沼氣；

（5）生物柴油；

（6）由植物發酵製造出來的乙醇。

但開始逐一介紹這些能源之前，我們必須弄清楚生質能源背後的基本概念。

◎ 「碳中性」的概念

留意上述所列的材料，都是必須將之燃燒才能提供能量的。而在燃燒的過程中，它們都會釋出二氧化碳。表面看來，這對解決全球暖化問題似乎毫無幫助，怎能算是什麼「再生能源」呢？

關鍵的概念在於，所有這些可作燃燒的材料，其最終的能源皆來自植

物。而植物在生長的過程中，已經從大氣層吸收了二氧化碳。也就是說，我們在燃燒這些物料時雖然會釋出二氧化碳，但這只是把植物原先吸收的二氧化碳歸還到大氣之中，故此並沒有改變大氣中的二氧化碳水平。這種情況，我們稱之為「碳中性」（carbon neutral）。

還有一點需要解釋的，是上述第二點的「炭」（charcoal），和我們極力抵制的「煤」有什麼分別。

煤作為化石燃料的一種，可被看成為「遠古陽光的儲存體」，這個意念我們一早已經介紹過了。煤的燃燒把億萬年前「鎖」在地下的二氧化碳釋放出來，因此會增加今天大氣中的二氧化碳含量。與此相反，炭是用現代的樹木在氧氣不足的環境下烘煉出來的。因此炭與木材的燃燒一樣，也是碳中性的。（當然，如果我們製造炭的過程中用上了化石燃料，那麼這些炭便不再是碳中性了。）

◎　生質能源的原料

那麼推動生質能源，是否表示鼓吹回到大規模伐木取火的原始時代呢？當然不是。無論在自然環境保育還是對抗全球暖化的過程中，保護林木都是極其重要的一環，我們當然不會鼓勵以伐林滿足能量需求。生質能源著眼的原料，主要實為（1）人類各種活動所製造的有機廢料、（2）特意栽種的一些「能源植物」品種。

第一類有機廢料，可以來自林木業（如大量樹枝和木屑）、農業（如農作物不可食用的根、莖部分）、畜牧業（主要為糞便），以及人類每天所產生的巨量固體廢物。這些原料有兩種利用方式，第一種是把它們直接燃燒（例如使用技術先進的垃圾焚化爐），把所產生的熱力

用來發電。第二種方法，是把糞便和廚餘（kitchen waste）等物質，透過一些特殊設計的「消化器」（biogas digester），以產生沼氣（主要成份是甲烷）這種可供燃燒的氣體。

上述的第二種方式十分適用於農村，可以為不少發展中國家解決農村裡的煮食燃料（cooking fuel）供應和供電的問題。至於世界各國的大都市，主要方法是在垃圾堆填區敷設管道網絡，以收集垃圾腐爛時所釋出的沼氣。這種做法可謂一箭雙鵰，因為如果任由這些氣體（基本上是甲烷）外溢，將會加劇溫室效應和全球暖化。如今把它們採集並用作燃料（既可用於發電，也可透過「煤氣」傳輸方式供家居之用），其「碳中性」的特質將有助減緩全球暖化。

但用堆填區處理垃圾既帶來多方面的環境破壞，從中收集甲烷所帶來的能源效益也很低，所以近年來各大城市都傾向採用新一代的焚化爐，以處理垃圾和廚餘（甚至糞便）並且「轉廢為能」[既製造用作燃料的合成氣（syngas），也用以發電]。當中的關鍵是以近 1,000 度的高溫進行「氣化反應」（gasification），從而把所有有機物還原為一氧化碳、氫氣和二氧化碳。除了應付高溫的運作外，另一項技術挑戰是如何處理這種燃燒所產生的有毒氣體。但科學家近年來在克服這些困難方面已取得了不少進展。

至於「生物柴油」和「能源植物」這兩種方式，其主要目的，是製造一種可用於交通運輸的液體燃料。這便把我們帶到再生能源發電以外的一個重大議題：低碳甚至零碳的交通運輸燃料。

不用多說大家也該知道，除了發電之外，化石燃料最大的消耗乃用於交通運輸。一般而言，發電用的是煤，而運輸所用的是石油。對世局

稍有認識的人都很清楚，石油的爭奪自二十世紀至今都是全球地緣政治衝突的一大主題。可以這麼說，石油已成為了現代文明的血液。一旦血液供應短缺，文明便會「休克」甚至死亡。

理論上，如果全世界的汽車都改為電動車，則我們至今所討論的再生能源（包括稍後會討論的太陽能）將可把石油取代。但現實中，這種情況不可能於短期內出現。而在航運和航空的世界，全數改用電動船和電動飛機也並不實際。也就是說，在可見的將來，一種低碳甚至零碳的液體燃料（liquid fuel，在《京都議訂書》中則稱為 bunker fuel）仍是我們在對抗全球暖化道路上的一個主要研發目標。

諷刺的是，最先大力推動以生質能源作為運輸燃料的不是別人，而是反對全球暖化最賣力的美國總統布殊。當然，他這樣做的動機並非對抗全球暖化，而是減少美國對石油的依賴，從而提升美國的「能源安全」（energy security）。而正如他的不少政策一樣，這個表面看來符合環保的政策卻帶來了災難性的後果。

◎　乙醇燃料的人道及環境災難

原來自 2005 年布殊通過法案，規定全國汽車燃油中採用乙醇（ethanol）的比例必須大幅提升以來，大量原本作為糧食之用的粟米（又稱玉米）都被拿來提煉乙醇。影響所及不止於美國本土，更延伸至不少發展中國家，因為把乙醇賣給美國所帶來的利潤遠遠高於售賣粟米。結果是粟米的國際價格大漲，令不少以此為主糧的貧苦大眾面對糧食短缺。〔世界銀行的一項計算顯示，要把一輛運動型多用途車（SUV）的油缸注滿粟米乙醇，所用的粟米可夠貧窮國家中一個人一年的食用。〕

這還不止。一些發展中國家為了賺錢，更摧毀了大量林木以作種植粟米之用，而在種植的過程中，亦動用了大量珍貴的淡水資源。一些專家曾經計算，把伐林、灌溉、施肥、收割、提煉、運輸等所引致的碳排放加起來，這種本應是「碳中性」的生質能源最後其實是「增碳」（carbon positive）的。一些專家在研究整個計劃的效益之後宣稱：這根本是一場災難。（正因如此，我國已於 2007 年全面停止製造「玉米乙醇」。）

我們固然可以嘲笑布殊的愚昧（其實背後還有巨大的利益作祟——推動這一政策的都是美國最大的粟米生產商），但這個「粟米乙醇鬧劇」（corn ethanol debacle）也提醒了我們，在發展可再生能源的道路上，確要周詳地考慮所可能帶來的負面效果。

以生質燃料（biofuel）取代石油作為汽車燃料的最成功國家是巴西。所用的燃料雖然也是乙醇，但它不是來自粟米，而是能源含量大上七倍的甘蔗。然而，這不是其他國家可以輕易仿效的，除了因為甘蔗是熱帶植物外，它的種植也需要大量水源。

◎　纖維質生物燃料

歐盟在很多方面都是環保先鋒。在交通運輸的燃料方面，他們近年推動的，是採用從棕櫚油（palm oil）所提煉的生物柴油（biodiesel）。但亦有環保團體指出，這項舉措已令東南亞不少國家（特別是馬來西亞和印尼）把大量熱帶雨林摧毀，為的是騰出空間種植棕櫚。尤有甚者，不少我們在前一部分提及的泥炭窪沼因而被焚燒，從而釋放出大量二氧化碳甚至甲烷。又一次地，我們碰到「弄巧反拙」的結果。

為了不再「與民爭食」及「與林爭地」，一些科學家正努力研究是否能夠從一些粗生以及非食用的植物那兒提煉乙醇。在美國，科學家集中研究一種叫柳枝稷（swtichgrass）的草木植物；而在歐洲，注意力則集中在一種叫芒草（miscanthus）的植物上。這些生長迅速的植物固然具有上述兩種好處，但要從它們身上提煉乙醇的技術難度也高得多。這是因為它們缺乏好像粟米般豐富的澱粉質，或甘蔗般豐富的糖份。要提煉乙醇，科學家便要懂得有效地把植物的纖維質（cellulose）轉化為乙醇。但長遠來說，這種「纖維質生物燃料」（cellulosic biofuel）應是我們發展的方向。

根據一些科學家的研究，最佳的交通運輸燃料其實不是乙醇而是甲醇（methanol）。甲醇可以由前述的合成氣（又稱水煤氣）製造，由於它的合成較乙醇的提煉便宜得多，一些學者認為它才是我們應該致力促進的液體燃料。

我們最不想看到的「新型」液體燃料，是由煤透過氫化過程（hydrogenation）所產生的合成液體燃料。這種「煤液化」（coal liquefaction）方法只會導致更多煤被開採和使用，令全球暖化危機進一步加劇。

第 22 章

再生能源之（四）：地熱

在所有再生能源之中，地熱（geothermal power）是最不能引起人們興趣的一種。人們多有一種印象，便是「地熱」這種資源只是限於一些得天獨厚的地方，如冰島。但事實究竟是怎樣的呢？

事實是，地熱是一種無處不在的天然資源。地球的平均直徑是12,800 公里左右，而所有人類「生於斯、長於斯」的大地，其實只是這個巨大星球最外一層薄薄硬殼的表面。這個我們稱為地殼（crust）的硬殼平均厚度不足 50 公里，不到地球直徑的 0.4%。而眾所周知，地殼之下直至地心，都是溫度逾千度的超高溫物質。只要我們能夠從這些超高溫物質中抽取一小部分的能量，便已經可解決能源短缺之虞。（不用說，火山爆發是這些物質衝出地面的結果，而溫泉則是地下水受到這些物質影響的結果。）

事實上，我們不用鑽穿地殼以達至這些物質。在地殼較薄的一些地方（如地殼板塊的邊緣），只要我們鑽至兩公里深左右，溫度便已超過攝氏 200 度。只要我們把水沿管道灌注下去，便可以從管道的另一端獲得高溫的蒸汽以推動渦輪發電。地質學家的初步估計顯示，就是以這樣的形式，全球的地熱蘊含量已經較人類今天的能源總需求大上十倍之多。

◎　開發成本高昂

至此你可能感到十分驚訝，並追問既然如此，我們還需憂慮什麼？答案很簡單：因為沒有人（或應說極少人）開發這個能源。至於沒有人開發的原因，是因為沒有人投資，而沒有人投資是因為沒有足夠的利潤，而沒有足夠利潤是因為沒有市場競爭力，而沒有市場競爭力是因為由此而生產的電力，電價遠遠不及傳統火力發電廠的低。也就是說，達不到我們在前文提過的「電價均勢」。

請各位重新細閱上述一段文字，因為它是我們面對難題的核心所在。「地熱資源是人類能量需求的十倍」這個事實如果已令你驚訝，則筆者可以事先告訴你，我們在下一章會看到，地球每天從太陽接收的總能量，是人類今天能源消耗量的 8,000 倍之多！以人類今天的科技水平——只要願意的話——完全有可能把這能量的八千分之一挪為己用。問題不在於科技，而在乎我們的決心，也就是在乎社會學、經濟學、心理學、政治學以及國家之間的爭鬥等較科技還複雜得多的因素。

上述這些至關重要的問題，我們會於本書的第三和第四部分深入討論。現在，讓我們回到地熱的開發近況與前瞻之上。

◎　開發近況與前瞻

直至今天，地熱開發得最成功的國家，不用說是火山活動頻繁的冰島。在她的全國暖氣供應當中，有接近九成來自地熱，而地熱亦提供了全國電力供應近三成（其餘則來自水力發電）。若我們只考慮電力供應，僅次於冰島的國家是薩爾亞多（El Salvador）（20%）、菲律賓

（18%）、肯雅（14%）、紐西蘭（13%）等。必須指出的是，地熱開發規模最大的國家其實是美國（其次是中國），發電量較冰島大上近十倍，但相對於全國總發電量卻是微不足道。

由於很多國家都不接近板塊邊緣，要開發地熱便要鑽至三、四公里甚至更深的地層，這在技術和成本方面都有很高的要求。人類現時鑽得最深的油井已達 12 公里這個驚人的深度，業界正努力將這種技術普及化，並將成本大幅降低。

地熱發電迄今只佔全球總發電量不足 0.5%。一個樂觀的估計是到了 2050 年，這個份額可能增加到 3 至 5%。顯然，在對抗全球暖化的道路上，地熱開發不會是一個主力。

還有一點不得不提的是，在開發地熱時，很有可能會把藏於地層中的二氧化碳甚至甲烷釋出地面，那時便會得不償失。因此任何的開發，都必須作好防禦措施，以防止這種情況發生。

在考察了多種不同的再生能源之後，我們終於來到了潛質最大的一種：理論上幾乎用之不竭的太陽能。下一章將看看它帶來的希望。

第 23 章

再生能源之（五）：太陽能

終於，我們來到了潛質最大的再生能源：太陽能（solar power）。

除了少數依賴地熱的微生物之外，地球上所有生物都依賴太陽所提供的能量才能生存。而我們發現，在對抗全球暖化的問題上，開發太陽能亦是唯一能夠全面和長遠地解決問題的方案。

太陽誕生至今已有 50 億年，也就是說，它的熱力與光芒已不停地發放了 50 億年之久。太陽的直徑是地球的 109 倍，體積是地球的 100 多萬倍。它的表面溫度接近攝氏 6,000 度，足以把鋼鐵化為氣體。地球距離太陽 1 億 5,000 萬公里，截獲的能量只是太陽發放總能量的 20 億分之一。這些能量約有 30% 被反射，只有 70% 左右被地球所吸收。然而，就是這 70% 的能量，已較人類現今的能源消耗率大上 8,000 倍之多！

8,000 多倍是多少？簡單的計算顯示，地球在一個多小時所吸收的太陽能量，已足夠人類全年之用。你可能會問：「但地球大部分的表面都是海洋和高山啊！那兒的太陽能如何能夠收集呢？」好，就讓我們從接收面積的角度看看。有人計算過，在撒哈拉沙漠陽光最猛烈之處，一片相當於海南島的面積，一年下來所接收的太陽能，便已足夠世界全年之用。（要有真正的感受，大家必須親自找一幅地圖來

看看。）天文學家預計，太陽最少還有 50 億年的壽命。從這個角度看，人類在可見的將來也不會出現什麼「能源危機」。既然如此，問題究竟出在哪裡？

答案有兩部分。第一是我們過去數百年的工業文明，完全是建築於化石燃料之上的。我們就像一個毒癮極深的「癮君子」，由於長期的依賴作用，即使明知繼續燃燒化石燃料是「死路一條」，卻仍是無法把毒癮戒除。

從具體的企業營運角度看，理論上所有大煤炭商和大石油商可以立即轉過來開發太陽能，但過去近百年來投資在開採化石燃料的基礎設施是如此昂貴，他們當然不願意看見這些設施轉眼作廢。所以，「戒不掉毒癮」既有普羅大眾不願改變現有生活方式的部分，也有巨大既得利益集團極力維護現狀的部分。

◎　能量密度不足

至於答案的第二部分，則與太陽能的特性和我們的科技不濟有關。理論上，只要太陽在照耀，就有太陽能可用。但這種輻射性能量的「能量密度」（energy density）其實十分低，以致收集並不容易。粗略的計算顯示，即使在最猛烈的陽光下，每平方米的最高可收集能量也只有 1,000 瓦左右。相比起來，風能的密度一般可達 10,000 瓦，而海浪的密度更可達 10 萬瓦之高。這正是為什麼我們明知風和海浪都只是太陽能驅動的結果，卻仍然熱衷於開發風能和海洋動力的原因。

而不用說，以能量密度（例如以每千克所能夠提供的能量）來說，化石燃料——作為一種極度濃縮的太陽能——是所有燃料之冠。有人

曾經粗略計算，一桶原油包含的能量，可以抵得上一個成年人近十年
的體力輸出！

◎　能量轉化效率低

開發太陽能的另一個問題，是以我們現今的科技，仍然無法將太陽輻
射中的大部分能量轉化為可應用的能源。術語上來說，就是能量轉化
的效率（energy conversion efficiency）偏低。

要知在先進的火力發電站，這個轉化效率——即把煤所蘊含的能量
轉化為電能——可達 40% 以上，而風力發電的效率也可高達 30%。
但直至最近這十多年，太陽能發電的效率都在 10% 以下。也就是
說，若要產生較為大量的電能，太陽能收集器的面積必須十分巨大。

此外，與其他再生能源一樣，太陽能也存在著選址困難、長程電力輸
送困難、供應的間歇性和能量儲存要求龐大等問題。

◎　利用太陽能的主要方法

好了，現在讓我們看看人類利用太陽能的幾種主要方法：

（1）太陽能熱水器（direct solar water heating）：這是最直接而技
術要求最低的一種方法。這些熱水器大都安裝在屋頂，太陽的熱力
直接將水加熱之後，可供一般家居或公共場所（例如暖水泳池）之
用。熱水也可透過管道網絡為家居提供暖氣，從而減低在家居保溫
（domestic heating）方面的燃料需求。

（2）聚光式太陽能收集器（concentrated solar power，CSP）：主要是透過鏡子將陽光聚焦應用。最簡單的一種裝置，是以凹面反射鏡製成的太陽能煮食爐。不要小看這種簡單的裝置，在非洲不少陽光充沛的國家，它的廣泛使用可幫助不少人先把水煮沸才飲用，從而大大減低各種疾病的感染和傳播（也可減低伐木作柴對樹林的破壞）。

CSP 的更大規模應用，是以聚焦的陽光把水加熱氣化，然後把所產生的水蒸汽推動渦輪發電。（為了提高效率，最先被加熱的往往不是水，而是一種沸點比水高得多的液體，這種高溫液體及後透過管道網絡，才把水加熱氣化。）至於如何把陽光聚焦也有兩種主要方法。第一種是以數目龐大的平面鏡，透過可調節的不同角度，同時把陽光反射到一個精確的位置之上。這個位置通常處於一個高塔的頂部，我們稱為太陽塔（solar tower）。另一種方法，是利用拋物面的反射鏡（parabolic mirrors），把陽光進行聚焦。如今最常用的一種設計不是單個圓形的拋物面反射鏡，而是一個長條形的反射槽（parabolic troughs），而待加熱的液體則在一條被架於「聚焦線」（focal line）之上的管道中流動。

（3）太陽能電池板（photovoltaic panels，PV；香港簡稱光電板或太陽能板，內地則稱為光伏板）：這是潛質最為巨大，也是科技水平要求最高的一種方式。它的原理是透過太陽能電池（solar cell），直接把太陽的光能轉化為電能。這種技術早於上世紀六十年代已出現，並廣泛用於美國和蘇聯的人造衛星、太空船和太空站之上。但由於成本高昂，故一直未有在民間普及起來。

除了成本高昂之外，PV 的另一個缺點是效率甚低。最初期光電板的效率只有幾個巴仙左右。經歷數十年的發展，這個數字在上世紀末已

被提升至約 10%。過去十多年來，基於科學家的努力，這個效率已
被提升至 15-20%。

PV 科技近年發展十分迅速，但這也帶來了決策上的問題，那便是盡
快投資在現有的最新科技之上，還是再等一下，期望會有更先進（亦
即更具經濟效益）的科技出現呢？

過往的光電板大致可分為兩大類：以硅（silicon，香港人多稱為
「矽」）為基礎的，或是以一些較稀有元素如硒（selenium）為基礎
的。前者技術成熟、成本較低但效率也較低，後者效率較高但成本也
較高昂，要在兩者之間作出取捨並不容易。近年來一個令人興奮的發
展是一種名叫「鈣鈦礦型太陽能電池」（perovskite solar cells）的發
明和普及。這種電池價格不太高而最高效率可達 25%，已為太陽能
發電帶來一場不大不小的革命。

另外一個突破，是「薄膜型太陽能電池」（solar thin film，可簡稱「光
電膜」）的發明。過往的「太陽能板」（solar panels）大都十分笨重，
安裝並不容易。如今的薄膜則幾乎可安裝在任何地方，應用上方便得
多了。

特別要指出的是，太陽能與風能其實是一對好搭檔。這是因為風力偏
低的日子通常陽光普照，而烏雲蔽天的日子通常狂風怒號，兩者往往
能夠起到互補的作用。而理論上，風力發電場與太陽能發電場可以建
在同一個地方，達到土地的充分利用。

但即使如此，太陽能的間歇性質（特別在晚上沒有陽光，或長期陰
天、烏雲蔽日的時候），始終令它與風能一樣，需要有另外一所發電

廠提供穩定的「本底負載輸出」以作補充。

◎ 開發智能電網

要留意的是光電板所產生的是直流電，而市電電網所提供的是交流電，所以在「上網」之前，我們必須透過一個變流器（power inverter）以把直流轉為交流。總的來說，無論是風力還是太陽能發電，如何將它們產生的間歇性電力併入傳統的電網使用，是一個不簡單的問題。我們必須盡快開發的，是一個好像互聯網在交換信息時那麼先進的、可以靈活替換和調度電力的「智能電網」（smart grid）。

除了技術革新外，政策上的配合不用說也甚為重要。德國的太陽能資源並不豐富，但在開發太陽能方面卻執世界牛耳。究其原因，是她早於 2000 年便引入了一個名叫「feed-in tariff」（國內和香港稱「上網電價」，筆者則認為「逆售電價」更貼切）的「電費回饋」計劃。在這個計劃裡，每個家庭只要安裝了可再生能源的發電設備（包括太陽能板、風力或生質能源發電等），在滿足了自家供電需求後所剩餘的額外電力，可以透過公共輸電網賣給電力公司。也就是說，安裝這些設備不單可以節省電費，甚至可以用來賺錢。結果是，德國很多家庭都在屋頂裝上了太陽能板，成為這個國家的獨特景觀。（但因為安裝設備的人要先支付一大筆費用，而回本期往往頗長，所以德國政府最先要向這些人提供直接費用補貼，才能令事情蓬勃起來。）

近年來，世界上超過 60 個國家已經引入了類似的條例。不少學者都認為，這是推動可再生能源發展一個十分有效的政策。（中國內地於 2011 年推出「上網電價」政策，香港則要到 2018 年才推出類似的政策。）

◎　興建再生能源平台

在技術方面，按照某些專家的樂觀估計，隨著太陽能發電成本不斷下降，價格不出十年即可達至「電價均勢」，即與火力發電的價格看齊。這當然是一個大好的消息，但我們絕不能以為問題會就此解決。問題的關鍵，不在於我們利用太陽能發了多少電，甚至用了多少這些電力，而在於我們能夠多快把地球上的火力發電廠關掉。讓筆者再次重申，如果我們進入一個火力發電和太陽能發電（甚至包括所有再生能源發電）「並舉」的世界，對於抗衡全球暖化氣候災變將仍然於事無補。

圖 22.1　太陽能發電成本前瞻

每千瓦時（Kilowatt-hour）的成本（以 2005 年美元計算）

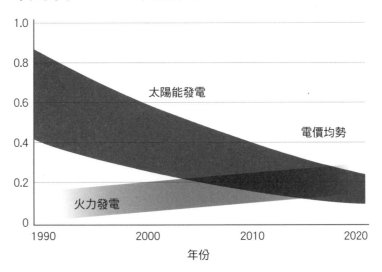

最後，筆者有一個大膽的構思，那便是呼籲各國以過去數十年興建大型離岸鑽油台（offshore oil-rigs）的技術和經驗，盡快大量興建綜合了風能、太陽能和海浪發電的巨型海上平台。除了發電之外，這些平台還可以透過電解作用大量分解海水製造氫氣，以作為交通運輸的燃料。它們甚至可以透過蒸餾或逆滲透（reverse osmosis）等方法製造淡水，以解決水資源短缺的問題。讀者中如果有唸工程學的，你認為世上還有比這更有意義的研發項目嗎？

此外，早於 1968 年，美國科學家彼得‧格拉澤（Peter Glazer）已提出在太空中建造巨型的太陽能收集站，並把電力以微波（microwave）形式送返地球的構想。這個構想在技術上是完全可行的，但以人類現時的太空運載能力，以及所涉及的巨大建造碳價而言，卻完全不切實際。把收集站建在海上而非太空之中，固然可行得多，但筆者有另一個構想，就是把收集站放置於不受天氣影響的平流層（stratosphere）之中（即距離地面超過 20 公里的高度）。在這兒，長時間和極猛烈的陽光會令能量收集的效率大大提升，當然，部分能量將要花在令收集站停留空中的裝置（如大量用以承托的無人機），但計算下來，應該還是划算的。

我們今天不斷強調發展創意產業，有誰願意為發展上述的「太陽能天空城」踏出第一步呢？

第 24 章

大地保育的挑戰

10,000 多年前的農業革命，是世界的森林首次因人類活動而遭殃。但比起自工業革命以來所受的破壞，那只是小巫見大巫。

請看看以下一些驚人的事實：按照科學家的研究，在過去 10,000 年，全球的森林覆蓋率已下降了超過 70%。在這些消失了的森林當中，有大約一半是在過去 80 年內毀滅的；而在這當中，再有一半是在過去 30 年內毀滅的。根據聯合國發表的報告，踏入二十一世紀，全球森林每年平均減少的面積較愛爾蘭的國家面積還要大。計算下來，平均每幾秒鐘便有一個足球場般大的森林從地球上永遠消失……。

森林的破壞，主要來自對木材的過度開採（over-logging），以及把森林剷除改作耕地、牧場、城市、道路等用途。但這種「利用」背後的代價是巨大的。森林不但為人類提供了觀賞、休憩和洗滌心靈的空間，也起著保護水土流失、淨化水源、改善空氣質素等更為實際的作用。它的不斷消毀，經已導致所在地區周遭環境的大幅劣化、眾多珍貴生態系統的嚴重破壞、大量生物物種的滅絕、可能具備重要藥用價值的植物消失，更令不少原住民（特別在熱帶雨林區域）痛失家園、流離失所。不用說，即使沒有全球暖化的威脅，這也是一項災難性的發展。

◎　森林墾伐及損毀加劇全球暖化

而從對抗全球暖化的角度出發，森林墾伐（deforestation）和森林損毀（forest degradation）更是兩個絕對不能忽視的敵人。

我們常常說：全球暖化是因為二氧化碳的人為排放，而這種排放乃來自化石燃料的大量燃燒。這一說法大致上沒有錯，卻未能包括事實的全部。原來按照科學家的研究，森林的消失和破壞，再加上期間燃燒泥炭窪沼所釋放的二氧化碳和甲烷，其導致的全球暖化可達整體暖化的 15% 之多，份額與全球交通運輸排放所導致的影響竟不遑多讓！

這正是為什麼保護森林成為我們對抗全球暖化道路上一項重大的戰略目標。從更宏觀的角度看，即使到了今天，森林生態所儲存的碳含量，仍較大氣層中的大上整整一倍。我們要做的當然是積極強化這個「碳吸儲庫」的功能，但假如隨著森林的不斷毀滅，這個吸儲庫反過來成為「碳排放源」，所帶來的後果將是災難性的。

◎　保護森林的碳吸儲庫功能

由於當時人們對這個題目未有充足的認識，加上所牽涉的問題過於複雜，所以於 1997 年簽署的《京都議訂書》中，並沒有把保護森林的目標包括在內。然而，到了 2007 年在印尼峇里召開的國際氣候會議，與會者都一致認為這是個迫切的問題，於是成立了一個名叫「減低伐林及森林破壞導致的碳排放」（Reducing Emissions from Deforestation and Forest Degradation，REDD）的國際計劃，目的是透過各種手段──包括提供金錢上的補償──以保護這個吸儲庫的功能。然而，由於環保團體批評這個計劃沒有充分照顧到原住民的利

益，計劃被修訂並改名為 REDD-plus。

與此同時，國際間亦提出了不少「可持續林業」（sustainable forestry）和「可持續木材」（sustainable wood）的認證制度。由於木材消耗量增長得最快的是造紙業，紙張的循環再造和使用也成為了一項重要戰略手段。（不幸的是，這項手段並不如我們想像中簡單。因為紙張的循環再造既會耗費不少能量，亦會引致一定的污染。）

◎　土地管理助減碳排放

其實不單森林，地球上的土壤在整個「碳循環」中都起著不同程度的吸儲庫作用，而人類的各種活動則正在減低這種作用，甚至導致溫室氣體的淨排放。正因如此，科學家在保護森林之外，還提出了更為全面的「土地利用綜合管理」（land use management）概念。除林業外，這個概念還包括了耕地管理（cropland management）和畜牧業管理（husbandry management）等領域。

在耕地管理方面，科學家希望透過好像「無耕栽種」（no-till farming）等技術，增強土壤的碳吸儲能力。在畜牧業方面，科學家希望透過更完善的放牧管理（grazing management）以及牲畜排泄物管理（animal waste management）等技術，以減低溫室氣體（主要為甲烷和氧化亞氮）的排放。

大家都可能聽過「少吃牛、救地球」這個口號。背後的原理，是因為在現代的大規模牛隻飼養過程中，牛隻在進食人工飼料後，往往會在腸胃中形成大量的甲烷。這些甲烷透過牛隻的打嗝和放屁進入大氣層，從而加劇了全球暖化的趨勢。

按照科學家的統計，土地利用改變──包括所有林業、農業和畜牧業的改變──所帶來的全球暖化，加起來的份額達 20% 之多，較全球運輸業排放所佔的份額還要高。因此，除了大力發展可再生能源之外，綜合性的大地保育也是對抗全球暖化的一項重大課題。

第 25 章

交通運輸的挑戰

作為地球同步通訊衛星（geosynchronous communications satellite，COMSAT）構想的始創人，科幻小說大師阿瑟・克拉克（Arthur C. Clarke）曾於上世紀六十年代提出了一句名句：「Don't commute, communicate!」（可譯作「勿再舟車勞頓，只須保持通訊！」）

克氏背後的含意當然是，發展神速和無遠弗屆的通訊科技，將會很大程度上取締了長途跋涉、舟車勞頓的需要。可是他做夢也難以想像的是，通訊科技的進步一方面比他預計的還要神速，但在另一方面，人類流動往返的強烈衝動，令交通運輸的總量，亦同時呈現出令人瞠目結舌的驚人增長。

◎　交通需求與日俱增

二十世紀的 100 年間，人類的數目增加了近四倍（由 16 億增至 60 億），但汽車卻由最初的寥寥幾部，飆升至數億之多。踏進二十一世紀，隨著不少發展中國家慢慢富裕起來，這個增長的勢頭更是有增無已。今天，全球大大小小汽車的數目，已經超越十億大關。

與此同時，航運業和航空業亦空前蓬勃。世界的主要航道每天都充斥著絡繹不絕、碩大無朋的運油輪和貨櫃船，而天空中則充斥著數以千

計來回往返的貨運和客運飛機。十分諷刺的是，不少國際大城市都開始高調鼓吹「綠色生活」和「低碳經濟」，卻幾乎無一例外嚷著要擴建國際機場和遊輪及貨櫃碼頭⋯⋯。

科學家的統計顯示，源自交通運輸的二氧化碳排放，佔了全球暖化份額約 18%。這個數字看起來不是太高，甚至不及上一章所談到的土地利用變遷所佔的份額。但問題是，這也是目前增長得最快的一環。特別是航空事業，其爆炸性增長令它成為對抗全球暖化中的一個熱點。其中最令人不安的，是「廉航」的急速發展令到全球航班數目大幅上升；而另一方面，世界上不少超級富豪已經不再乘坐民航客機，而是乘坐數目日增的私人噴射專機。

正如筆者在本書的第一部分指出，最有潛質的再生能源如太陽能和風能等，都不能直接解決因交通運輸所引致的排放。這是因為它們產生的都是電能，而運輸所需要的卻是方便易攜的液體燃料。這正是為什麼我們要致力發展生質能源的原因。

但生質能源的發展真能滿足交通運輸的龐大需求嗎？不少專家指出，由於全球耕地面積不斷減少、淡水資源短缺，再加上因石油價格上漲導致的化學肥料價格上升，全球在不久的將來必會出現糧食供應緊張的情況。由是觀之，把大量原本可種食物的土地用來種植交通工具的燃料，是一種短視和愚蠢的行為。

◎ 「氫經濟」救地球？

正是基於這樣的考慮，一些學者認為談論了數十年的「氫經濟」（hydrogen economy），在今天仍有其發展和推廣的必要。

所謂「氫經濟」，是指一個以氫作為主要燃料的經濟體系。其基本構思是：可以用電力的地方（如家居、辦公室、工廠等）自然應該使用由再生能源所提供的電力，而不適宜使用電力的地方——主要在交通運輸的層面——則使用由氫氣所提供的潔淨能源。

我們在第 18 章看過，透過「燃料電池」的裝置，氫氣可以跟空氣中的氧氣結合，直接產生電力，期間的產物只是毫無污染的水。而假設氫氣乃由再生能源所提供的電力生產，則整個社會的能源將達到零污染和零排放的境地。

這個「理想國」之所以談論了數十年而未有實現，最大的理由與為何再生能源未有長足發展一樣，當然是因為世界上充斥著違反市場規律的「超廉價石油」。（美國每年向石油產業提供的補貼高達數百億美元，而不惜以軍事力量來維持低油價是美國大半世紀以來的基本國策。）然而除此之外，也確實因為存在著一些難以克服的技術困難：氫氣是一種十分難以密封和儲存的危險氣體，它一方面需要容積龐大的盛器，另一方面亦很易因儲存不當而與空氣混合產生爆炸。多年以來，不少科學家為了克服這些困難不斷作出研究，並且正式研發了以氫作燃料的「燃料電池汽車」。問題是，這種汽車成本高昂，至今未能進行大規模的商業性生產。

燃料電池汽車還要面對一個大問題，那便是純電動車（electric vehicle）的競爭。以往，純電動車的問題在於：（1）電池太重、（2）行程和動力（如最高車速和上斜坡的能力）皆有所限制、（3）充電時間過長、（4）缺乏充電的配套設施，等等。可是近年來，有關問題在多方面得到改善，以至到了今天，不少人都把「注碼」押到純電動車而非燃料電池車身上。這個「故事」，充分反映了在發展綠色經濟

的過程中，「下注」在哪一種科技身上（英語中的所謂「picking the winner」）是一個不簡單的問題。（除了寧靜和清潔之外，一些學者更指出，電動車可以為太陽能和風能等可再生能源提供一個龐大的後備儲電系統，因此是一個一矢雙鵰的綠能方案。）

但一些學者指出，純電動車雖在一般汽車市場有其優勢，但對於用作長程運輸的重型貨車，則以能夠添加燃料的燃料電池車更為合適。問題是，甲醇這種生質燃料在這方面也會是一個競爭對手。

◎　投資高質素集體運輸系統

另一個限制運輸排放的手段，是盡快發展優質和高效的集體運輸系統（mass transit systems）。的確，即使我們完全以電動車取代了汽油車，我們的社會真的能夠繼續承受無休止的汽車數目增長嗎？大家都可能知道，中國內地的不少大城市因要解決交通擠塞問題，已經建成了所謂二環線、三環線、四環線、五環線、六環線甚至七環線這樣荒謬的道路網絡系統。我們必須為年輕一代培養「乘搭公共交通工具才是時尚」的「綠色新文化」，與此同時，要大力投資在舒適高效的集體運輸體系之上。我國過去十多年所發展的高速鐵路網絡，正是朝著這個方向的一個重要發展。美國被喻為一個「以汽車建成的國家」，最近也高調提出要建造一個涵蓋全國的「高鐵網絡」，顯然也是從宏觀戰略高度所提出的一個舉措。（特朗普的上台對這個計劃是個打擊，但長遠來說相信計劃仍會繼續。）

至於航空方面，一眾專家至今仍然未能提出什麼具體的解決方案。暫時的共識是，在未來一段較長的時間，優質的飛機用燃油仍將是航空業的主要燃料。我們能夠做的，便只是呼籲除了探望親人的所謂「愛

的里程」（love miles）之外，人們能夠減低為了一嚐遠方蔬果和新鮮
美食所引致的「食物里程」（food miles），以及不少企業可有可無的
商務旅行（特別是一些所謂「獎勵性旅程」，incentive travel）。而
在旅遊業方面，亦應多鼓勵可以乘坐火車的國內旅遊等等。不難看
出，這些都是一廂情願的無力呼籲。

從技術層面出發，一些人提出應該重新發展低耗能的「空中飛船」
（airships）這種旅遊方法。但在現實裡，這種「復興」只可能成為一
種富豪級的消閒玩意。我們實在很難想像，習慣了朝發夕至的人，怎
會願意花上數天的時間從紐約前往倫敦……。

看來，除了大力發展生質液體燃料（liquid biofuels）之外，我們——
特別是商界——還是要多些聽從克拉克的勸告：「勿再舟車勞頓，只
須保持通訊！」

第 26 章

節能面面贏

不少人都有一個印象，就是對抗全球暖化是一件異常昂貴的事情。

一些人（特別是全球暖化的否定者）更指出，有關政策將「把全球的經濟弄垮」。於是有人得出悲觀的結論：人類已經走上了一條「左也死、右也死」的文明發展死胡同——也就是英諺中的「Between the Devil and the deep blue sea!」（夾於魔鬼與深海之間）的兩難境地。

◎ 「無悔」的節能選擇

有關這個觀點，筆者會於本書的第三和第四部分作出深入探討。筆者在這兒要指出的是，即使是「經濟至上論」者也不得不承認，在一系列的建議措施之中，其中一些不但不會拖垮經濟，還會帶來重大的經濟效益。這些措施我們稱為「無悔」的選擇（"no regrets" options）。

「無悔」還有一個意思，那就是即使不考慮氣候變化帶來的危險，或是極端一點說：即使全球暖化之說真的是個「騙局」，我們也應該致力推行這些措施，以改善人民的生活質素和保障社會的可持續發展。

在這些「無悔選項」之中，最主要的無疑是節能（energy conservation）。

從廣義上來說，節能這個觀念包括了以下多個領域：

（1）提升產能效率（energy extraction efficiency）：也就是說，不斷改進技術，以提升我們從一噸煤或一公升石油那兒能夠提取的能量。不用說，這個效率愈高，我們提取特定能量時的溫室氣體排放便愈低。但要留意的是，隨著人類對能源需求的不斷增加，這種技術只能起到「減緩增長率」而非「絕對減排」的作用。

（2）提升能量使用效率（energy utility efficiency）：也就是不斷改進技術，以減低各種機器和設備的耗電量。其中最明顯的例子，是把極其浪費能量的鎢絲燈泡，換成 LED 等高度節能的照明設備。各國政府亦積極推行家用電器的「能源效益標籤」（energy efficiency labels）制度，以鼓勵生產商和消費者生產及使用節省能源的冷氣機、洗衣機、電冰箱、電視機等設備。

（3）轉廢為能（energy from waste）：這實在是一個十分豐富的概念，當中一個主要部分，是將開發、運輸和使用能源期間所產生的「餘氣」（特別是石油開採時釋出的天然氣，術語稱為 fugitive emissions）、「餘熱」、「餘電」、「餘速」、「餘壓」等收集起來重新運用。我們只要想想全球每天從冷氣機噴出來的大量熱氣，便知道有多少能源在使用期間被浪費掉。有見及此，一些國家（包括中國）已在大力推行「區域電熱聯產」（combined heat and power，CHP）的系統。至於這個概念的另一部分，是直接將我們生活中產生的廢物用作燃料。最簡單當然是把家居垃圾燃燒發電，也就是把垃圾焚化爐變為一所發電廠。另一個途徑是將廚餘和糞便所產生的甲烷（沼氣）作發電或家用燃氣之用。

（4）建築節能：在現代的大城市裡，建築物是耗能的主體。過去大半個世紀，由於能源價格偏低，大量建築物（特別是商用的摩天大樓）在設計時都只求時尚、美觀和方便，導致日常運作——包括照明、空調及升降機運作等——皆極其浪費能源。就家居而言，熱帶地區毫不注重隔熱，寒帶地方則毫不注重保溫，這都做成了能源的大量消耗。有見及此，各國建築界的有識之士訂立了一些「綠色建築」（green architecture）的業界標準，我國則稱為「綠色建築評價標準」。在西方，較通用的乃由美國綠色建築協會推動的「領先能源與環境設計」（Leadership in Energy & Environmental Design，LEED）。（習慣熱帶生活的香港讀者可能不知，在位處溫寒帶的眾多西方國家，能源的一大需求是冬天的室內暖氣供應。這些暖氣主要由燃氣和燃油產生，與電力供應無關。）

（5）綠色生活（green living）：這可說是最易也是最難的一環。之所以最易，是因為當中並不涉及任何高新科技。之所以最難，是因為人類習以為常的行為模式往往難以改變。這種生活方式的改變涵蓋甚廣，易的可以包括離開房間時關燈、電視機不看時把它關掉、衣服積存一定數量才開動洗衣機等。較難一點的包括永遠都把空調的溫度設在 25 度或以上、推行「無紙辦公室」、不用任何即棄式用品（包括有包裝的飲料）等。而最難的（至少對某些人來說）則包括即使有能力也不買車代步、盡量買二手的物品、盡量不乘坐飛機等。

◎　節能的經濟回報

以上只是一些最主要的方面，在「節能」這個大前提下，人們還想出了其他各種各樣的方法。當然，這些方法就是全數加起來也不能完全解決全球暖化的問題，但它們確是我們對抗暖化時的重要組成部

分。尤有甚者，雖然它們初時往往需要一定的資金投入，但很快便
會產生可觀的回報。例如我們把一幢大廈的照明設備改為節能的型
號，一般在兩年之內，所省下的電費已大於投入的成本，而之後是每
刻都在省電省錢。

國際著名的管理顧問公司麥肯錫（McKinsey & Co.）曾於 2008 年就
「減排成本」作出了深入的經濟效益分析，並發表了一份名為《全球
減緩氣候變化技術的成本曲線》（Emission Reduction Cost Abatement
Curve）的報告。報告指出，減緩排放的措施實可分為兩大類：會帶
來即時經濟回報的，以及要即時付出經濟代價的，而前者主要與節能
有關。（筆者特別強調「即時」這兩個字，因為長遠來說，能夠減緩
氣候災難的任何「經濟代價」，最終帶來的將是遠遠大得多的「經濟
回報」。）

結論是，我們應該極力敦促各國的政府，排除某些既得利益集團的阻
撓，盡快推行這些「無悔」的措施，為對抗全球暖化踏上重要的第一步。

第 27 章

環繞著「清潔燃煤」和「碳捕儲」的爭議

在對抗全球暖化這個議題上,一個甚具爭議的題目是「清潔燃煤」
(clean coal)。

◎ 「清潔燃煤」難以移除二氧化碳

什麼是清潔燃煤呢?原來在各種化石燃料當中,以生產同樣的能量計
算,產生二氧化碳最多的燃料是煤。與石油相比,煤的排放量大上接
近一倍;與天然氣相比,更大近三倍。但不幸的是,燃煤發電迄今仍
然是世界上最主要的發電模式。以美國和中國這兩個總排放量最大
的國家為例,美國的燃煤發電佔全國總發電量近 40%,而在中國,
這個比例更高達 70%。要把這種情況在短期內扭轉過來可謂絕不容
易,有見及此,一些人提出了令燃煤變得更「清潔」的構想,清潔燃
煤的概念由此而生。

事實上,煤是所有燃料中最具污染性的一種。它燃燒時所產生的硫化
物、氮化物、水銀、煤灰等都對人體極其有害,其導致的酸雨(acid
rain)更引起了廣泛的生態破壞。隨著各國對環境保護和國民健康的
重視,對有關污染的管制亦愈來愈嚴厲。今天,絕大部分發達國家的
燃煤電廠皆已安裝先進的除污設備(scrubbers),令廢氣排放中的污
染物含量低於危害健康的水平。從這個意義看,今天的燃煤發電已較

數十年前的乾淨很多，因此已經是一種「清潔燃煤」（這當然不包括較貧困及落後國家的燃煤發電裝置）。

然而，若從遏抑溫室效應對抗全球暖化的角度看，這種燃煤仍然絕不清潔。這是因為二氧化碳以前從來不被看作一種污染物，直至過去30年才知是最危險的一種。不幸的是，要從燃煤廢氣中移除這種無色、無味、無嗅的氣體，其難度較移除其他污染物要遠遠大得多。

為什麼呢？你可能會問。稍為讀過化學的朋友都知道，透過與其他物質（例如鈣）的化學作用，我們不難把二氧化碳吸收並變為固體（例如碳酸鈣）。既然如此，我們以這種方法來處理所有燃煤發電廠的廢氣排放，甚至直接從我們周遭的空氣中把二氧化碳吸走，那不是把問題解決了嗎？

◎　「碳捕儲」的技術困難

可是我們忘了，上述的化學作用皆是以小規模於實驗室裡進行。把這種技術大規模地應用到工業運作之上，其成本之高是完全不切實際的。還有不能忘記的是，任何處理方法都需要耗費能量，如果所需的能量十分大，而這些能量也是來自化石燃料的話，到頭來這種方法的效益會大打折扣，甚至得不償失。正是基於這些考慮，過去十多年來的研究方向，都並非直接從空氣中捕捉二氧化碳，而是集中於如何把二氧化碳從火力發電廠的廢氣中分離並儲存起來。這種做法，我們稱為「碳捕捉及儲存技術」（carbon capture & storage 或 carbon capture & sequestration，兩者都簡寫為 CCS），又簡稱為「碳捕儲」或「碳封存」技術。

到了今天，清潔燃煤已經不再指那些不產生水銀或酸雨的燃煤技術，而是指透過碳捕儲而不排放二氧化碳——或至少大幅減低二氧化碳排放——的技術。

表面看來，這是我們迄今看到最令人振奮的一項發展。可不是嗎？如果我們能夠把二氧化碳捕捉並封存起來，不就可以繼續燃燒化石燃料而無後顧之慮了嗎？

可現實卻並非這麼簡單。雖然各國（主要是美國和德國）已經花費了不少資源和精力來開發這種技術，但迄今為止，世上仍然沒有任何一所燃煤電廠正式採用。按照專家的計算，先進的 CCS 技術的確可以把一所發電廠的碳排放減低達 90%，但額外耗電量卻達 20 至 25%，供電的成本可能上升達八成有多。按照現時的發展趨勢，這種技術的大規模應用，至少是十至十五年之後的事情。

有見及此，不少環保團體都高調反對清潔燃煤的觀念，指出這不過是化石燃料工業為了保障自身利益而炮製的一道幌子。環保分子丹·貝爾克（Dan Becker）更直截了當地說：「根本沒有清潔燃煤這回事，而且將來也不會有。這是一個自欺欺人的騙局。」（There is no such thing as clean coal, and there never will be. It's an oxymoron.）

以上是從商業投資的現實角度出發。但即使從科學的角度，不少學者亦對碳儲存的概念提出質疑。他們的問題是：我們如何處置捕獲的二氧化碳呢？要知人類如今每年排放的二氧化碳超過 400 億噸，要把它們用人造的儲存庫封存起來是絕對不切實際的。假設有如一些人所建議，把氣體加壓並注入到一些地下的天然鹹水層（saline aquifer），或是已被開採和廢棄的石油及天然氣礦藏中，那麼我們如

何能夠保證氣體不會：

（1）慢慢四散和滲透，從而使一些地下淡水資源受到污染（變酸）而不能飲用呢？

（2）引致地層的不穩，從而導致地陷、山泥傾塌甚至引發地震呢？

（3）從地層的縫隙中慢慢升返地面，使我們功虧一簣呢？

（4）突然大量冒出地面，重複 1986 年在非洲國家喀麥隆所出現的災難呢？（當年一條村落近 2,000 名居民於一夜間離奇暴斃，調查後才知那是因為附近的一個湖有大量二氧化碳從地底冒出，氣體把村莊籠罩令村民窒息至死。）

總的來說，科學家認為要把如此大量的二氧化碳妥善地封存，所涉及的風險實在太大。其中最大的風險，是一旦儲存失效，令大量二氧化碳於短時間內傾注到大氣中，所引發的災難將是我們無法應付的。

一些學者卻有不同的看法。他們指出我們必須面對現實，無論如何大力推動可再生能源，燃煤發電也不可能在短期內消失。而我們每一天繼續燒煤，二氧化碳便每一天繼續被排放到大氣中。因此我們有必要盡快發展出實際可行的碳捕儲技術，而不是把它「妖魔化」而摒諸門外。孰是孰非？問題至今仍未有定論。

◎　科學家提出的其他可行方案

另一個沒有那麼具爭議性，卻仍在起步階段的發展方向是「生物性碳

封存技術」（biosquestration），包括把大量的農林業廢料和其他有機
廢物在缺氧加熱（術語稱「熱裂解」，pyrolysis）的情況下轉變為「生
物炭」（biochar）。生物炭基本上與我們用作燃料的炭無異，只是我
們不用作燃燒，而是加進土壤裡以增加土壤的肥力。這固然是一種很
好的廢物利用法。但作為對抗全球暖化的手段而言，科學家則更重視
它的碳封存潛質。原來炭這種物質非常穩定，一旦形成便可把其中的
碳封存數千年之久。

另一個發展方向則是透過基因改造（genetic engineering）培育出
一些光合作用效率特別高，吸碳能力也特別強的植物品種。在這方
面，快速生長的樹木固然最為引起人們的興趣，但有趣的是，吸碳能
力特強的生物原來是毫不起眼的藻類（algae）。如何大量培養這些藻
類以捕捉空氣中的二氧化碳，是目前一個重大的研究課題。（若把它
們化為牲畜飼料甚至人類的食糧，則更可幫助解決全球糧食短缺的問
題。）

但問題是，面對目前這般嚴峻的形勢，我們是否還有時間等待這些技
術的成熟並發揮它們的作用呢？這便把我們帶到下一章的議題——
行星工程學。

第 28 章

環繞著「行星工程學」的爭議

較上文介紹的清潔燃煤和碳捕儲更具爭議性的，是「行星工程學」
（geoengineering）這個意念。

這個意念的基本假設是，無論我們如何努力，人類在短期內能夠大幅
減排的可能性實在十分低。我們一方面固然要保持樂觀，但一方面亦
要作出最壞的打算。也就是說，假如我們真的無法阻止二氧化碳水平
不斷上升的話，我們還有什麼方法，可以防止災難的發生呢？

◎　非常時期的非常手段

從這個大前提出發，一些學者提出了以下各種大規模的「救亡方案」：

（1）把大量鐵質粉末散播到海洋浮游植物（phytoplanton）特別繁茂
的洋面（如北大西洋），為這些植物提供關鍵的養料，促使它們迅速
蓬勃生長。由於植物生長期間需要大量二氧化碳，寄望大氣中的二氧
化碳含量會因而顯著降低。

（2）把大量帶硫的氣溶膠（sulphate aerols）散播在大氣層高處（最
少達平流層的高度）。已知這種氣溶膠會強烈反射陽光，希望此舉能
減低地球從太陽接收的輻射，從而達到把地球降溫的效果。

（3）把巨型的太空遮光罩（space parasols）放置於地球和太陽之間，從而達到與上述一樣的效果。

面對這些建議，科學家也分為兩派。其中絕大部分持反對態度，理由是當中牽涉的變數太多，而很多可能是我們無法預見的。我們基本上是以一種對自然界的大規模干擾，以彌補另一項人為干擾，到頭來很可能會弄巧反拙，把情況弄得更糟。

還有另一個重要的考慮是，假如我們只是令地球降溫，而任由二氧化碳水平繼續攀升（例如採取上述的第二或第三個方案），海洋仍然會繼續酸化，令全球的海洋生態受到嚴重破壞。而降溫的設施假若失效（如遮光罩受太空隕石撞擊而破損），地球的溫度將會急升，令人類陷於萬劫不復的境地。

一些科學家雖然也同意上述的分析，但認為「非常時期必須採取非常手段」。他們不是鼓吹以這些方法來對抗全球暖化，而是認為我們必須預先制定一些應急方案，以作為救亡之用。所謂「宜未雨而綢繆，毋臨渴而掘井」，如果我們現時不進行研究，到需要時才研究已是太遲了。

這個觀點表面看來也言之成理，但一眾環保分子卻大不以為然。在他們眼中，任何行星工程學的倡議，也會給予公眾錯誤的印象，以為我們即使不進行大幅減排，也可透過一些「神奇科技」來解決問題。他們更指出，社會性的問題必須透過社會的改造才能獲得真正的解決。迷信簡單的「科技解案」（technological fix）只會把人類領往一個更為錯誤的方向。在這個極其嚴峻的戰鬥時期，侃侃而談行星工程學無疑是一種「擾亂軍心」的危險言論。

◎　行星工程只宜限於研究層面

核能、碳捕儲、行星工程，三者都可說是對抗全球暖化戰線上的「黑
馬」。就筆者的分析，我們必須接受的是核能，而繼續要發展的是碳
捕儲技術，至於行星工程，我們只應進行學術研究而不應把它當作抗
暖化措施之一。但無論怎樣，上述三者都絕不能成為不盡全力發展可
再生能源和節能減排的藉口。簡單的結論是，在這個問題上沒有任何
萬應靈藥，我們必須多管齊下、上下一心、踏實苦幹。只有這樣，我
們才有機會克服難關，為我們的子女爭取得一個安全的未來。

為了讓大家對我們應該採取什麼策略有更清晰的認識，筆者繪畫了一
張示意圖，還加上了基於個人判斷的一些選擇。簡單地說，筆者認為
在發展可再生能源和節約能源這兩方面，我們必須全力以赴（若真的
要筆者衡量，我會把前者看得更重），而在研發和推行碳捕儲方面也
投放一定的資源。至於行星工程學，筆者認為暫時應該停留在學術研
究和論證的層面，非到最後關頭不應被提上議事日程。

圖 28.1　對抗全球暖化的策略取向（數字代表資源投放上的比例）

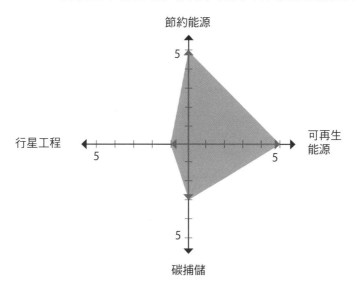

第29章

「減排」與「應變」並舉——
抗災部署刻不容緩

我們在本書的第一部分看過，自然界存在著巨大的「惰性」，反映到事物變化的過程中，便出現了所謂「時滯」的現象。在全球暖化的過程裡，時滯既源自海水和冰雪的巨大吸熱能力，也源自「碳吸儲庫」的調節能力（較生動的說法是「強制加班工作」）。在短期來說，時滯效應令災難不會一下子發生，因此可算是一種好事。但從長遠來說，這種效應令我們未能及早認識問題有多嚴重，因此是一種壞事。

時滯的影響還在於，即使我們懸崖勒馬，成功作出大幅減排，其效果也不會立刻顯現。相反，我們之前所作出的排放，其暖化的效應仍會在一段頗長的時間裡發揮作用。一個最極端的例子是，即使我們從今天起便停止一切溫室氣體的排放，但由於二氧化碳在大氣層中的平均逗留時間超過 100 年，因此全球暖化仍然會繼續下去，只是幅度會愈來愈小，最後才會停止下來。

科學家的計算顯示，即使以上述的「超理想情景」，全球升溫至少還會持續 100 年有多，而最終的溫度會較今天的高攝氏 0.6 度左右。

地球的溫度過去 100 年只是升了 1 度，兩極和高山的冰雪已經出現如此顯著的融化。如今再升 0.6 度，氣候繼續變遷自然不在話下，更

何況我們根本沒有可能於短期內停止一切排放。就以最樂觀的減排情境推斷，地球溫度至本世紀末較今天的升逾 1 至 2 度差不多是無可避免的了。也就是說，我們在努力減排和邁向「零碳經濟」的同時，亦必須作好一切準備，以迎接氣候變化所會帶來的種種衝擊。

這正是為什麼自《京都議訂書》以來，所有國際氣候會議都把「應變」（adaptation，又譯作應對、適應或調適）與「減緩」（mitigation）並舉，並呼籲各國制定政策以提升應變能力。

◎ 應變活動的主要方向

這兒所指的應變能力，包括了以下各個方面：

（1）如何應付愈來愈頻繁的高溫天氣，特別如何保障長者和小孩的健康和安全，以及在戶外工作的人避免中暑（要知在不少處於溫寒帶的西方國家，大部分家居都沒有冷氣設備；而即使在習慣使用冷氣的國家，也會因電力需求激增而令電網過載失效）；

（2）如何應付愈來愈頻繁的特大山林火災；

（3）由於風暴會變得愈來愈猛烈，如何抵禦特大風力和防範特大暴雨所帶來的破壞（2009 年 8 月，台灣在颱風莫拉克侵襲下錄得過千毫米的單日雨量；2018 年 7 月，日本在兩三日內亦錄得近 2,000 毫米）；

（4）對於依賴高山水源的沿河區域，如何防範冰雪加速融化引致的特大洪水，以及長遠來說因冰雪消減、河流枯乾所導致的水源短缺；

（5）對於沿海的城市和區域，如何應付因海平面上漲而引致的侵蝕加劇、沿岸生態破壞、地下水鹹化、海水淹浸，以及特大風暴潮（storm surge）所帶來的破壞等，倫敦市耗資五億多英鎊在泰晤士河興建的防洪閘（Thames barrage）便是一個例子；

（6）在糧食生產方面，如何防範因氣候變化所帶來的高溫、霜凍、蟲害、淡水資源短缺等一系列問題的衝擊。

另一項重大的應對策略，是各國政府如何面對環境災難所帶來的為數龐大的「氣候難民」。一些專家指出，無論是盧旺達的內戰和大屠殺（1990-1994）、南蘇丹的內戰和大饑荒（2011-2017）、索馬里的國家癱瘓和海盜猖獗（1986 年至今），還是敍利亞曠日持久的內戰及由此引起的難民潮（2011 年至今），雖然表面都有其政治和種族原因，但更深層的，是氣候和環境惡化而導致的資源匱乏和彼此爭奪。但是這個題目實在太敏感，所以根本沒有人膽敢在國際會議上提出和討論。

可以看出，我們所面對的問題是十分嚴峻的。著名的環保學者比爾‧麥奇本（Bill McKibben）更明確地指出，我們過去所熟悉的地球已一去不返，地球正無可避免地走向一個我們毫不熟悉的境地。他在2010 年出版的著作 Eaarth（中譯本：《即將到來的地球末日》）之中（你沒有看錯，他是故意改變 Earth 一字的串法，以凸顯我們如今要面對的，已非我們以往所熟知的那個地球），詳細地描述了這個「新世界」會是怎麼的模樣，以及人類能夠作出什麼適應以掙扎求存，例如培養出一些可以抗高溫的穀物品種。

麥奇本的說法是否誇大其詞？我們不知道。事實上，世界上最頂尖的

科學家也無法準確預測事態會發展到怎樣的地步。但這絕不是不採取行動的藉口。一個負責任的政府必須及早作出準備，才能盡量保障國民性命財產的安全。所謂防患於未然，到出現重大的人道災難時才採取行動已經太遲了。

◎　對發展中國家的援助

我國於 2007 年頒佈了《中國對應氣候變化國家方案》，正是回應這項挑戰所作的第一步。在國外，英國、加拿大、澳洲等亦先後制定了有關的政策和方案。

即使對於西方的發達國家而言，充分實行這些措施也不是一件容易的事情。（最突出的例子，當然是超過一半國土面積皆處於海平面以下的荷蘭。）而對於大部分發展中國家，特別是一些經濟落後的貧國來說，更是難以找到足夠的資源作出回應。〔她們的基礎設施本來便薄弱，面對災害時的「脆弱性」（vulnerability）亦最高。〕最不公平的是，這些國家因為大都位處天氣變化猛烈的熱帶，預計所受的衝擊亦會最大；但在引致全球暖化這個問題上，她們應負的責任卻最少。正因為這個考慮，自《京都議訂書》以來，世人都呼籲西方發達國家不但要帶頭減排，更要提供技術和資金上的援助，加強這些國家的抗災能力，協助她們對應環境災變帶來的衝擊。

呼籲歸呼籲，實際的情況又怎樣呢？這便把我們帶到本書的第三部：決定人類命運的鬥爭。

註

1：這兒有一個頗為敏感的問題。由於透過大力減排以力
挽狂瀾的希望愈來愈渺茫，近年來一些學者已開始把注意
力放到「應變」之上，以至有人提出整個討論已出現了一
種所謂「應變轉向」（Adaptation turn）的態勢。筆者對
此實在頗為憂心，我們當然應該注重應變，但這絕不應該
影響我們繼續爭取減排的努力和決心。

2：較長遠來說，在「減排」和「適應／應對」之上，
我們還必須考慮「移除」這項行動。這是因為即使我們
減排十分成功，如今存在於大氣中的二氧化碳卻已經
太多了。要保障氣候的穩定，人類必須進行一項為期數
十甚至過百年的「二氧化碳大氣移除工程」（large-scale
atmospheric removal of carbon dioxide）。當然，這項工程
的大前提是人類已經擁有用之不竭的清潔能源，而這仍是
可望而不可即的一回事。正因如此，這項行動在對抗全球
暖化的討論中鮮有被人提出。但從科學的角度看，這是一
個不可迴避的問題。

決定人類命運的

鬥爭

一種思維模式既導致了問題的產生，同樣的思維絕不可能令問題得到解決。

A problem cannot be solved by the same level of thinking that created it in the first place.

愛因斯坦 | Albert Einstein

毋須作出犧牲的方案肯定不會奏效。

If it doesn't hurt, it doesn't work.

湯馬斯・弗列德曼 | Thomas Friedman

第 **30** 章

環繞著經濟學的爭議

全球暖化是一個科學的問題，但更大程度上是一個社會學和政治學的問題。而在這個經濟掛帥的世代，更多人把它看成經濟學的問題。

在 2006 年度奧斯卡金像獎最佳紀錄片《不願面對的真相》中，前美國副總統戈爾以圖畫作出了一個生動的比喻，那便是把地球放到天秤的一方，然後把大量金錢放到天秤的另一方。他一針見血地指出，不少人都把環境保護與經濟發展對立起來，並認為要好好地保護環境，便必須犧牲經濟發展，從而損害社會的利益。但他們有沒有想過，沒有環境又何來經濟呢？從最極端的角度看，如果地球的生態環境因氣候災變而崩潰了，對經濟增長的追求還有什麼意義嗎？「環保」與「經濟」真的可以放在天秤的兩端相互比較，甚至討價還價嗎？

但所謂「言者諄諄、聽者藐藐」，一直以來，「影響經濟發展」都是抵制環保的利益集團最強而有力的武器。但面對全球暖化這個如此巨大的環境威脅，全面回應會對經濟做成多大的影響？相反，如果不回應的話，又可能對經濟做成什麼影響？落實到國家政策的層面，對上述問題的回答不能只停留在概念性的階段，而必須進行深入細緻的技術分析。

◎　《斯特恩報告》的論爭

正是基於這樣的考慮，早於 2006 年，時任英國財政部長白高敦
（Gordon Brown）就委託了前世界銀行副行長兼首席經濟學家尼古拉
斯‧斯特恩（Nicholas Stern）進行一項研究，目的是找出氣候變遷
可能對經濟產生的影響。同年，斯氏提交了一份名為《從經濟角度看
氣候變化》（*The Economics of Climate Change*）、厚達 600 多頁的詳
盡報告，簡稱《斯特恩報告》（*The Stern Review*）。這份報告成為了
近年來探討這個問題的一個重要起點，也成為不少爭議的來源。

扼要而言，斯特恩指出，要大力減排對抗全球暖化，經濟上的付出
可能達到每年全球 GDP 的 1%。然而，如果我們什麼也不做，聽任
事態惡化，氣候變化帶來的經濟損失，最終可能會達到全球 GDP 的
20% 或以上。

此外，他採納科學家的研究結果，指出我們絕不能讓全球的溫度升逾
2 度這個危險關口。就二氧化碳的大氣濃度而言，也就是不能超越
450ppm。然而，斯氏縱觀當前世界的發展趨勢，認為這道「警戒線」
實在難以實現，所以又提出了 550ppm 這個風險較高，卻也較為「現
實」的指標。他的看法是，450ppm 仍然是我們長遠的目標，但現實
中我們將無可避免地先抵達 550ppm，然後再逐步拉下來。

上述兩大結論都帶來了爭議，首先讓我們看看後者。對於 550ppm 這
個「較現實」的指標，科學界一致認為太高，太過危險，絕對不能作
為政策的指引。數年後，在科學家的共同努力下，雲集哥本哈根氣候
會議的各國領袖終於認同（卻沒有明文協定）以攝氏 2 度（相應濃度
為 450ppm）作為不可逾越的警戒線，550ppm 已經再沒有人提起。

而在 2015 年的巴黎氣候峰會之中，各國終於同意「將升溫限制在攝氏 2 度（及更安全的 1.5 度）以下」這個危險警戒線，並寫進《巴黎協議》之內。（大家也許還記得，詹姆士・漢森認為真正安全的界線是 350ppm。）

然而，最大的爭議是斯氏有關經濟影響所作的結論。不少經濟學家指出，把減排的成本定為 GDP 1% 是太低，相反，把氣候變化可能帶來的經濟損失定為 GDP 20% 卻是太高了。

讓我們先看看前者。在參考了批評的意見後，斯氏重新進行分析，並於 2008 年把減排成本從 1% 提升一倍達到 2%。同年，澳洲政府亦發表了一份類似的研究報告《蓋納氣候報告》（*Garnaut Climate Review*），結論基本上與《斯特恩報告》的相同。但爭議最大的，還是在於 20% 這個預計中的災難性經濟損失。

◎　對「貼現率」的反駁

表面看來，雖然要付出 2%，但如果能夠換取 20% 損失的話，仍然是十分划算的一回事。（就筆者看來，20% 的經濟損失其實是一個偏低的估計，但暫時讓我們接受這個數字。）但經濟學家可不是這樣看問題。他們指出，2% 的付出是即時的，而 20% 的損失（也可看成是 2% 投入後的一種「經濟回報」）卻是屬於未來的。由於中間存在著時間差，而「時間便是金錢」，所以我們不能對問題簡單地妄下結論。

在經濟學的理論中，「時間便是金錢」被變成了一個嚴謹的概念，那便是「貼現率」（discount rate）。簡單而言，貼現率反映了在經濟增長的帶動下，「未來的財富」與「今天的財富」在實質價值上的變動。

貼現率愈高，則這種變動的幅度愈大（即今天的一點點財富會變成明天巨額的財富）。相反，貼現率愈低，則變動幅度愈低。

在減排成本對經濟的影響這個議題上，經濟學家是這樣分析的：假設20% 的 GDP 損失乃基於 50 年後的預計，則我們今天拿 GDP 的 2%來「防患於未然」是否明智之舉，當視乎如果我們今天進行同額的投資，在 50 年後的回報會有多大？如果答案是「很大」的話，則我們不如什麼也不做，把那 2% 拿來投資，到時再拿出回報中的一小部分來解決問題，那不是來得更為划算嗎？

作為一個經濟學家，斯特恩當然明白貼現率的道理。但他基於全球生態環境不斷惡化和國際間的經濟競爭日趨激烈等考慮，在分析過程中選取了介乎 0.5 至 1.5%（以每年計）等偏低的貼現率。由此推斷，他認為我們必須盡快採取強有力的措施，以防止未來的巨大經濟損失。

不少經濟學家正是於這一點上不同意斯氏的看法。在他們看來，斯氏選取的貼現率太低了，而真正的數值應在每年 5 至 8% 之間（請留意當時 2008 年金融海嘯仍未發生）。透過這個經濟高速增長的世界模型來推論，把今天 GDP 的 2% 用於對抗全球暖化，是對未來世代一種很大的「剝奪」（因為這筆錢將來會變成很多很多錢），而對現今這個世代則會做成即時的傷害，所以是一種不負責任的行為。結論是，我們不應急於花費大量的資源來對付這個在未來才會出現的問題，而應該繼續努力發展經濟。當未來的經濟規模是今天的十倍，甚至數十倍之時，要解決氣候變化帶來的問題將不是什麼困難的事情。

不知道各位讀者對這種觀點有什麼看法，但就筆者看來，這是一種既愚蠢又危險的推論，是人類理性迷失的最佳寫照。學者法蘭‧艾

克曼（Frank Ackerman）在他的著作 *Can We Afford the Future?*（暫譯：《我們可以負擔未來嗎？》）中，對此作出了嚴厲的批評。他指出，經濟學裡看似客觀和科學的「成本—效益分析」（cost-benefit analysis），往往沒有把成本分為「好成本」（good costs）和「壞成本」（bad costs）這兩個不同的類別。他以一個很好的例子來說明這一點：假設一個沿海城市在特大颱風（如 50 年一遇的超強颱風）的吹襲下，有可能遭遇海水淹浸而釀成巨災。假如有科學家和工程師指出，我們有能力建造一道離岸的巨型堤圍，足以在這種情況下起到保護作用。但這時一些經濟學家站出來說：建造堤圍的成本太貴，而經常性的維修費用也太高了。如果我們把災難出現的機率，以及災難一旦出現時所引致的經濟損失一併計算進去，我們將發現，建造堤圍的效益將得不償失，因此是一種不符合經濟原則的做法。

但我們要問：這兩種成本 —— 建造堤圍的成本和災區重建的成本 —— 真的可以比較嗎？如果我們真的為了符合「經濟原則」而任由災難發生，重大人命傷亡的成本怎樣計算？痛失親人和家園盡毀的創痛怎樣計算？即使把所有人壽保險和家居保險的賠償金額加起來，那又代表了什麼呢？艾克曼要指出的是，有關貼現率的爭論，其實就好像「建造堤圍的成本低」還是「災區重建的成本低」這樣的一場爭論。我們真正應該關心的，不是未來的人類會早十年還是遲十年才能較今天的我們富裕十倍，而是我們的子子孫孫是否會被剝奪了享有美好環境的機會，甚至是生存的權利。

在對抗全球暖化這個課題上，我們當然必須認真研究任何重大舉措所會帶來的經濟影響，特別是對社會廣大低下階層的影響。但讓筆者重申，有關所謂「貼現率」的爭論是一場虛假的爭論，它只會妨礙我們正確地看待問題，起不到任何建設性的作用。

第 31 章

自欺欺人的「可持續發展」

今天，我們差不多到處都會聽到「可持續發展」（sustainable development）這個名詞。政府在談，學術界在談，商界也在談，就是在中學甚至小學裡，我們也會聽到「可持續發展」這個口號。可是，有多少人真正明白這個口號背後的含義呢？

「可持續發展」這個名詞，最先出現在 1987 年布倫特蘭委員會（Brundtland Commission）所作的報告《我們共同的未來》（Our Common Future）中。這個委員會由聯合國成立，目的是探討環境劣化與社會發展之間的關係。按照報告的闡述，可持續發展是指「既可以滿足今天人們的需要，也不會影響未來世代滿足他們生活需要的一種發展模式。」（Sustainable development is development that meets the needs of the present without compromising the ability of future generations to meet their own needs.）

按照科學家的研究，人類今天的各種經濟活動，其影響已經在多方面超越了地球的總負荷量。以二氧化碳的排放為例，更是超出 50% 以上（人類今天每排放一噸二氧化碳，就有超過半噸無法被大自然吸收而停留在大氣中）。其他如淡水資源的應用、土壤的破壞與流失、海洋生物的過量捕取等，都已經出現了「殺雞取卵」的情況。用理財的術語來說，我們已經在「透支」（overdraft）並在賒借度日。

然而事實卻是，世界的經濟仍在不斷增長！相信連小學生也會看出：既然已透支又繼續增長，所謂可持續發展不是一個自欺欺人的謊話嗎？

這是從最根本的角度來看。現在，讓我們以環保的基本理念再把問題分析一下。

◎　三大因素對環境造成影響

如果我們把人類對環境做成的影響以 I（impact）來代表，然後以 P（population）代表人口、C（consumption）代表每個人的消費、T（technology）代表科技，則我們可以把它們之間的關係寫成 I = PCT。

方程式的左邊是我們最關心的「生態衝擊」（ecological impact）的總量，而方程式右邊則是 P、C、T 這三個因子的乘積。不用說，隨著人口（P）的增長、個人消費（C）的增長，以及科技（T）的擴展，I 這個衝擊值將會數以倍計地高速增長。

人口的影響是最顯而易見的，但消費和科技擴展的影響則有必要解釋一下。首先，消費增長既包括「消費量」，也包括了「消費模式」的改變。例如我們以往每季可能只有 5 套衣服，如今則超過 30 套，這便是簡單的量的增長。而每套衣服以往可能平均穿上 10 年，但如今則不到 5 年便會替換，這便是消費模式的改變。又例如我們以前吃肉的份量相對很少，但隨著社會富裕則不斷增長，這便同時間出現了「質」和「量」兩方面的改變。再例如 100 年前普通人很少能夠出國旅行，要旅行也至多到附近的地方走走。但今天就是一個普普通通的中產市民也會年年出國旅行，而且目的地愈去愈遠。這些消費行為模

式的演變，當然會對環境做成重大的影響。

至於科技擴展方面，例如以往旅行不是步行便是乘坐馬車，或至多是帆船，對環境的影響當然甚小（碳排放基本為零）。但到了今天，汽車、輪船、飛機等已是不可少的交通工具，而每一樣都耗費大量能源和製造污染。而在一個較小的層面，在未有電視之前，人們所聽的收音機耗電量都不高。但自從發明了電視之後，電視機的耗電量固然大得多，而隨著大熒幕電視和薄屏電視的面世，耗電量更是大幅上升。凡此種種，都是科技擴展對環境帶來的衝擊。

◎　　可持續發展有可能實現嗎？

好了，現在讓我們看看，我們天天在談論的可持續發展是否可能。我們問：P 在下降了嗎？答案當然不是。2000 年的世界總人口剛好是 60 億，短短 18 年後的 2018 年，這個數目是 76 億，期間增加的人口，已等於二十世紀初全球總人口（16 億）！按照聯合國的估計，到了本世紀中葉，全球人口將突破 92 億大關。看來，我們無法寄望（起碼在本世紀內）透過人口的下降來解決環境問題。

現在我們再問：C 在下降了嗎？答案當然不是。事實上，個人消費改變所帶來的衝擊，形勢比 P 的增長更為嚴峻。二十世紀的 100 年裡，全球人口增加了近四倍，但能源消耗量卻增加了 21.4 倍。就以世上最富裕的國家為例，統計顯示，2008 年金融海嘯之前的 20 年間，美國人住屋的面積平均大了一倍以上，家中電器的數目亦不斷上升。在汽車方面，不但數量不斷增長，而且每輛汽車（特別是廣受歡迎的 SUV）的平均重量和耗油量亦在上升。

再看看在全球化中迅速崛起的中國和印度，合共近 27 億人口的 C 正在一天一天節節上升。至於其他發展中國家，每一個都竭力發展經濟，改善人民的生活——亦即把 C 不斷提升。不用想了，C 的下降——特別就全球的角度而言——肯定不是答案的一部分。（曾經有人計算，如果地球上所有人都好像美國人一般生活，我們將需要額外五個地球的資源……。）

到最後，我們只能問的是：那麼 T 在下降了嗎？答案相信早已在大家的心中，我也毋須贅言了……

且慢！T 這個因子在整條方程式裡其實扮演著一個十分奇特的角色。這是因為它有可能被放到右邊的分母，而非分子的位置。也就是說，方程式可被寫為 $I = PC/T$。

這是什麼意思呢？這條方程式的含義是，只要我們採取合適的科技，T 這個因子可以減低人類活動對環境所做成的負面影響，而且當這樣的 T 愈發達時，能夠起到的環保作用便愈大。

這當然並無任何神秘之處。我們在本書第二部分所談論的，正是這類身負「拯救地球」重任的科技。但如今我們看得更為清楚，這些科技身負的責任有多大。在上述的方程式中，它就像希臘神話中的擎天神阿特拉斯（Atlas），正獨力肩負著整個世界。

但這還不是問題所在。真正的問題在於：人類的社會正在有系統、有計劃地全速向著這些科技進發嗎？在政府的層面，各國政府正大規模地投資於這些新科技的開發和應用嗎？在市場的層面，每天股市動態的報導中，有多少隻「龍頭股」是與這些科技有關的呢？

答案顯然是令人失望的。「再生能源股」沒有受到重視也罷了，更令人沮喪的是，不少龍頭股竟然正是我們要盡快取締的煤炭工業和石油工業。這樣看來，要把 T 從分子調到分母的位置以力挽狂瀾，仍然是一條漫長的路途。

◎　　國家發展與可持續發展背道而馳

而與此同時，「增長！增長！增長！」仍然是各國政府堅定不移的硬目標。整體經濟要增長、機場客運量要增長、貨櫃碼頭的吞吐量要增長、到訪遊客數目要增長、市場零售額要增長 ……。不要忘記的是，他們所說的增長最少都在每年 3% 以上。我們就以最小的 3% 計算，將會發現倍增期只有 23 年左右（請參閱第 5 章）。也就是說，不出 50 年，上述事物的規模便會比今天大上四倍多。無怪乎外國一些環保分子說，各國政府高舉可持續發展的理想，卻又繼續不斷追求增長（例如英國一方面大力支持減排，卻又在希斯魯機場興建第三條跑道；香港說要對抗氣候變化，卻大力興建遊輪碼頭，也正積極考慮興建第三條機場跑道），那便有如硬要「把圓形變成方形」（squaring the circle）般自相矛盾。以中文來說，那是「又要馬兒好，又要馬兒不吃草」般一廂情願、脫離現實。

基於上的考察，不少環保分子提出了「綠漂」（又譯作「漂綠」）這個概念，指的是政府或企業所倡議的環保舉措，絕大部分其實都是「口惠而實不至」，只是一些公關伎倆和櫥窗粉飾效應罷了。亦正是基於這樣的考慮，人們提出了要對每一種措施進行嚴格的「碳審計」（carbon audit），以找出最後是否真的會導致二氧化碳排放的淨降低（net reduction）。然而，一些環保分子連對碳審計也開始抱有懷疑態度，因為大部分進行審計的顧問公司都只是把這當作「一盤生意」來

運作，其中所謂「碳補償」（carbon offsets）的實效——例如在一些第三世界國家植樹來「補償」一些活動的碳排放——更是令人存疑。說得難聽一點，這便有如歐洲中世紀教會所販賣的「贖罪券」。

筆者當然百分之百支持可持續發展。但看過上述的分析後，希望各位讀者下次碰到這個口號時，會停下來認真地追問：眼前的種種發展真的是「可持續」的嗎？否則我們只會不斷地自欺欺人、於事無補。

第 32 章

T 解案？ B 解案？還是 P 解案？

不用猜了。所謂 T 解案是指「科技解案」（technological fix）、B 解案是指「行為解案」（behavioural fix），而 P 解案則是「政策解案」（policy fix）。

以上的劃分十分重要。我們看到，在有關全球暖化對策的討論中，往往存在不少混淆不清之處。混淆之所以出現，大多是因為沒有認清上述三類解決方案（更嚴格來說是解決方向）的分別，以及三者之間的相互關係。

◎　科技解案需政策支持

讓我們逐一分析一下。所謂科技解案，當然便是我們在本書第二部分所探討的各種科技，以及上一章「I = PCT」這方程式中的 T。筆者是一個科技擁護者，卻不是一個盲目的科技崇拜者。如果你仔細閱讀第二部分的文章，便知道迄今為止，我們仍然沒有一項神奇的超級科技，可以一下子將問題化解。（最令人失望的當然是核聚變科技。人類近 60 年前便已製造出氫彈，但花了超過半個世紀以及無數人力物力，仍是無法把核聚變的能量以受控的形式轉用於和平用途。今天大家偶爾聽到——特別是從網上而非正式新聞報導中——有關核聚變取得重大突破並可以很快解決能源問題的消息，絕大部分是「氣候變

化否定集團」故意散播出來混淆視聽的。）

但科技畢竟是關鍵所在。「綠色科技」的大規模開發和應用，顯然是
任何解決方案的基石。然而，大規模開發和應用的背後，必須有賴政
策上的引導和支持，這便把我們帶到「政策解案」之上。不過，讓我
們先不要跑在故事的前頭，在未探討政策解案之前，先看看所謂「行
為解案」是什麼回事。

◎　行為解案兩大方向

所謂行為解案實可分為兩部分，第一是指個人行為，亦即生活習慣上
的改變，第二則是指消費者在消費選擇上的改變。當然，這兩者並非
截然劃分，而是往往息息相關的，讓我們以一些實例來作出說明。

例如我們離開房間時把燈關掉，或是用完電器後完全關掉電源（而不
是讓它處於備用狀態），這些都是生活習慣的改變。但假如我們在家
中多添幾把電風扇，在夏天盡量以風扇取代空調，這既是一種生活習
慣的改變，也是一種消費選擇的改變。在交通的環節上，堅持採用公
共交通工具而不買車代步，固然是一種極為值得讚許的生活模式改
變，但如果因工作需要而無法不買車的話，就是付出多一點也寧願購
買一輛較小型的環保車，而不買耗油量高的 SUV，也同樣是值得大
力嘉許的一項消費者選擇。

把家居和公司的照明設備都換上省電型號、盡量不把電腦的檔案打
印出來（就是要印也必須以雙面形式）、盡量不用即棄餐具和瓶裝飲
品、盡量把髒衣服儲起來才開動洗衣機、盡量不用乾衣機和洗碗碟
機、少吃肉多吃素、盡量購買本地栽種的蔬菜而不買從遠處空運而來

的品種、堅持把垃圾分類⋯⋯。所有這些「綠色生活」的呼籲都是正確和值得支持的。試想想，如果我們一方面大聲疾呼要對抗暖化，但另一方面卻極度浪費物資和能源，那不是自相矛盾和十分虛偽嗎？

但筆者不得不鄭重指出，面對全球暖化的挑戰，很多人以為推動綠色生活便已足夠，這完全是一種不切實際的癡人說夢。如果有關宣傳（例如香港政府的「對抗氣候暖化，由綠色生活開始」）令大眾以為這樣做便已足夠，那麼這種宣傳便是在誤導民眾甚至在幫倒忙，因為它妨礙了人們正確認識問題和尋找真正的解決方法。（如開徵「碳稅」，請看後文。）

行為模式的轉變之所以不足夠，一方面是因為我們面對的問題實在太大，另一方面亦因為我們無法保證所有人都會作出改變。讓我們看看兩個簡單的例子。我們知道吸煙危害健康這個事實，遠早於我們知道排放二氧化碳危害地球健康。試問政府多年來投入了多少資源以進行宣傳和教育？但到頭來還不是要逐步推行禁煙？如果連這種最牽涉切身利益的「綠色（無煙）生活」也不能單靠教育在社會上落實，你認為對抗全球暖化的綠色生活又如何呢？

另一個例子是酒後駕駛。一個極端的自由主義者可以爭辯說，酒後駕駛是一種基本人權，因為即使真的出了事故，所有後果（包括對他人作出的賠償甚至坐牢）也是由駕車者自己承擔的，政府為什麼要橫加干涉呢？它應該做的，最多是宣傳和作出呼籲罷了。當然，同樣的邏輯也可用於超速駕駛之上，而結論是，任何道路也不應有車速限制。但請大家認真想一想，如果沒有了所有限制而只是不斷鼓吹「道路安全意識」，我們的道路上會出現怎樣的情況呢？

◎　市場解案不能代替政策解案

以上的例子，很自然把我們帶回「政策解案」這個題目之上。在
環保的歷史上，政策的必要性是顯而易見的。例子包括禁制 DDT
農藥（雙對氯苯基三氯乙烷，dichlorodiphenyl-trichoroethane，
俗稱「滴滴涕」）以保障人們的健康、監管二氧化硫（sulphur
dioxide）的排放以防止酸雨的產生、取締氯氟化碳類化學品
（chloroflourocarbons，CFCs）的使用以阻止臭氧洞的擴大等。留意
所謂政策解案不一定指「一刀切」的禁止使用，背後還包括徵收懲罰
性稅項（寓禁於徵）、建立排污交易機制、對代用品的開發提供直接
或間接支持、對有關的新行業提供稅務優惠，以及對行業的發展提供
融資服務甚至信貸支援等。

一些人（主要是經濟學家）曾經指出，由上而下的政策往往並非解決
問題的最有效方法。更為有效的，是透過市場的調節力量，找出最
為符合經濟效益的解決方法。也就是說，我們真正需要的不是 T 解
案、B 解案或是 P 解案，而是 M（market）解案，亦即「市場解案」。

筆者的簡單回應是，如果市場可以解決問題，我們今天也不會發展到
如此危險的境地。斯特恩是個經濟學家，但他在《斯特恩報告》中
提出了一句名言：「全球暖化是人類歷史上一項最大的市場失效！」
（Global warming is the greatest market failure in human history.）

筆者並不否定市場，並且認為在對抗全球暖化的鬥爭中，市場必然
會扮演著一個重要的角色。筆者所反對的，是繼續迷信市場，以為
市場機制自可解決一切問題。美國作家湯馬斯‧佛里曼（Thomas
Friedman）在他的著作《世界又熱、又平、又擠》（*Hot, Flat and*

Crowded）中曾經說道：「市場完全可以提供我們想要的東西——只要我們給它正確的訊號。」（The market can give us what we want, provided we give it the correct signals.）這兒所指的「正確訊號」，當然是指政府所採取的政策——例如向高排放的汽車徵收重稅、大幅降低電動汽車的進口稅和登記稅等。

◎　三大解案互為因果

總括而言，科技（T）、個人行為（B）和社會政策（P）是我們對抗全球暖化的三大支柱，就像中國銅鼎的三隻腳一樣，缺一不可。但它們之間並非各自獨立，而是互相影響、互為因果的。就技術解案而言，過往的研究顯示，在技術上提升了一種資源的使用效率，往往不會減低這種資源的消耗量，反而會增加人們對這種資源的消耗。這在經濟學上稱為「傑馮斯勃論」（Jevons paradox）。也就是說，我們不應寄望科技進步可解決問題，期間還必須加上個人行為的轉變和政策上的配合。

為了讓我們更好地了解應該努力的方向，筆者把上述三種解案——也包括了「市場解案」——圖示如右，並加上一點個人見解。當然，你的見解可能與我不一樣，因此所勾勒出的形狀也可能有所不同。

在本書的第二部分，我們已經看過了科技發展的最新情況，在以下的章節，我們將看看有關政策方面的最新發展。

圖 32.1 對抗全球暖化的策略取向

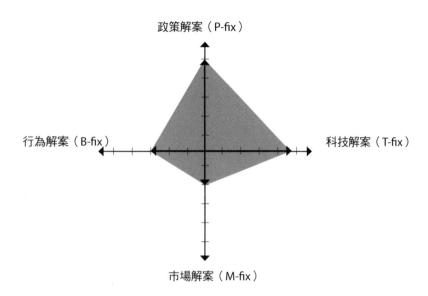

第33章

《京都議訂書》是什麼回事？

《京都議訂書》（*Kyoto Protocol*）是人類首次為對應全球暖化而簽署的一份國際協議，目的是促使各國減低溫室氣體的排放，從而遏止全球氣溫上升。它於 1997 年簽署，卻到 2005 年才正式生效，並於 2012 年屆滿。2009、2010 和 2011 年分別在丹麥、墨西哥和南非召開的氣候會議，正是為了制定一份新的協議以作替續之用。

既然《京都議訂書》已經成為明日黃花，我們還有必要對它進行深入了解嗎？答案是肯定的，因為《議訂書》包含了不少重大的基本原則，直到今天仍然適用。

◎ 《京都議訂書》的產生背景

1981 年，第一篇明確指出「人為加劇的溫室效應會導致全球暖化」的科學論文，由任職美國戈達太空研究所（Goddard Institute for Space Studies）的科學家詹姆士・漢森（James Hansen）於美國權威科學雜誌《科學》（*Science*）之上發表。隨著科學界對這個問題的廣泛關注，漢氏於 1988 年 6 月被邀出席美國國會的聽證會，進一步闡述他的觀點。同年，世界氣象組織（WMO）與聯合國環境署（UNEP）共同成立了一個「跨政府氣候變化專家小組」（IPCC），專責整理、分析和總結科學界對氣候變化的最新研究成果，並向決策者

提供參考的意見。

1990 年，IPCC 發表了他們的第一份評估報告 AR1，透過最新的
科學論證，指出大氣中的二氧化碳含量和全球的平均溫度皆正在上
升，而兩者之間可能存在著密切的關係。

1992 年，IPCC 發表了一份補充報告，進一步加強了上述的結論。同
年，一個名叫「地球峰會」（Earth Summit）的國際環境會議在巴西
里約熱內盧召開，在各方的努力推動下，終於成立了一個名叫「聯
合國氣候變化框架公約」（United Nations Framework Convention on
Climate Change，UNFCCC）的組織。為了爭取各國的支持，這個公
約組織沒有一下子提出實質的減排要求。它最大的成就，是爭取得各
國的同意，每年向聯合國呈報本國的溫室氣體排放情況，從而讓聯合
國建立起一個全面的資料庫（national greenhouse gas inventory）。

1995 年，IPCC 發表了 AR2，對全球暖化的威脅提出了更明確的警
告。終於，在一些特別關注環保的歐洲國家的推動下，UNFCCC 於
1997 年 12 月在日本京都召開了世界首個對抗全球暖化的會議。就是
這樣，一份具有劃時代意義的《京都議訂書》誕生了。

◎　具爭議的協議內容

讓我們看看《京都議定書》的一些具體內容。當中一項最基本原則
是，各國在對抗全球暖化這個問題上，有著「共同但有區別的責任」
（common but differentiated responsibilities）。之所以是「共同」，是
因為大氣層無分國界，因此二氧化碳濃度的上升和隨之而來的暖化效
應，將影響地球上每一個國家。之所以是「有區別」，是因為現時大

氣層中增添的二氧化碳，絕大部分都是由發達的工業國家所加進去的，因此她們應該負起主要的責任。

上述這個大原則可說沒有異議，但當它被落實到協議的條文時，卻成為了重大爭議的來源。

重點在於《京都議訂書》所訂立的減排要求。這其實只是一個十分溫和的要求，那便是到了 2012 年底，把二氧化碳的排放量減至 1990 年水平之下的 5.2 %（即只等於 1990 年排放量的 94.8%）。但基於上述的「共同但有區別的責任」這個原則，這個減排目標只適用於《京都議訂書》所列的「附件一」國家（Annex I countries），它們包括了所有工業發達的富裕國家如美國、加拿大、英國、日本和大部分西歐國家，卻不包括眾多的發展中國家如中國、印度、巴西，更不包括更貧窮落後的非洲和拉美諸國。

不但如此，《京都議訂書》更指出，為了令「附件一」以外的國家在氣候變化的衝擊下仍然能夠發展經濟、改善民生，除了帶頭減排外，「附件一」國家還必須向這些國家提供資金上的援助。

作為全球最強大和富裕的國家，美國當然位於「附件一」之首。而當時主政的總統克林頓和副總統戈爾都是環保運動的支持者，正是有他們的支持，《京都議訂書》才得以順利誕生。

◎　美國出爾反爾拒絕確認

不幸的是，當時美國國會乃由保守的共和黨（Republican Party）所控制，而這些人堅決反對簽署任何對美國具有約束力的國際協議。

1997 年 7 月，他們更通過了一條《拜德—海格法案》（*Byrd-Hagel Resolution*）以確認這一立場。由於克林頓明知不會獲得國會的通過，最後沒有把《京都議訂書》提交國會進行確認（ratification）。原來按照國際慣例，160 多個國家在京都所簽署的文件只是協議的第一步，每個國家事後還必須進行確認的過程，協議的簽署才算作實。如今美國沒有確認，之前的簽署等於作廢。

由於美國的出爾反爾，不少國家都拒絕落實簽署。但按照《京都議訂書》規定（實由美國所提出），只有當落實簽署的國家的二氧化碳總排放量加起來超過全球總排放量的 55% 之時，這份協議才正式生效。結果是，京都會議後整整七年多，協議都只是一紙虛文。

令情況雪上加霜的是，布殊 2001 年出任美國總統，同年 3 月即宣佈正式退出《京都議訂書》，理由是中國和印度等國家毋須遵守任何減排規定，因此協議並不公平云云。

◎　中俄支持令協議重生

事情的轉機來自 2002 年在南非約翰奈斯堡所召開的「地球峰會」。會議將近結束的前一天，時任中國總理朱鎔基公開宣稱，即使美國不肯落實《京都議訂書》，為了對抗這個重大的環境問題，中國仍決定落實簽署這一條約。當然，按照協議，中國根本毋須滿足任何減排指標，所以這個宣稱的象徵意義大於實際意義。但這一舉動確實起到積極的帶頭作用，一些一直不肯落實的國家也逐一確認簽署，「一紙虛文」開始重獲新生。

終於，俄羅斯於 2004 月 11 月也落實簽署。由於這些簽署國家的碳

排放量，剛好超過了全球總量的 55%，折騰了七年多的《京都議訂書》終於在 2005 年生效。但這時離有效期結束的 2012 年只有七年的時間⋯⋯。

註

俄羅斯的簽署其實也是象徵意義大於實質意義，因為她的前身蘇聯於 1990 年的排放量十分高，而自 1991 年蘇聯解體以來，俄羅斯經濟大幅倒退，版圖也較以前大減，因此總排放量大不如前。結果是，按照《京都議訂書》的排放目標，她的排放量不但不用減少，還可以有所增加！

第 **34** 章

《京都議訂書》的成敗得失

筆者修訂此文（原文寫於 2010 年）之時為 2018 年 8 月，《京都議訂書》屆滿已近六年。它的成敗得失如何？當然可以「蓋棺定論」。

其實早在《京都議訂書》訂定出減排目標時，無論是科學家還是環保團體，都一致認為這個目標遠遠不足以防止災難的發生，因此從一開始，協議便已是失敗的。的確，即使把 2012 年的排放量減至 1990 年水平的 5.2% 之下，也不能遏制二氧化碳濃度的增長，因此全球暖化的趨勢最多只會略為減慢，而絕對不會停下來。

◎　美國拒簽注定失敗

當然，誠如一些有心人士指出，這只是第一份相關的國際協議，我們最重要是踏出第一步，而不能要求定出過高的目標。不要忘記的是，按照 1997 年時的發展趨勢推算，2012 年的排放水平必然較 1990 年高出很多。如果我們真的能夠把總排放量控制在 1990 水平以下的 5.2% 或之內，那便等於比預計中「一切如舊」的 2012 年水平減低達 40% 之多。這已經算是一個不錯的減排成績了。

但問題是，這個目標達到了嗎？令人沮喪的答案是：當然沒有！不但沒有，而且現實是完全背道而馳——無論從 1997 還是 2005 年（協

議正式生效的那一年）起計，全球的二氧化碳排放不但繼續上升，上升速率更是一年比一年高！2012 年的實際排放量，較 1990 年的足足大了 60%。從這個角度看來，《京都議訂書》是徹徹底底的失敗了。

當然，從國際協議的角度來看，《京都議訂書》從一開始亦是失敗的。這兒說的不是減排目標是否足夠，而是作為全球最大排放國的美國，自始至終也沒有簽署這份議訂書。（現時排放量最大的國家不錯是中國，但這只是最近十年的事情。）由於成為了千夫所指、眾矢之的，布殊在任時曾經提出過一個以美國為主導的、新的減排框架，並邀請中國、印度和巴西等國家「共同商議」。這種虛偽的舉動當然沒有受到別國的支持，倡議最後不了了之。

除了美國之外，亦步亦趨的還有當時由保守黨的霍華德（John Howard）執政的澳洲。澳洲的總排放量在全球的排名並不算高，但這是因為它的人口偏低所致（還不到美國的 1/12，較我國的廣東省還要低）。但若論人均排放量，它則是緊隨美國之後，與加拿大叮噹馬頭。

不用說，澳洲也因此成為了眾矢之的。2007 年底，工黨的陸克文（Kevin Rudd）上台，一改霍華德的右派路線，落實簽署了《京都議訂書》。自此以後，美國成為了世上唯一一個拒絕簽署的西方國家，即使在奧巴馬上台之後，這種情況也沒有改變。

然而，在某些西方人眼中，《京都議訂書》最失敗的地方，是它沒有把排放增長速率最高的中國和印度，包括到「需要達至減排目標」的國家之內。在他們看來，無論西方國家如何努力，假如中國和印度繼續不斷排放的話，遏止全球暖化這個目標便永遠只能是空中樓閣。

是「公說公有理、婆說婆有理」嗎？這個重大的原則性問題，我們會在以下的章節再作討論。現在，讓我們看看在《京都議訂書》之下，一眾專家提出了怎樣的具體減排方案，以及這些方案在未來是否還值得推行。

◎　《京都議訂書》的減排方案及成效

首先，被《京都議定書》納入減排目標的溫室氣體共有六種，它們分別是二氧化碳、甲烷、氧化亞氮、全氟化碳物、氫氟化碳物，以及六氟化硫。

《議訂書》提出的減排方案稱為「彈性機制」（flexible mechanisms），主要分為下列三種：

（1）共同執行方案（Joint Implementation，JI）：主要適用於發達國家之間。基本原理是兩國之間可以就排放作出互惠性的交換——A國想排放多一點的話，為了達到協議中的減排指標，它可以向B國用錢購買所需的排放量（稱為「碳額度」，carbon credits）。當然，要獲得這筆金錢上的收入，B國必須想辦法進一步減低它本身的碳排放，以彌補A國的「超額」。總之，只要兩國的總排放加起來能夠達到指標，她們的任務也就完成了。

（2）清潔發展機制（Clean Development Mechanism，CDM）：主要適用於發達國家和發展中國家之間。基本原理與「共同執行方案」類似，也就是富裕國家可以透過資金的援助，協助一些發展中國家推行「低碳」甚至「零碳」的經濟發展計劃，而由此導致的碳排放減少，可轉化為提供予援助國家的「排放額度」。這種機制背後的指導思想是：由於發展中

國家的經濟對化石燃料的依賴程度較發達國家低，「以資金換取排放」的安排，既可紓緩發達國家的減排壓力，亦可使發展中國家在發展經濟期間，不會導致全球排放量的增加，因此是一種兩全其美的做法。（但留意最後的結果只是達至「碳中性」而非「碳淨減」。）

（3）排放貿易方案（Emission Trading Scheme，ETS）：以上兩種方案都是透過國與國之間的協議來進行的。但要更靈活和有效地控制排放，專家認為有必要借助市場的龐大力量。也就是說，要成立一個「碳額度」（又稱「排放權」，emission rights）的交易市場，好讓有興趣的國家可以在這個市場之上自由買賣「排放額度」。而每公噸二氧化碳當量（tCO_2e）的價格，將由市場需求來決定。（這種貿易往往又簡稱為「碳貿易」，carbon trading。）

自 2005 年生效以來，以上三種機制的成效如何呢？從宏觀的角度看，只要我們看看這十多年來的基林曲線走勢，便知三種方案加起來也毫無成效。但既然它們是我們暫時唯一擁有的減排機制，是以我們仍有必要較為仔細地考察一下每個機制的成敗得失。

就共同執行方案而言，由於它只適用於發達國家之間，因此很快便被運作上更為靈活的排放貿易方案所蓋掩。而就排放貿易而言，迄今真正行之有效的市場，便只有運作於歐盟國家之間的「碳市場」（carbon market）。從邏輯上看，要真正達至減排的效果，整個市場的「碳額度」必須設有上限（ceiling），而且這個上限應該逐漸遞減。為了凸顯這個概念，歐盟的排放貿易往往又被稱為「封頂與貿易系統」（cap and trade system，較自然的譯法則是「配額貿易」）。

「碳交易」制度大致上是模仿美國於上世紀九十年代為了控制燃煤時

的二氧化硫污染（及其引至的酸雨）所推出的「硫交易機制」而設計的。但從一開始，碳交易制度便受到了很大的批評。其中最主要的，是各國就排放權的給予，大都採取了所謂「追認式份額分配」（grandfather quota allocation）而非「拍賣式份額分配」（auction-base quota allocation）。按照前一安排，一直以來排放得最多的行業和企業將會獲得最多而且免費的排放額度，而一直以來排放得較少的則獲得較少。在方案推行的最初期，這無疑是一種遷就現實的做法，但如不盡快改變，即等於鼓勵高度污染者繼續高度污染，與透過市場力量迫使他們努力減排的原則背道而馳。

為了回應批評，歐盟自 2008 年的第二階段計劃起，已逐步推行拍賣式額度分配，但在不少批評者的眼中，進度仍是過於緩慢。此外，總排放上限漸次遞減這一舉措亦未得到很好的貫徹，而碳額度的市場價格因受全球經濟的影響而大幅波動，更曾一度跌至無人問津，都令人對這機制失去信心。

但總的來說這個制度是有效的。按照歐洲統計局（Eurostat）的計算，2016 年，整個歐盟的碳排放量已經較 1990 年的水平下降了22%。雖然有人說，這個下降一部分是因為歐盟大量進口第三世界國家（特別是中國）的商品所導致，但這總算是人類在對抗全球暖化路途上的一項好消息。

但環保團體對減排方案作出最大批評的不是排放貿易，而是清潔發展機制。

◎　清潔發展機制被濫用

這是一個十分複雜的問題，筆者只能在此作出扼要的簡述。從最基本的角度看，批評者指出這是富人向窮人「用錢買污染權」的行為，在道德上是不可取的。全球暖化是富人引起的災禍，他們對受影響的窮人提供援助，並協助他們發展低碳和零碳經濟，根本便是應有之義，又怎能以此換取自己的繼續排放呢？

從技術的層面出發，不少學者亦指出，此機制被濫用的情況十分普遍，成效甚為存疑。最普遍的情況，是發展中國家所提出的某些「低碳發展計劃」，其實即使沒有這個機制也是會推行的。如今有了這個機制，這些國家固然可以從富裕國家那兒獲得一筆資金，但富裕國家則可換來不少碳排放額，可以「心安理得」地繼續排放。尤有甚者，一些明明可以立即上馬的低碳計劃（例如限制汽車的碳排放），為了滿足這個機制下甚為繁複的審批程序，可能被故意拖延推行，令排放不減反增。最後，在核實計劃的減排效果是否兌現的過程中，也曾經出現不少混亂和虛報的情況。

更深入的批評指出，這個機制在某些情況下甚至會導致負面的環境影響。其中包括一些水壩的興建位置會嚴重破壞生態環境，甚至把一些原始森林摧毀然後再進行植林等等。一些計劃更會因而危害某些原住民的生計，甚至令他們流離失所、痛失家園。

持平而論，這個機制並非一無是處。起碼它令一些發展中國家獲得一定的資金，協助它們向低碳經濟的方向發展。但若從實質減排的角度來看，這個機制是完全幫不了忙。

最後要一提的是，《京都議訂書》所指的碳排放，並沒有包括國際航運和航空所引致的排放（即來自運輸燃料），而最初也沒有包括任何因砍伐林木和土地利用改變所引起的排放。到了今天，這兩者加起來幾乎佔全球總排放的 40%。顯然，任何新的替續協議，必須把這兩大環節也包括在內，才能有效地對抗全球暖化這個危機。

《巴黎協議》當然就是這樣的一份協議。它的成效如何？我們將於後文作出分析。

第 35 章

哥本哈根會議的失敗

2002 年南極洲的巨大冰架「拉森 B」猝然崩塌、2003 年歐洲熱浪奪去數萬條性命、2004 年南大西洋前所未有地出現颶風卡塔琳娜（Catarina）、2005 年超強颶風卡特里娜（Katrina）大肆蹂躪美國南部；2007 年美國前副總統戈爾（Al Gore）與聯合國 IPCC 共同獲頒諾貝爾和平獎，而戈爾攝製的紀錄片《不願面對的真相》則獲頒奧斯卡金像獎；2007 年初，IPCC 發表 AR4 後不久，著名科學家史提芬‧霍金（Stephen Hawking）聯同一班科學家把「末日鐘」（Doomsday Clock）的指針撥到最接近子夜的位置……。

這一連串的發展，令不少人猛然醒覺到全球暖化問題的嚴重性和迫切性。終於，從上世紀七十年代已開始推動的每年一度的「地球日」（Earth Day），於 2007 年發展成為有史以來規模最龐大的全球環保運動。7 月 7 日，全世界接力舉行了一個「地球拉闊音樂會」（Earth Live Concert），多位國際級的歌星在世界主要大城市的大型音樂會上引吭高歌（在中國上海的是莎拉‧布萊曼，Sarah Brightman），以引發全世界對這個問題的關注。

同年 12 月，聯合國氣候變化框架公約之下的第 13 屆「相關者會議」（13th Conference of the Parties，簡稱 COP 13）在印尼峇里召開，主要目的是為兩年後於丹麥哥本哈根召開的 COP 15 作好準備。而哥

本哈根氣候會議的目的，不用說是為了制訂《京都議訂書》於 2012
年屆滿後所需的替續協議。

◎　對抗全球暖化的「四大支柱」

美國雖然不是《京都議訂書》締約國，但也有派觀察員出席是次會
議。經過近兩星期的艱苦協商後，各國終於共同發表了一份《峇里行
動綱領》（*Bali Action Plan*），認同以下列的「四大支柱」作為對抗全
球暖化的基礎：

（1）減緩（mitigation）：盡量控制二氧化碳（及 IPCC 所列出的其餘
五種溫室氣體）排放，從而盡快把大氣層中的二氧化碳含量和地球的
平均溫度穩定下來；

（2）適應（adaptation）：加強各國的抗災能力，以應付氣候變化所帶
來的各種衝擊。

（3）資金援助（funding，又稱 financing）：由發達國家向發展中國家
提供資金援助，以協助它們發展經濟和對抗氣候變化所帶來的影響；

（4）技術轉移（technology），由發達國家向發展中國家無償轉讓各
種最新的環保和清潔能源科技，使它們能盡快轉向「低碳經濟」的方
向發展。

此外，峇里氣候會議又定出了所謂「峇里路線圖」（Bali Roadmap），
為 2009 年召開的哥本哈根氣候會議及其後續發展鋪路。一時間，人
們都抱有頗大的期望，認為各國領袖也許能於哥本哈根制定出一份較

《京都議訂書》有效得多的減排協議。

不幸的是，一項世人完全意想不到的發展，將上述的樂觀形勢徹底改變，這便是峇里會議後不出一年即爆發的全球金融海嘯。當 COP 14 在 2008 年 12 月於波蘭的城市波茲南（Poznan）召開時，各國都正忙於救災而自身難保，會議的氣氛與峇里的 COP 13 已是天淵之別。

◎　與會國家各執一詞

2009 年 9 月 17 日，印度洋島國馬爾代夫的總統聯同 12 名內閣部長在水深五米的海底，召開了一次呼籲各國全力對抗全球暖化的會議，目的當然是引起世人對這個問題的關注。按照推算，如果海平面繼續上升，這個平均海拔只有 1.5 米的島國，很可能在本世紀內永遠從地球表面消失……。

2009 年 12 月 7 至 18 日，COP 15 終於在丹麥的哥本哈根召開。在美國的帶領下，討論的重點很快便集中到中國、印度、巴西、南非等快速發展的國家，是否也應該接受具約束性的減排目標（binding emission targets）之上。不用說，以美國為首的西方國家強烈要求這些新興國家也作出具體的減排承諾，而以中國為首的新興工業國集團，卻堅決反對被納入必須遵守約束性減排目標的國家行列（即《京都議訂書》的「附件一」國家）。中國的立場是，新興工業國也應盡力減排，但這些減排必須是自願的。而對於減排的進度，中國亦堅決反對美國所提出的必須由國際組織進行核實和監督的要求（即所謂 Measuring, Reporting & Verification 的 MRV 要求）。

按照西方的觀點，中國的強硬態度令國際間的協商無法進行，是令會

議無法取得成果的罪魁禍首。中國的立場則是，全球暖化這個禍基本
上乃由西方惹起，而作為世界上最富裕的國家，它們應該毫無條件地
率先帶頭減排，而不應強迫正在發展中的國家。發展中國家現時最重
要的是發展經濟，改善民生，只有當它們的經濟發展到某一個地步
時，才應被納入必須遵守約束性減排目標的國家行列。西方國家不肯
面對自己的歷史責任，卻嘗試把會議沒有進展的責任推諉到中國的身
上，是一種強詞奪理的行為。

在以往，中國的這個立場普遍被「第三世界」的發展中國家所認同。
但這次的情況卻有點特別，一方面可能受到西方國家的唆擺，一方面
也真的可能因為看到環境災難已迫在眉睫，一些較貧困落後的國家也
站出來批評中國，指出以中國為首的新興國家為了維護自身利益，不
惜阻撓會議的進展，從而把世界推向災難的深淵。一些國家更坐言起
行地組織起來，強烈呼籲中國等新興國家必須積極參與，以令會議取
得成功。兩個太平洋島國更偏離第三世界的一貫口徑，破天荒地認同
無論發達國家還是發展中國家，也應遵從具約束性的減排要求。

◎　　五國草擬閉門「宣言」

會議很快接近尾聲，談判仍然沒有取得進展。在最後兩天，各國的領
導人，包括中國總理溫家寶和美國總統奧巴馬皆先後到達。12 月 18
日，溫家寶與印度、巴西和南非的領導人〔稱為 BASIC 四國，Brazil,
Africa（South）, India, China〕進行了一趟閉門會議商討對策。奧巴
馬收到了消息，遂於國務卿希拉里（Hillary Clinton）的「開路」下，
徑自闖進會議室，坐下來參與討論。終於，主要在溫、奧二人的主
導下，五國領導人共同草擬了一份宣言。這份宣言調和了雙方的矛
盾，雖然並沒有包括任何實質的減排協議，但總算為整個會議找得了

一個較為體面的「下台階」，不至讓人覺得會議「以破裂告終」。

這份被稱為《哥本哈根倡議》（*Copenhagen Accord*）的文件，於最後的一刻被提交給大會。不少國家知道後十分憤怒，因為這種做法，儼然是一種「強權政治」，偏離了「聯合國會議中的任何決議，都必須經由會員大會充分討論才可通過」的基本原則。但這時大會主持人已經沒有選擇的餘地，經再三考慮之後，大會選用了最低層次的字眼，那便是「take note of」（可譯作「關注了」）這份文件的提交及其倡議的內容，然後即宣佈會議「圓滿結束」。

這個所謂「圓滿結束」當然逃不過有識之士的眼睛。人們戲謔地說：會議開始時是「希望哈根」（Hopenhagen），完結時卻變成了「破滅哈根」（Brokenhagen）。

那麼會議是否一事無成呢？那倒不算。由於科學家在之前的大型會議裡已羅列了最新的科學證據，強調對抗氣候災變已是刻不容緩的事情，是以在後來的大會裡，各國都認同攝氏 2 度這個不可逾越的升幅。此外，各國亦認同大地和森林保育在對抗暖化方面的重要性，並確認了由聯合國倡議的、可以透過育林換取資金的「減低伐林及森林破壞導致的碳排放」（Reducing Emissions from Deforestation and Forest Degradation，REDD）國際計劃。在交通運輸方面，各國亦同意應該加大科研力度，盡快開發「低碳運輸」。

在資金援助方面，經歷一番討價還價之後，西方國家終於承諾在未來三年，每年向發展中國家提供 300 億美元的援助，金額日後還會漸次遞增，以於 2020 年之時達到每年 1,000 億之數。但在資金的確實來源方面，這個承諾卻是語焉不詳，只謂將會「包括政府和私人的來

源⋯⋯」云云。事後證明，這些都成為了「空頭支票」。

◎　沒有約束性的「承諾」

至於在最重要的實質減排方面，會議可說是「交了白卷」。按照《哥本哈根倡議》，各國只是被要求在 2010 年 2 月之前向大會提交各自的減排方案。這些方案最後是提交了，但其中不少都設有前提，即是承諾中的減排是否會落實，端視乎其他國家是否也會銳意減排而定，這就活像小孩子玩泥沙般兒戲，實在可嘆復可悲。

其中的一些「承諾」如下：

（1）美國：至 2020 年時將排放量由 2005 年的水平減少 17%；至 2030 年減少達 42%；而到 2050 年則減少達 83%。

（2）歐盟：至 2020 年時將排放量由 1990 年的水平減少 20%；而假設其他國家也致力減排，至 2030 年再將排放減少達 30%。

（3）俄羅斯：至 2020 年時將排放量由 1990 的水平減少 20 至 25%，但大前提是國際間已達至強力減排的協議。

（4）日本：至 2020 年時將排放量由 1990 年的水平減少 25%。

（5）中國：至 2020 年時將「排放強度」（emission intensity）——又稱「碳強度」（carbon intensity），即每單位 GDP 增長所導致的碳排放——由 2005 年的水平減少 40 至 45%。

（6）印度：至 2020 年時將「排放強度」由 2005 年的水平減少 20 至 25%。

（7）巴西：至 2020 年時將排放量由預計中的 2020 年水平（即假設「一切如舊」的排放水平）減少 38 至 42%。

留意上述的減排承諾都採用了稍為不同的「基準年份」（baseline year）。背後的原因會於 39 章之中詳加解釋。

必須重申的是，上述的承諾都是沒有任何約束性的。世界各國能否共同制定一份有約束性的國際協議，眾人都把希望寄託於一年後在墨西哥召開的「坎昆氣候會議」。

註

其實各國領袖都知道問題是多麼嚴峻，例如美國總統奧巴馬於 2011 年 1 月 26 日發展的國情諮文當中，便提出到了 2035 年，全國八成的發電量必須來自清潔能源這個目標，較美國在國際上所作的承諾進取得多。但目標歸目標，現實政治的巨大阻力是身為總統的奧巴馬也無法克服的。有興趣的讀者可參閱《維基百科》中「American Clean Energy and Security Act」這一條目。

第 36 章

巴黎峰會向人類發出的警告

上文提到在 2009 年的哥本哈根會議之後，人們將希望寄託於翌年在墨西哥坎昆召開的 COP16。然而，這個會議一如所料沒有帶來任何驚喜。而繼後的 COP17（南非的德班）、COP18（卡塔爾的多哈）、COP19（波蘭的華沙）和 COP20（秘魯的利馬），也同樣沒有取得什麼實質的進展。

到了 2015 年，COP21 在法國巴黎召開。自 2009 至 2015 這六年間，全球暖化當然沒有停下來。就以 2015 年為例，只是在 5 月的初夏期間，印度一趟特大的熱浪已奪去了超過 2,500 人的性命，多處地方錄得超過攝氏 45 度的高溫。翌月，在另一熱浪襲擊下，巴基斯坦則死了近 1,100 人。同一時期，歐洲也受到熱浪襲擊，倫敦和巴黎分別錄得前所未聞的 36.7 和 39.7 度的異常高溫。8 月份，中東一些地方錄得 50 度的超高溫。大自然的警號已經不停地作響。

◎　全球氣候大遊行

從一開始，人們便對「巴黎氣候峰會」抱以厚望。全球的環保團體都奮力行動起來，務求以大規模的公民行動，喚起全球關注並向與會者施加壓力，以令會議取得成功。其中最重要的一項行動，是由 350.org 和 Avaaz 這兩個團體所發起，並由無數其他環保組織所支持的

「全球氣候大遊行」（Global Climate March）。

這個遊行於會議前夕，即 2015 年 11 月 29 日舉行，按照估算，在全球 175 個國家有合共近 60 萬人參與。其中最大的遊行在墨爾本，有近 60,000 人、次之是倫敦，有近 50,000 人。在香港，筆者為了組織這次遊行，成立了「350 香港」這個團體，並向警方申請了「不反對通知書」。當日，我們邀請了時任法國駐港總領事以及立法會主席主持開步禮，出席的還有多名立法會議員、環保界領袖、資深傳媒人、演藝人，以及前天文台台長、前科學館館長等。我們與 600 多名參與的市民從中環天星碼頭出發，步行約半個小時至灣仔會議展覽中心對開的金紫荊廣場。雖然參加的總人數不算很多，但就香港第一次以對抗氣候變化為主題的遊行來說，已可算創造了歷史。我們還為這次遊行創作了眾多標語和口號，其中一句是：「巴黎峰會存亡一戰，勿將子女推向深淵」。

在巴黎，大規模公民行動的策劃亦早已如火如荼。其中一項最矚目的，是在艾菲爾鐵塔之上安裝展示燈箱，並在會議期間不斷展示「1.5 degrees」、「100% renewable」、「Action Now」、「No Plan B」等字樣（這應已事先獲得當局批准）。另外一項則是在艾菲爾鐵塔對開的一個廣場上，找來數百人組成了一個龐大得只能在空中才看得清楚的和平符號，以及「100% Renewable」的字樣。

不用說，最大的一項活動當然是 11 月 29 日的「全球氣候大遊行」。雲集於巴黎的全球各地環保人士皆摩拳擦掌，準備以一趟空前龐大的遊行以喚起全球的關注。可惜人算不如天算，11 月 13 日，巴黎發生了一連串嚴重的恐怖襲擊，做成了 130 人死亡和 400 多人受傷。警方害怕大遊行期間會再有恐怖襲擊，最後決定將遊行取消。這項決定

對一眾環保團體無疑是極其沉重的打擊。在多番抗議無效之後，他們惟有採取一個無聲的示威方法，便是集齊 10,000 對鞋子，把它們散佈在「共和廣場」和附近的地方，以代表無法遊行示威的人們。

會議終於在 11 月 30 日星期一召開。但原定於兩星期後（即 12 月 11 日星期五）結束的會議，因為各國間的商議艱巨耗時，最後延長到 12 日星期六下午才完結。當大會主席宣佈會議取得成功並圓滿結束的一刻，台上的主持人包括主席、聯合國秘書長和法國總統，以及台下數百名與會者都相互擁抱，喜極而泣！

◎　　無法律約束力的《巴黎協議》

大會既然圓滿結束，那是否表示我們已經制定了強而有力的國際減排方案，令人類可以免於全球暖化帶來的氣候環境災劫？答案不幸是否定的。讓我們看看真相是怎麼一回事。

原來巴黎氣候會議之所以宣稱圓滿結束，是因為它從一開始便放棄了 18 年前《京都協議》中所追求的「具約束性的國際減排目標」。取而代之的，是沒有約束性的「國家自願減排承諾」（最先稱 Intended Nationally Determined Contributions，會議後則把 Intended 一字刪去並簡稱 NDCs）。而最後得出的《巴黎協議》，只是記錄了各國所提交的「自願減排承諾」罷了。

很明顯，大會是鑑於哥本哈根會議的失敗而作出改變的。但從有效對抗危機的角度看，這比起《京都協議》無疑是一大退步。也就是說，在 2012 年屆滿的《京都協議》，其繼承者只是一份沒有約束性減排目標的「君子協議」而已。

大會的另一項「成就」，是白紙黑字的將「應當盡力將全球的平均升溫自工業革命前期起計限制於攝氏 2 度之內，更好是限制在 1.5 度之內」寫進協議之中。大家也許還記得，攝氏 2 度這個危險警戒線早於 2009 年的哥本哈根會議中便已被提出及被確認，但當時並沒有寫進《哥本哈根協議》之內。這次不但清晰地闡明，而且更列出了更為嚴格（即更安全）的 1.5 度目標，可算是一項進步。

還有一項「成就」是在資金援助方面。幾經商議之後，發達國家承諾從 2020 年開始，會向發展中國家提供每年 1,000 億美元的資金援助，並至少維持至 2025 年。

沒有任何法律約束力這一點固然為人詬病，但最大的問題還不在於此。在所有主要排放國都提交了「自願減排承諾」之後，科學家很快便推算出，即使所有這些承諾都得以貫徹，全球的升溫仍會超逾攝氏 3 度，亦即較大會列出的警戒線高出 1 度多，較更安全的警戒線更是高逾一倍。

更少人知道的一點是，《巴黎協議》的生效日期是簽署五年後即 2020 年，而第一次的全面檢討是再過五年後的 2025 年。在氣候變化（包括冰川融化和海平面上升）一刻都不停步的形勢下，這樣緩慢的執行步伐實在令人難以接受。

更重大的挫折還在後頭。2017 年 1 月，特朗普出任美國總統。他於 6 月宣佈美國將會退出《巴黎協議》，理由是它「貶損了美國的主權和為美國帶來不公平的經濟負擔」。同年 8 月 4 日，美國正式去函聯合國通知退出的決定。不過，按照《協議》的設計，這個決定要到 2019 年 11 月 4 日之後才正式生效。在筆者修訂本書的 2019 年頭，

美國仍是協議的締約國之一。

作為世界上第二大的排放國（2008 年之前的大半個世紀則是第一大），美國的退出對全球對抗暖化事業無疑是巨大的打擊。可幸的是，這沒有從根本上動搖其他國家對抗危機的決心。中國、歐盟和多個主要排放國，都重申她們對《巴黎協議》的支持。

巴黎會議之後的 COP22 和 COP23，先後於摩洛哥的馬拉喀什和德國的波恩召開。其間熱浪、山火、超強颱風等繼續在世界各地肆虐。2016 年的加拿大山火燒了兩個月才受到控制，2,400 間房屋被焚毀；2018 年 7、8 月，美國加州發生了史無前例的超級山林大火，整個天堂鎮（Paradise）付諸一炬。

2018 年 12 月，COP24 在波蘭的卡托維治召開。但鑑於氣候變化的形勢已經十分嚴峻，IPCC 提早於 10 月在南韓的仁川召開了一個特別會議，結論是，《巴黎協議》中所定立的第一道警戒線（攝氏 2 度）實在太危險了，要阻止巨大環境災難的發生，把升溫限制於 1.5 度才是我們必須努力的目標。特別報告詳細地列出了超逾 1.5 度和 2 度的巨大分別，其中包括全球珊瑚的死亡率由 70 至 90% 上升至超過 99%、全球漁獲的下跌會由 150 萬噸增加一倍至 300 萬噸等。

報告復指出，按照現今的排放趨勢，1.5 度這一界限最快將於 2030 年便會被逾越。要阻止這一情況出現，我們到了 2030 年時，必須將總排放量按 2010 年的排放水平計減少 46%，而到了 2050 年，更必須減至接近零的地步。要達至這個目標，全球的可再生能源增長，在 2020 至 2050 年間，每年必須在 5% 或以上。

報告的執筆者當然知道這是一個非常高的要求。他們在報告中指
出，要把升溫限制在 1.5 度之內，我們在土地、能源、工業、交通
和城市等各方面都必須作出「迅速和廣泛的改變」（rapid and far-
reaching transitions）。其中一個作者說：「把升溫限制在 1.5 度之
內在化學和物理的層面是有可能的，但就需要史無前例的轉變。」
（Limiting warming to 1.5C is possible within the laws of chemistry
and physics, but doing so would require unprecedented changes.）雖
然他沒有明言，但大家都知道他所指的，是經濟、社會和政治運作甚
至制度上的轉變。

圖 36.1 把升溫限制在攝氏 1.5 至 2 度之內的方法

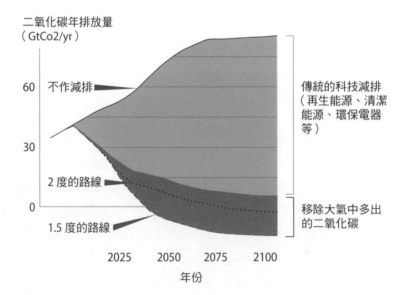

可以這麼說，天生傾向審慎的科學家在這個問題上已經豁了出去，其餘的就只有靠我們的政治領袖了。結果嗎？結果是一個多月後COP24 在卡托維治召開，會期雖然像巴黎會議一樣在兩個星期之上再延長了一天，但會議結果仍是令人失望的。即使有了「仁川報告」的警告在前，各國亦沒有提高她們在《巴黎協議》中所應允的「自願減排承諾」。

COP24 過後，世界仍然朝著懸崖的邊沿高速前進。

第 37 章

囚犯兩難、公地悲劇與列強對賭

人類號稱「萬物之靈」，既擁有高尚的情操，亦擁有高等的思維能力，理應可以同心協力，解決任何重大的挑戰。然而，問題正出在「同心協力」這一點之上。無論從歷史的啟示還是從科學家的研究所得，我們都可以看到，「理性的人類」在出現利益衝突時，是可以做出如何有違理性的行為。

歷史上的悲劇俯拾即是，毋須筆者在此細述。但科學家的研究顯示，個體自以為理性的行為，在相互交往時卻可能導致有違理性的結果，卻是甚有啟發性，值得我們較深入的了解一下。

◎　從博弈論看國際談判

從基本原則出發，研究人類在利益上的競爭和合作的一門學問稱為「博弈論」（game theory），當中的一個最有名的範例則是「囚犯兩難推論」（Prisoners' Dilemma）。

假設兩個罪犯一起犯了一樁大案，不久兩人皆被捕獲，但警方沒有足夠證據將兩人入罪。如今兩人被分開審訊，他們無法知道另一人會怎麼說，而只是知道：

（1）如果兩人都矢口否認，則警方只能以他們以前所犯的一些小案入罪，每人因此會被輕判。我們把這種情況稱為「合作」。

（2）如果一方出賣對方，謂自己只是受到威迫而犯罪，則作為「污點證人」的他會被判無罪，而另一人則會被重判。

（3）如果兩人同時出賣對方，則警方難以判斷孰是孰非，而只能兩人都同樣判刑，但刑期會介乎（1）和（2）之間。

如今的問題是，如果你是其中一個罪犯，你會作出怎樣的選擇呢？

你會這樣推斷：如果你選擇合作，兩人皆只會輕判。但如果對方合作而你出賣他，你可獲無罪釋放。相反，如果你選擇合作而對方出賣你，你會被重判而他則逍遙法外。推論下來，你為求自保只有一個選擇，那便是出賣對方！

當然，對方也會作出同樣的推論而選擇把你出賣。結果是出現上述第三種情況，即兩人皆被判刑。

但從上述三種情況的分析得知，對兩人最有利的選擇其實是（1），亦即兩人皆不出賣對方而矢口否認。從這個例子可以看出，在無法確定對方會如何選擇的情況下，按個人層面分析的最理性——亦即最佳（optimal）——選擇，得出的結果卻往往不是最好的（甚至是兩敗俱傷）。由此看來，人與人之間的信任不單是一種抽象的美德，而且是達至「雙贏」這一最佳結果的先決條件。

「囚犯兩難」固然是個虛構的故事，但類似的情況在現實世界裡比比

皆是。在不少國際談判中，缺乏互信正是難以達成協議——即使這個協議對雙方都會有利——的最大障礙。

◎　公地悲劇氣候版

如果你對這種情況感到唏噓，那麼有關「公地悲劇」（tragedy of the commons）的分析將更會令你搖首嘆息。這種悲劇在人類歷史上當然存在已久，但這個名稱，則是由一個名叫加勒特‧哈丁（Garrett Hardin）的學者於 1968 年所創。

哈丁的命名是借用了歷史上的真實案例。原來在英國還未高度工業化的年代，不少人仍然以牧牛和牧羊為生，而放牧的草地之中，有不少並非屬於某一個農莊，而是由大家所共用的。鄉郊裡的這些地被稱為「公地」（commons）。

既然是共用，有些人自會想到，如果我多養一些牛羊並把牠們帶到公地放牧，那不是不用花費飼料便可增加收入嗎？問題當然是，每一個人都會作出同樣的推論，結果是公地上的牲口數目不斷上升，草地因過度放牧而不勝負荷，最後草地枯竭，牛羊大批死亡，農民的生計受到嚴重的打擊。

這便是我們常說的「自私的代價」：如果每個人都只顧自身的利益而置大眾的利益於不顧，到頭來不單損害了大眾，就連自己的利益也會受到損害。

可悲的是，這個連小學生也明白的道理，直至今天仍然受到世人漠視，不同形式的公地悲劇仍在不斷上演。其中最明顯的一個例子是全

球漁業的發展。由於公海不受任何國家管轄,是以每個國家都會盡量在公海捕捉最多的魚。數據顯示,自第二次世界大戰至今,全球漁穫升了四倍有多,但在過去十多二十年,即使捕魚科技和規模不斷提升,總體漁穫卻不升反跌,捕獲魚類的體型亦愈來愈小。為什麼會這樣?因為極度的濫捕已經令我們到了殺雞取卵的地步。

但最嚴重的公地悲劇,當然是二氧化碳排放所導致的全球暖化危機:整個地球的大氣層就是一片「公地」,也就是說,即使我肯作出犧牲大力減排,如果其他國家繼續不斷排放的話,全球暖化仍是會發生,那麼我為什麼要這麼傻呢?(這當然亦是博弈論中著名的「免費享用者問題」,free-rider problem。)

事實上,在全球化的巨浪底下,世界上的大國正進行著一場史無前例的經濟競賽。這場競賽的成敗,既與發展國民經濟、改善人民生活(從而鞏固國內政權)有關,亦與民族主義推動下的、為了爭取更高的國際地位、更大的國際影響力和話語權,甚至能否當上「世界盟主」從而主宰世界事務的終極目標有關。

在這樣的大形勢之下,要各國同心協力減排,其難度之高可以想見。

你也許會問:各國領袖難道不知道形勢凶險嗎?在筆者看來,他們是完全知道的。但所謂「人在江湖、身不由己」,他們最終也只能像「囚犯兩難」之中的囚犯,作出不是最佳的選擇。

難怪一些論者滿懷唏噓的指出:要世界各國團結起來抵禦外星人的侵略,遠較把他們團結起來對抗全球暖化容易得多!

◎　世界列強正參與「膽小鬼」遊戲

上世紀中葉，高速公路開始遍佈全美國。在幾乎一望無際的筆直公路上飛馳，是一件頗為苦悶的事情，一些喜愛刺激的人於是發明了一種叫「膽小鬼」（chicken）的遊戲，那便是當發覺遠方有汽車迎頭而來時，會將車子駛到公路中央擋著對方，對方如果願意奉陪，也會把車駛到路中央。當然，如果雙方各不相讓，堅持到底，兩車就會迎頭相撞，車毀人亡。遊戲的重點，在於哪一方膽子不夠先把車子駛開，而能夠堅持到底的那一方便算贏了。

今天世界列強所玩的，不是一個類似的遊戲嗎？

不錯，今天的世界便有如一個巨大的「話事啤」（showhand）賭局，一群人在一所大宅的客廳中對賭，而賭注是這所大宅的擁有權。這時有人發現大宅的廚房發生了小火，並呼籲各人盡快去救火，但賭桌上的人沒有一個願意離開。他們都這樣想，我一旦離開便會輸掉而變得一無所有。不錯，火災是一件危險的事，但只要我再堅持一會贏了，那時再全力去救火也不遲……。

各位人類的同胞，我們是否應該讓我們的領導人繼續賭下去呢？

第 **38** 章

從「氣候公義」到「全球公義運動」

在上一章，我們透過博弈論的基本原理，從邏輯上分析了問題為何這麼難以解決。正是基於這種分析，有人把全球暖化問題稱為「邪惡的難題」（a wicked problem）。但如何共同對抗全球暖化，絕不只是一個當下利益得失的邏輯問題，因為它牽涉不少淵源深遠的歷史因素，以及由這些因素所引致的現況衝突。

◎　西方國家的「新殖民主義」

人類歷史一個最基本的事實是，在過去五六千年的文明當中，最近這 500 年左右的歷史，可以用一個主題來概括：西方的擴張與宰制（Western expansion and domination）。具體的表現，是人口不到全球 10% 的西方人透過堅船利炮，對世界其他民族進行劫掠、迫害和殖民統治。其中最醜陋的，莫過於施諸非洲人民身上的奴隸貿易和奴隸制度。

不錯，奴隸制度在十九世紀下半葉被廢除了，而自第二次世界大戰之後，西方各國遍佈全球的殖民地亦紛紛獨立，但這並不表示上述的「西方宰制」已然消失。事實上，列強在殖民地時代對各國經濟所造成的嚴重破壞和扭曲，仍然令這些新興國家的經濟發展舉步維艱。尤有甚者，透過對全球金融體系的操控和各種不平等的貿易關係，西方仍然控制著全球的經濟命脈，舊有的殖民統治只是被一種較為間接的

「新殖民主義」（Neo-colonialism）所取代罷了。所有這些，在非西方人眼中都是昭然若揭的基本事實，但在西方的普羅大眾之中，這都是他們視野中的盲點。不少人甚至認為，殖民侵略已是歷史陳跡，而西方的擴張最終把「文明的洗禮」帶給世界各族人民，是推動人類文明前進的功臣。

筆者並不否認西方文明的確包含著不少進步的成份（例如人權、自由、法制、民主等觀念和制度建設）。至於它對世界文明的影響是「功大於過」還是「過大於功」，我想還是留待歷史學家再作討論。但就全球暖化、氣候變遷這個危機而言，我們關心的只是一個很簡單的問題：現時地球大氣層中增加的二氧化碳，主要是由西方國家（除了歐洲和美國外，我們還應該包括早於十九世紀便全速進行工業化的日本）排放進去的，還是由非西方國家排放進去的？

答案十分明確，當然是由西方國家排放的，而這亦正是《京都議訂書》中有關「共同但有區別的責任」這一原則的理念基礎。根據這一原則，只有《京都議訂書》「附件一」裡的國家才需要遵守具有約束性的減排目標，而沒被列入的發展中國家則毋須遵從。

眾所周知，最強烈反對這一原則的國家是美國。

◎　　美國霸權打擊對抗暖化事業

稍為熟知近代史的人都清楚，過去 70 多年來，西方主宰的最高表現是「美國主宰」（American domination）。第二次世界大戰時，美國最初雖然獨善其身，但經珍珠港一役後，確是奮然擔當起領袖的地位，帶領各國對抗納粹德國、意大利法西斯主義和日本軍國主義的威脅，

圖 38.1 1880 至 2010 年累計二氧化碳當量排放

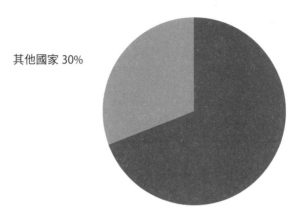

其他國家 30%

「附件一」國家
70%

最後得到勝利，當之無愧地登上了「世界盟主」的地位。可惜的是，
在帝國主義的影響下（或說在「帝國邏輯」的引導下），這個「盟
主」很快便淪為一個「霸權」。而布殊執政期間所奉行的「單邊主義」
（unilateralism）──即美國在國際事務上完全不理會其他國家（包括
其盟國）的看法而獨行其事──則更是把美國霸權主義（American
hegemony）推向高峰。作為世界最大排放國的領袖，他於 2003 年 3
月宣佈退出《京都議訂書》，是對人類對抗全球暖化事業的一項沉重
的打擊。

但布殊所持的理由是什麼呢？他所持的理由是：就二氧化碳排放的增
長速率而言，中國和印度皆高於美國，居於世界首位，但她們卻毋須
遵守任何排放限制，因此《京都議訂書》是一條不公平的條約。

到了今天，另一個更強的「理據」，是中國的總排放量已於 2008 年超
越了美國，成為世界第一排放國。不少人認為，民主黨的奧巴馬比起

布殊是一個遠為開明和進步的總統，但事實卻是，美國的基本立場從來沒有改變。2017 年，共和黨從民主黨手中重奪總統寶座，而受到權貴階層力撐的特朗普更提出「美國優先」（America first）、「令美國再次偉大起來」（Make America great again）等煽動性的民族主義口號，並正式宣佈退出《巴黎協議》。美國的做法，已經超出了人類道德的底線。

讓我們較深入地看清楚美國是如何的不負責任。回顧本書第一部分談到的「存量」與「流量」的分別，我們便應知道今天的全球暖化威脅，其來源是二氧化碳在大氣中存量的增加，而這主要是由西方國家在過去 200 年所引起的。有計算顯示，直至 2000 年為止，大氣層裡額外增加的二氧化碳之中，足有 28% 乃由美國排放的（不要忘記美國的人口不到全球的 5%）。如今她把世人的注意力集中於流量最大的中國身上，乃是一種混淆視聽的做法。

◎　東西方國家對減排起點存分歧

中國和印度等發展中國家的基本立場是，以美國為首的西方富裕國家必須無條件地帶頭大力減排。其主要理據如下：

（1）歷史責任問題：即我們一直以來所指出的，現時大氣層多出了的二氧化碳「主要乃由西方國家所放進去」的這個事實。

（2）個人責任問題：即使我們把注意力從存量轉到流量之上，今天富裕國家中的人均排放量（emission per capita）仍然較發展中國家高出很多。圖 38.3 是一些主要國家的有關數據，可以看出，美國的人均排放量，平均較中國高出近兩倍多（2000 年之時是四倍多），較印度更高近十倍。從這個角度看，西方人帶頭減排是責無旁貸和刻不容緩的。

圖 38.2 世界各國累計溫室氣體排放量

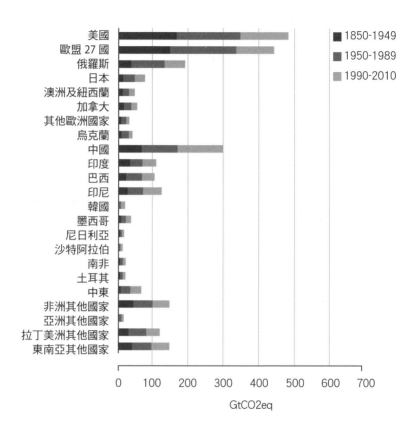

（3）能力問題：無論從社會的富裕程度還是科技水平來看，西方國家都較發展中國家高出很多。也就是說，她們是最有能力進行減排的一群。相反，發展中國家既資源不足，亦缺乏有關的科技，要她們大力減排，無疑扼殺她們發展經濟、改善民生的機會，既不合情亦不合理。

就上述的第一點而言，一個有關的爭議，是我們為減排目標制定出一個參考性的基準水平（baseline level）之時，究竟應該好像《京都議

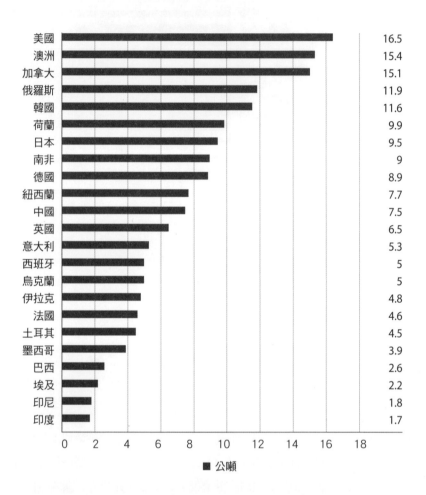

圖 38.3　2014 年主要國家人均二氧化碳排放
　　　　（只計算化石燃料和水泥製造）

美國	16.5
澳洲	15.4
加拿大	15.1
俄羅斯	11.9
韓國	11.6
荷蘭	9.9
日本	9.5
南非	9
德國	8.9
紐西蘭	7.7
中國	7.5
英國	6.5
意大利	5.3
西班牙	5
烏克蘭	5
伊拉克	4.8
法國	4.6
土耳其	4.5
墨西哥	3.9
巴西	2.6
埃及	2.2
印尼	1.8
印度	1.7

■ 公噸

訂書》般採用 1990 年的排放水平，或是今天西方國家所傾向採用的
2005 年水平？還是好像一些發展中國家所提出，應該以 1850 年的水
平來計算出西方國家所應負的歷史責任？（回顧〈哥本哈根氣候會議的
失敗〉一章中所列出的各國減排承諾，我們看到不同的國家確實採取

了不同的基準年份。）

按照發展中國家的觀點，化石燃料的使用在十九世紀下半葉開始急速上升，是以選擇 1850 年作為基準年是合理的。

但一些論者則認為，所謂「不知者不罪」，世人在上世紀八十時代之前，確實對這個威脅缺乏認識。但自從科學家詹姆士‧漢森於 1981 年發表論文，以及 1988 年在美國國會作證之後，西方各國已充分了解到問題的嚴重性，可是她們卻沒有採取相應的減排措施。從這個角度看，把基準水平定於 1990 年是完全合情合理的，而這也是《京都議訂書》所選取的年份。

西方的理據卻是，《京都議訂書》中的約束性減排目標於 2005 年才開始生效，要說西方國家減排不力，也應該由這一年頭計起。

這似乎只是一個學術性的爭議，事實卻大大不然。要知 1990 至 2005 年間，正是中國和印度經濟起飛的時期，如果把基準定為 2005 年，西方所負的排放責任自會相對減少。就以美國為例，1990 年時，人口不到世界 5% 的美國佔了全球每年總排放量的 25% 以上。但到了 2005 年，由於中國、印度和其他新興工業國的排放上升，這個份額已降至 23% 左右。而到了 2018 年，更降至 15% 以下。不用說，隨著時間的推移，這個份額只會繼續下降。這對談判桌上的西方國家只會更為有利。

除了上述的爭議外，以中國為首的一些國家更提出了一個重要的觀點，那便是如果某國的排放一大部分來自製造業，但所製造的物品主要是出口到別的國家，那麼這些排放應該被算到生產國的身上，還是算到消費國的身上呢？不用說，這種情況在被稱為「世界工廠」的中

國身上最為突出。過去數十年來，西方的跨國企業紛紛來到中國設廠，或是透過外判的方式把生產線移到中國。不錯，中國在這個過程中獲得了一定的利益，但計算下來，在每一美元的利潤中，中國獲得的往往不足一毛錢，其餘的都進了跨國企業的口袋。（最突出的例子是蘋果電腦公司的產品，美國大型連鎖店「沃爾瑪」裡琳琅滿目的超廉價商品也是例子。）一方面，這是一種「你情我願」的互惠安排，沒有什麼值得投訴；但在另一方面，把有關的二氧化碳排放都算到中國身上又是否合理呢？畢竟這些排放都是為了西方人（特別是美國人）的消費而製造出來的呀。

無論在哥本哈根還是巴黎，上述的觀點都甚具爭議性。不用說，美國無論如何也不會同意把這些排放算到自己頭上。因為如此一來，無論是總排放量還是人均排放量，美國的數字都會較原先計算的更高，從而復歸全球最大的排放國。

◎ 爭取氣候公義的鬥爭

至今大家可以看出，對抗全球暖化不但牽涉博弈論分析，還牽涉到複雜的歷史和公義問題。這正是「氣候公義」（climate justice）這個概念背後的深層含義。其中最尖銳的一個觀點是，按照科學家的推斷，世界上一些最貧困、最落後的熱帶地區國家（特別是一些沿海國家或島國），在氣候變化中所受的打擊將會最為嚴重，但她們所應負的歷史責任卻是最小。這是人類史上最有違公義的一場悲劇。

曾經有人打過這樣一個比喻：如今西方人的立場，便有如一大群有錢人上館子大吃大喝了一頓，而接近完結時則來了一班窮親戚。這群有錢人於是請他們坐下來一起吃甜品，但在結賬時卻要求所有人都平均

分擔這趟盛宴的費用一樣。一些發展中國家甚至認為，全球暖化根本是個騙局，是西方國家藉以阻止她們崛起的一個陰謀！（諷刺的是，西方一些右派的「氣候否定者」則認為，全球暖化這個騙局，是貧國為了向富國「討錢」而炮製出來的陰謀！）

撇開上述互相指摘的陰謀論，不少有識之士都指出，發達國家為了對抗全球暖化而作出的資金援助，實在並非「援助」更非「施捨」，而是一種道德上和法律上必須作出的「賠償」。老實說，無論數額有多大，這些賠償也不足以彌補氣候變化帶來的重大損失。試想想，高山冰雪融化令尼泊爾的旅遊業備受打擊，海平面上升令孟加拉沿海的無數村莊要被放棄、大氣環流改變令非洲多國出現致命的大旱……。試問多少賠償才能彌補受害者的痛苦以及人命的損失？

然而，在哥本哈根的氣候會議上，美國代表卻高調地宣稱，美國拒絕承認對世界其他國家欠有任何「氣候債務」（climate debt）。就像 2008年金融海嘯一樣，美國不但以她的債務拖累了整個世界，而且事後完全不肯承認責任。美國於 2017 年宣佈退出《巴黎協議》，受到全世界譴責，但她仍是我行為素，唯我獨尊。

事實上，回顧上文揭示的有關新、舊殖民主義對世界各民族所持續帶來的禍害，不少有識之士指出，反殖民主義的鬥爭其實並未完結。我們現時必須推進的，是一場爭取全球公義的浩大而持久的鬥爭。而氣候公義的爭取，乃是這場「全球公義運動」（global justice movement）中的一個核心組成部分。（這場抗爭的一個關鍵是擺脫美元霸權的宰制，但這是足以引發第三次世界大戰的議題，已經遠遠超出全書能夠涵蓋的範圍……）

第 **39** 章

環繞著減排方案的爭議

看過之前多篇分析，相信各位已充分明白，全球暖化不是一個單純的科學問題，也不僅僅是環保甚至經濟的問題，而是一個錯綜複雜的政治問題。

科學關乎真理，政治關乎權力，是以解決政治問題的難度，一般較解決科學問題的還要高。但難度高不表示不可以解決，關鍵在於我們的決心與毅力，上世紀六十年代的「古巴飛彈危機」（一個近乎「囚犯兩難窘境」的難題）是一個好例子。而與我們關係更密切的，是上世紀七十年代初，中國和美國從長期的敵對狀態，轉為和解從而建立邦交。這些都是政治問題得以和平解決的例子。

解決政治問題當然要有「政治解決方案」。在對抗全球暖化的道路上，在「共同但有區別的責任」的大前提下，要求各國致力減排固然是《京都議訂書》的明確目標，但如何能夠達到這個目標，還需要我們提出一些更為具體的、能夠為各國所接受的減排方案。

◎ 國內與國際減排方案

留意我們一般所提及的減排方案，實可分為「國內」和「國際」兩大類別。當然，這兩類方案之間存在著非常密切的關係，但在未了解這

種關係之前，讓我們先為兩者作出區分。首先看看在一個國家內可以採取的減排方案。

一個政府若想降低甚至杜絕某種物品的流通和使用，最直接的方法當然是立例禁止，就好像如今世界各國禁毒，或是上世紀三十年代美國禁酒一樣。在環保的歷史上，對殺蟲藥 DDT 和破壞臭氧層的 CFCs 的禁制，都是很好的例子。

但在另一方面，政府也可以採取「寓禁於徵」的方法，對有關的物品徵收重稅，以冀減低人們對它的使用。最明顯的例子，是現今不少國家對香煙、烈酒和汽車等物品所徵收的入口稅。

不幸的是，上述兩種方法都難以簡單地應用到化石燃料身上。理由是「能源」是現代文明的最重要基石，而過去 200 年來，人類對化石燃料的依賴實在太大了。有人作過比喻，就是化石燃料之於人類，便有如毒品之於癮君子。我們即使明知毒品對健康有害，卻也無法把它戒掉。直接地說，如果我們今天便禁止任何化石燃料的使用，整個現代文明將會隨之崩潰。

◎　碳稅未能實施的原因

那麼用「寓禁於徵」的方法又如何呢？正是按照這一思路，不少學者都提出了徵收「碳稅」（carbon tax）的建議。但遺憾的是，這個意念被提出了超過 20 年，至今仍只是紙上談兵。究其原因，主要有下列數點：

（1）由於任何消費都幾乎涉及能源，徵收碳稅差不多等於對所有物品徵稅，亦等於全民加稅。要知人民歷來最抗拒的事物正是加稅，而

在奉行「小政府、大市場」的西方資本主義國家（最突出的當然是美國），提出加稅的領導人無疑是進行「政治自殺」，所以迄今沒有一個國家領袖敢於正式提出這個主張。（而在美國，即使總統有這樣的勇氣和魄力提出建議，議案也不可能獲得國會通過。）

（2）徵收碳稅會加重所有經濟活動（特別是工業生產）的營運成本。如果我們只著眼於一個國家，成本的上漲既由所有國民來承擔，大家願意為環保共同犧牲一點也就罷了。但如果我們著眼於整個世界，假設只有「我」這個國家徵收碳稅而其他國家沒有這樣做，則只有我的製品成本上升，豈不會大大削弱我的國際競爭力？我為什麼要做這種損害國家根本利益的傻事呢？（這當然便是之前介紹過的「公地悲劇」現代版。）

（3）由於碳稅涵蓋幾乎所有消費品，性質上與各國數十年來相繼開徵的消費稅無異。而消費稅最為人詬病的一點，是它的「非累進」（non-progressive）性質，也就是說，它沒有包含好像入息稅般「收入愈高，稅率應該愈高」的基本原則。更直接地說，不少人憂慮碳稅會大大加重社會低下階層的生活負擔。當然，政府可以提升社會福利以幫助這些人，但問題是，在「新自由主義經濟」（neoliberalist ideology）的影響下，西方各國（特別是美國）都已摒棄了「福利主義」（welfarism），任何這類「財富再分配」（re-distribution of wealth）的主張都會被批評為「離經叛道」、「走回頭路」甚至「滑向共產主義的泥沼」而被強烈拒斥。

至此各位可以看出，1997 年的京都氣候會議為何沒有提出碳稅的主張，而反為引入「共同執行」、「清潔發展機制」和「排放貿易」等遠為複雜的「彈性機制」。

2005 至 2018 年，適用於富裕國家之間的共同執行大致上已被更為靈活的排放貿易所取代。至於適用於富裕國與發展中國家的清潔發展機制，其發展不可謂不蓬勃，迄今被審批的計劃已接近 3,000 個之多。但問題是，這個機制的減排實效已受到多方面的質疑，因為不少報稱的「預期減排」都被發現有誇大甚至造假的成份。（其中最著名的，是一種叫 HFC-23 的化合物的減排計劃。）而即使報稱的減排屬實，這種「你減我加」的「富人用錢來買排放」的安排，最多只能達至對排放增長的減慢，而非我們必須盡快達至的絕對排放量的下降。

◎　碳貿易的配額公開競投機制

正因這樣，在碳稅以外最受到廣泛討論的一個減排方案是排放貿易，往往亦稱為「碳貿易」。

如前文所述，這個方案在《京都議訂書》中最先稱為「排放貿易方案」，但人們很快指出，單靠貿易不會達到減排效果，最重要的，還是背後有一個排放總量的限制，或是一個「排放配額」（一般稱為「碳額度」）的制度。基於這樣的考慮，歐盟實施的這個制度很快便被稱為「封頂與貿易系統」（更傳神的譯法是「配額貿易」）。

迄今為止，這個制度的大規模實踐只是局限於歐盟國家之間。正如在上文看過，這個制度最為人所詬病的一點，是有關的排放配額，大都只是透過「追認式方案」而非「拍賣式方案」來發放。也就是說，一直以來排放得最多的行業和企業，會獲得最多的免費排放許可證，而從來便排放得少的行業則只能獲得較少的免費配額。在制度推行的最初期，這也可被理解為一種遷就現實的做法。但隨著時間的推移，配額公開競投拍賣的制度仍然未有大規模落實，令減排成效大打折扣。

學者都指出，排放貿易制度要行之有效，必須建基於（1）一個公開拍賣的排放配額競投機制，並由此而決定的排放價格（以每公噸的二氧化碳當量計算）；以及（2）一個逐步下調的市場排放總量。因為只有這樣，各行各業才有動力邁向「低碳型」的生產和運作，以減低購買配額所需的不斷上升的開支。

其實就「碳稅」而言，學者們的分析也頗為相似。他們指出，碳稅的稅率在初期不可能過高，否則對經濟會做成重大打擊。可是另一方面，這個稅率亦要不斷地逐步調高，從而迫使人們進行節約，以及盡快開發各種清潔能源。

究竟碳稅是一個較佳的方案？還是碳貿易呢？近十多年來，不少專家學者就這個問題作出了無數的爭辯。從一個宏觀的角度看，碳稅為排放設下了一個穩定（指在稅率調整之間）的價格，提供一個明確的「市場訊號」（market signal），但就減排的實效而言則沒有任何保證。這便正如我們即使大加煙草稅，也無法確定因此而戒煙的人數會有多少。

與此相反，貿易方案之下的排放價格（一般簡稱「碳價」，carbon price）是按市場變化而浮動的，這既有好處亦有壞處，例如在經濟變差、需求下降時，價格會較大幅地下調（就正如在 2008 年金融海嘯之後），從而影響減排效果。可是另一方面，如果我們能夠貫徹執行配額的上限規定，則減排的成效會較有保證。

支持碳貿易的人更指出，透過市場機制，資金會自動流向最有潛質的科技及最能開發低碳營運模式的企業，因此能夠達到最高的效率。還有一個最有力的論點，那便是這種安排已經付諸實踐，人們對它的運作亦積累了一定的經驗。相反，碳稅迄今未有在任何地方實行，成效

如何實無從得知。

◎　學者大多支持碳稅

然而，支持碳稅的學者則提出了一些更深入的觀點。他們指出：

（1）一個制度是否可以行之有效，關鍵往往在於它是否簡單易明。碳貿易是一個頗為複雜的制度，要切實執行，必須建立繁複和嚴格的監管機制，而成效亦難以有所保證。相反，碳稅的徵收則簡單和直接得多，成效亦會較為明顯。

（2）由於碳稅的稅率較碳貿易之下的碳價（嚴格來說是排放許可證的價格）穩定得多，有利各行各業作出長遠的部署，特別在開發清潔能源或低碳生產技術方面所作的投資規劃；相反，碳市場中的碳價因會不斷波動，不利投資者作出長遠規劃；

（3）碳稅可以為政府帶來可觀的收入，而這些收入可直接用於開發新能源和扶助社會上的低收入階層。（簡單的計算顯示，即使以每公噸 15 美元這個低微的稅額，每年已可為各國政府合共帶來近 1,500 億美元的收入。）

（4）碳貿易會導致一個龐大而複雜的碳交易市場的誕生。這個市場很可能成為金融投機和貪污腐敗的溫床，最後只是養肥了另一班只懂興波作浪以圖利的「華爾街大肥貓」。

基於上述的考慮，愈來愈多的學者傾向採取碳稅多於碳貿易。但問題是，有哪個國家的領導人敢於提出這樣的一個方案呢？

第 **40** 章

怎樣才是合理的國際減排方案？

在上一章，我們分析了「碳貿易」和「碳稅」這兩個用以控制排放的機制。在這一章，讓我們看看從一個國際的層面來看，怎樣的減排方案才既合理又有效。

不錯，《巴黎協議》基本上已經放棄了訂立任何具約束性的國際減排目標，但對抗全球暖化是一項漫長之極的鬥爭，我們不知道在氣候災難不斷湧現之下，國際形勢還會出現什麼變化。所以，回顧一下專家學者歷來所提出過的各方面和背後的理據，仍有重要的參考價值。

早於 1990 年，英國一位名叫梅雅（Aubrey Meyer）的人與一班志同道合的環保學者成立了一個稱為「全球公地學院」（Global Commons Institute）的組織，以研究如何克服國與國之間的矛盾，共同解決超越國界的環境問題。1992 年，在聯合國氣候變化框架公約的委託之下，學院就溫室氣體的減排作出研究，並提出了一個名為「縮減與趨同」（Contraction and Convergence）的國際減排方案。

◎　縮減與趨同方案

按照這個方案，科學家應該根據最新的研究結果，訂立出一個長遠可以穩定地球氣候的「安全人均排放量」。接著，為了避免巨大災難的

發生，他們應該計算出現時的全球排放量還可以增長多少，才不致令
大氣中的二氧化碳濃度超出危險水平（譬如後來被確立的 450ppm）。
按照這一結果，再定出全球的整體排放最遲在什麼時候達到峰值，以
及之後的排放量應該下降得多快。

基於上述的考慮，方案所訂立的原則是這樣的：在邁向最終的安全人
均排放量的過程中，由於仍然要發展經濟改善民生，發展中國家的人
均排放量在某一段時間內還可以有所上升，甚至於短期內超越安全水
平。但過了這段時間之後，這些國家也必須嚴格執行「人均排放量逐
年下降」的要求，最後達至與全世界水平一致。至於富裕的發達國
家，由於她們的人均排放已高出安全水平很多，以及考慮到歷史責
任，她們幾乎一開始便要嚴格減排，以令人均排放逐年下降。

圖 40.1 縮減與趨同方案示意圖

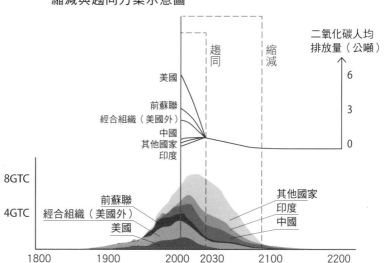

註：圖上半部是下方的圖的更清晰表達

圖 40.1 是這個方案的示意圖。由於此圖乃上世紀九十年代中繪畫，繪圖者樂觀地假設，各國於 2000 年已可開始步向「趨同」。留意在這個階段裡，發達國家必須作出大幅減排，但發展中國家仍可有一定程度的「增排」。但到了 2030 年，當各國的人均排放量都趨於一致之後，這個量就必須逐年下調（共同「縮減」階段），最後達至科學家所計算的安全人均排放量。（若以今天 2018 年的角度看，這個方案即使被採立，圖中的「共同縮減」年份至少也要推遲至 2050 年。）

撇開現實的利益考慮，相信任何人都會認為這是一個合情合理的國際減排方案。但現實世界的人又怎會不計算利益？就富裕國家來說，要求她們立即作出大幅減排，是一個難以接受的方案。而對於發展中國家來說，亦有部分認為不能接受，因為按照方案的原則，她們的人均排放量很快（例如在二三十年後）便會達於峰值，而往後便要作出下調。但總的來說，富裕國家對這個方案的抗拒遠高於發展中國家。

結果是，這個方案從來沒有機會被正式提到國際會議的議事日程。無論是 2009 年的哥本哈根氣候會議，或 2015 年的巴黎氣候峰會，都沒有把這方案納入討論之列。但不少學者皆指出，如果一份新的國際協議真的能夠實現，它必然在某一程度上包含了上述這個「趨同—縮減」原則。

◎　結合碳貿易和碳稅的新方案

過去十多年來，無數學者基於不同的原則和角度提出了眾多方案，可是至今仍然未有一個能獲得普遍接受。其中不少方案都嘗試把碳貿易和碳稅的優點結合起來，較著名的有以下兩個：

（1）限量―補償方案（cap and dividend）：在設有排放上限的大前提下，所有使用化石能源的公司（即差不多所有公司）都要為營運競投相關的「碳許可證」。為了保持收支平衡，公司營運成本的上漲最後當然會被轉嫁到消費者身上，但政府會按月向人民發放特惠補償金，而愈是能夠實踐低碳生活的人，所獲的補償金額會愈多。按照這一安排，企業會因此逐漸傾向低碳營運，而大眾也會逐漸傾向低碳消費。

（2）限量―分享方案（cap and share）：也是在設有排放上限的大前提下，政府會向人民派發每人數量相同的「排放許可證」，人民可以把許可證拿到銀行或郵局變換現金。而所有化石燃料的生產商皆必須從銀行或郵局那兒購買許可證，才可以生產和出售具有相等排放量的化石燃料。

上述的方案顯然較如今的「配額貿易」（cap and trade）更為進取，不過，正如不少科學家一樣，最先向世人提出警告的詹姆士·漢森對帶有任何貿易成份的方案皆有所保留。他於 2010 年出版了一本名為 *The Storms of My Grandchildren*（暫譯：《子孫的風暴》）的著作，提出了一個稱為「碳稅―回贈」（carbon tax and dividend）的方案。[他於 2010 年 11 月獲邀前往中國內地演講，途經香港時作了一次公開講座。筆者出席聽講並跟他作短暫交談，發覺可能為了避開「稅」這個在美國十分敏感的字眼，他已把方案改稱為「收費與綠支票」（fee and green check）方案。]

漢氏的方案很簡單，那便是在所有化石燃料的第一生產點或進口點（first point of sale or port of entry）按量抽稅（收費），而所得稅款則全數按人頭平均地「回贈」給人民（就是每月一張的「綠支票」）。按照他的分析，這個方案不單簡潔有效，而且可以一下子把適用於國內

和國際間的減排方案結合起來。當然，正如其他方案一樣，這個建議亦引來了不少技術上的質疑。可以這麼說，世人現時還未能想出一個完美的減排方案（如果有的話）。

◎　修正的溫室氣體發展權框架

2010 年 10 月，一本名叫《世界低碳發展的中國主張》的書籍，分別以中文和英文版在世界各地發行。這本書乃由中國著名經濟學家樊綱主編、一個名叫「中國經濟 50 人論壇課題組」的團體所撰寫，可說是迄今為止最為全面和深入地闡述中國在全球暖化這個問題上立場的一本著作。在該書中，由重量級學者組成的「中國經濟 50 人論壇」提出了一個名叫「修正的溫室氣體發展權框架」（Modified Greenhouse Gas Development Rights Framework，M-GDR）的建議，要點如下：

（1）應以 1850 至 2005 年的累積消費排放（而非「生產排放」）作為國際減排責任分擔的重要指標；

（2）應該通過定義一個國家的能力、責任以及加權（weighted）的「責任能力指數」來計算各國的減排義務。考慮的要素應包括各國的人口、收入、收入分配（堅尼系數）以及歷年的各國消費排放量等；

（3）從科學的角度確立全球的目標減排量，並定出有關的路線圖。（50 人組的結論是，為了最大可能地把升溫限制在攝氏 2 度之內，全球排放應在 2013 年達到峰值，然後每年下降 5.35%，最終使 2050 年的排放較 1990 年低 80%。）

（4）對於發展中國家，上述的「責能指數」只能是一個軟指標而不是

硬指標。要她們參與具約束性的減排協議，必須制定一個帶有「門檻通道」的漸進減排方案。至於何時進入門檻通道，應以「人均累積消費排放」達至某一水平來決定。

（5）在促使發展中國家進入門檻通道期間，發達國家必須提供減排所需的技術轉移和資金援助。

（6）在具體的國家減排機制上，確認了碳稅較碳貿易更為可取，並通過深入分析，論證「低碳目標並不一定會導致經濟產出大幅下降，相反從長期來看，對投資的正影響，反而可能對經濟的長期增長起促進作用。」

基於上述的原則，該書作者進一步提出了一個新的國際行動方案——《國際減排公約》，由於篇幅所限，有關的細節無法在此交代。就筆者看來，這是一個甚為合情合理又考慮周詳的方案，但今天的國際關係仍然是建立在強權而非公理之上，所以像「趨同—縮減」方案一樣，這個建議沒有在巴黎氣候會議中被深入討論。

可是我們不能放棄，「限量—補償」、「限量—分享」、「碳稅—回贈」、「責任能力指數」、「門檻通道」……，我們需要盡快找到一個各國所能共同接受的方案，因為時間真的已經無多了。

第 **41** 章

中國的對策

作為一個文明早慧、歷史久遠、幅員廣闊、人口最多、經濟增長最快、外匯儲備居世界第一、國民生產總值居世界第二、二氧化碳排放居世界第一的大國，中國在人類對抗全球暖化的大業上，不用說扮演著一個舉足輕重的角色。

中國碳排放的增長是驚人的。她的排放量在 2008 年開始超越美國，成為世界第一，且不足 10 年，便增長至美國排放量的兩倍多。按 2015 年數字計，中國佔了全球排放的 29.4%，而美國則佔 14.3%，也就是說，兩國加起來已超過全球排放的四成多。

事實上，中國是世界第一產煤大國，亦是迄今少數仍然以煤為主要發電燃料的國家。在本世紀初，煤在中國能源結構中所佔的比例達八成以上。雖然隨著天然氣的大量使用、三峽大壩工程落成、核電及可再生能源等的發展，這個比例已有所下降，但仍然佔總體的六成。（美國其實也是一個燃煤大國，所佔的比例約為一半，但她的燃煤效率一般比中國高。）由於煤是釋放最多二氧化碳的燃料，中國要大幅減排，面對的難度實在非常之高。

正因為這樣，中國迄今的所有國際承諾，都只是集中於減低「碳強度」，即每單位 GDP 增長所導致的二氧化碳排放，而非實際的排放

量。在哥本哈根會議中，中國的承諾是至 2020 年時，把碳強度由 2005 年的水平減少 40 至 45%。

◎　把環境保護擺在戰略位置

中國是《京都議訂書》的締約國，正如本書第 33 章所述，前總理朱鎔基 2002 年在約翰奈斯堡的「地球峰會」中宣佈，即使美國沒有簽署協議，為了對抗全球暖化，中國也會落實簽署。這一決定無疑為中國贏得很好的國際聲譽。當然，中國並非「附件一」國家，因此毋須遵從任何減排的目標。但近 10 年來，她在發展可再生能源方面十分進取，較一些「附件一」國家還要積極，因此受到不少環保人士稱許。觀乎實際的數字，中國政府在開發清潔能源方面的投資，於 2005 至 2009 年間達 350 億美元，較美國同期的投資額高出達一倍之多。從 2005 至 2017 年間，中國整體的碳強度則下降了近 46%。

可是，隨著中國經濟繼續發展，排放量急速上升，令西方開始把矛頭指向中國，並把國際談判缺乏進展的責任推諉到中國身上。不少西方的傳媒都這樣寫道：「在中國，差不多每兩個星期便有一間新的燃煤發電廠落成。如果她不肯作出具約束性的減排承諾，其他國家就是如何努力也是徒勞無功的。」

在 2015 年的巴黎氣候峰會中，中國提出會在 2030 年將排放「封頂」，即之後總排放量不會再增加。這個承諾既令人鼓舞也令人憂慮。鼓舞是因為以一個如此龐大的發展中國家而言，要承諾到某一時刻「封頂」是殊不容易的事情。但之所以也令人憂慮，是因為從作出承諾的 2016 年起，至 2030 年還足足有 14 年，其間的排放可以繼續飆升很多。而且承諾中沒有明示排放在「封頂」後是否會快速下降，還是會維持在

這個峰值一段長時間。如果是後者的話,對拯救氣候危機而言將是壞消息多於好消息。

正如我們在討論哥本哈根會議的一章指出,不少第三世界國家固然猛烈批評美國不肯負起應有的責任,但隨著時間的推移,她們的矛頭也開始指向中國。這當然是一場國際角力,或說得誇張一點,是一場「列強爭霸」的鬥爭。看過之前兩章有關「囚犯兩難」、「公地悲劇」、「氣候公義」等的分析,我們知道這場鬥爭的背後,實在牽涉著多麼複雜難解的因素。但即使撇開了國際上的壓力,我國的領導人亦十分清楚,全球暖化、氣候變遷、環境劣化、生態崩潰等問題,已經成為了關乎國族存亡的、不可迴避的挑戰。

回顧我國改革開放 40 年,所帶來的經濟騰飛的確成績斐然、舉世矚目,但付出的代價亦十分沉重。除了日益擴大的貧富懸殊外,還包括:自然資源極度虛耗、生態環境備受破壞、空氣和水源嚴重污染、人民大眾的健康受到嚴重影響。而多年來不斷在各地發生的煤礦災難,更賠上了巨大的人命代價。除此之外,無分國界的氣候變遷亦帶來了巨大的威脅。其中最大的危機,是隨著青藏高原冰雪的消減,淡水資源會日益短缺。

在過往,為政者都是採取「先發展、後整治」的策略。但踏進了二十一世紀,日益嚴峻的形勢迫使領導人在思維上改弦更張。近年來,中央政府已經把環境保護放到國家發展日程中的重要位置,並把它當作一個具有高度戰略性和迫切性的目標看待。

溫家寶總理於 2006 年的全國環境保護大會之上鄭重指出:「保護環境關係到我國現代化建設的全局和長遠發展,是造福當代、惠及子孫的

事業。我們一定要充分認識我國環境形勢的嚴峻性和複雜性，充分認識加強環境保護工作的重要性和緊迫性，把環境保護擺在更加重要的戰略位置。」

事實上，國務院於 2005 年 2 月已經通過了《可再生能源法》，並提出了在全國推行「十大節能工程」：（1）燃煤工業鍋爐改造；（2）區域電熱聯產；（3）餘熱餘壓利用；（4）節約及替代石油；（5）電機系統節能；（6）能量系統優化；（7）建築節能；（8）綠色照明；（9）政府機構節能；（10）確保工程實施進度和效果。

與此同時，國務院亦成立了「國家應對氣候變化領導小組」，以分析氣候變化將會對我國帶來的各種影響，以及建議和初步制定有關的應對方案。2007 年 5 月 30 日，《中國應對氣候變化國家方案》正式出台。即使在西方先進國家之中，這也是同類方案中較早的一個。（西方國家中最進取的要算英國，於 2003 年已經推出一個促進低碳經濟發展的國家方案，2005 年則制定了一個應對氣候變遷衝擊的政策框架。）

◎　中國的清潔能源發展

現在，讓我們看看我國在開發清潔能源方面所取得的成就：

（1）水力發電：隨著三峽大壩的落成，中國已成為世界上最大的水力發電國家，發電量佔全國總量近 17%。按照現有的規劃，這個份額在未來數年可望進一步增加至 20% 多一點。不過，這可能亦是這種能源的開發極限。

（2）風力發電：以「爆炸性增長」來形容我國的風力發電可說絕不

為過。直至 2007 年，我國的風力發電量仍然低於印度，全球排行第五。踏進 2010 年，中國已取代德國和美國，成為全球最大風力發電國家（美國則剛於 2009 年才超越德國），亦是全球風力發電機（wind turbines）的最大製造國，除了滿足國內需求外，產品更外銷到世界各國。過去數年來，風力發電在中國正以每年近四成的超高速增長。雖然現時風能仍只佔全國發電量的 4% 不到，但按照一項由哈佛大學和清華大學所作的共同研究顯示，這股增長勢頭若能持續的話，到了 2030 年，中國全國的電力需求皆可由風力提供。不過，由於電網傳輸和電力儲存上的種種限制，風力發電已經出現「產能過制」的問題。（當然不是全國性的過剩，而是區域性的「有電用不了」的問題。）

（3）太陽能：中國是世界上最大的太陽能熱水器使用國，單是家居使用者已超過 3,000 萬戶。統計顯示，世界上每 10 個這樣的熱水器，便有八個位於中國。至於太陽能發電總量方面，中國已於 2015 年超越德國居世界首位，也是全球最大的太陽能板製造國和出口國。從 2005 至 2014 年，太陽能板的產量增加了近 100 倍之多。相比起風力發電，太陽能發電在國內的確起步較慢，迄今所佔的全國發電份額不到 2%。但近年的發展可謂十分迅速，2010 年推出的「金太陽計劃」定出了一個十分進取的目標，就是到 2050 年時把這個份額提升至少 10 倍。

（4）生物能源：與美國一樣，中國亦曾大力推動玉米乙醇的生產，以作為汽車用的替代燃料。然而，自政府發覺這會把糧食的價格大幅推高，甚至引起社會動盪後，這項計劃已被擱置，如今的發展方向是不會「與民爭食」的「纖維素乙醇技術」（cellulosic ethanol）。在生物能源上，中國最大的成就乃在農村大規模推行生物燃氣（biogas）的使用。生物燃氣乃由牲畜和人類的糞便、農林業廢料、廚餘等有機物質，在一個特製的容器裡進行無氧分解所形成（其成份主要是甲烷）。

它既可用於發電，亦可用於煮食和提供家居暖氣。透過這些裝置，不少農村在能源方面已幾乎自給自足。按照最新的數字，受惠的家庭已高達 5,000 萬戶之多。

綜合上述的發展，就再生能源的使用而言，中國已穩踞世界首位。如果把水力發電包括在內，總發電量更是第二位的美國的一倍有多。按照國家的整體規劃，至 2050 年時，再生能源在中國總能源結構中的份額，會由現時的約一成提升至三至五成，但顯然，這與科學家所要求的近乎百分之一百仍然相差甚遠。〔留意上述的不少發展，已被納入《京都議訂書》的「清潔發展機制」（CDM）計劃之內。事實上，全球被審批的 CDM 計劃當中，一大部分都是在中國展開的。〕

除了可再生能源外，中國亦致力發展核能。自從秦山核電站於 1991 年啟動，以及第一所商營核電廠在大亞灣（坐落於香港維多利亞港東北 50 公里）於 1993 年投產以來，我國迄今已興建了 44 座核能發電廠，發電總量接近全國的 3%。按照國家的規劃，核電的發展會與再生能源並進，最終的目標是到 2030 年時，達到全國總發電量的 16%。（美國現時是 20% 左右。）

在交通運輸方面，我國近年大力興建的全國性高速鐵路（高鐵）系統，亦成績斐然、舉世矚目。在城市，政府大力推動使用電動汽車，不少公共汽車和出租車（的士）都已改為電動型號。然而，在私家車方面，由於充電的配套設施追不上，普及的速度比預期中慢。

總的來說，以上都是十分令人振奮的發展。不過另一方面，中國政府亦清楚表明，要維持高速經濟發展，火力發電在一段頗長的時間內也不會被完全取締。這當然令一眾環保人士十分失望，不過，在研發和

採取較潔淨的火力發電技術方面，中國也是世上最進取的國家之一。一方面，中國正增加天然氣發電的比例以減低排放；在另一方面，就燃煤技術的革新而言，中國正大力推動把煤轉為合成氣才燃燒的「整體煤氣化聯合循環技術」（Integrated Gasification Combined Cycle，IGCC），以及能把產能效率提升至近 45% 之高的「超臨界大型循環流化床」（ultra-supercritical circulating fluidized bed）燃煤技術。就最後一項而言，中國已經跑在另一燃煤大國——美國的前頭。而最新的目標是到 2020 年時，全國三成的燃煤發電都會轉用這些排放較低的新技術。

最後，中國亦開展了有關「碳捕捉和儲存」的可行性研究。但與其他國家一樣，技術的大規模應用仍是遙遙無期。

◎　兩難之局

同樣面令人失望的，是「碳稅」的落實仍然是「只聞樓梯響，不見人下來」。原來早於 2010 年，國家發展和改革委員會便已發表了一份《「中國碳稅稅制框架設計」專題報告》，論證了在我國開徵碳稅的必要性和可行性。然而，由於這是一個牽涉巨大利益的、富爭議性的問題，無論是「十二‧五」規劃（2011-2015）還是「十三‧五」規劃（2016-2020），都沒有為開徵碳稅訂立任何時間表。事實上，中國在國力和科技方面雖然不如美國，但推行低碳經濟的條件卻較美國優越。原因在於美國的既得利益集團勢力過於龐大，令有關的政策往往無法落實，奧巴馬的「綠色新政」便是一個最佳例子。

不過，一些論者亦指出，正如經濟改革開放的初期一樣，中國政府在推動環保以及低碳經濟之時，實也遇著「兩頭熱、中間冷」的窘局。

所謂「兩頭」，是指中央政府和廣大人民。而所謂「中間」，是指中、高級幹部這個巨大的既得利益階層。

國家領導人推行環保的決心是不容置疑的，在 2007 年一次全球民意調查之中，中國的被訪者裡有 88% 認為全球暖化是個嚴重的問題，更有 97% 認為政府在環保和對抗暖化方面應該採取更積極的措施。然而，基層民眾雖然有這樣的意識，但政策的推展還必須克服來自中層的阻力。這兒所謂的「中層」，主要指地方上的各級政府。為什麼會有阻力？這是因為到現時為止，地方政府的政績如何，仍然以經濟增長，而非以環保成績作指標。事實是，自 2008 年全球金融海嘯之後，溫家寶提出了「保八」的指標，更促使各地方政府大搞以 GDP 增長為硬目標的「政績工程」（指鋪張浪費和不理實際經濟效益的大型建設），從而大大增加了碳排放。

中國現時所處的是一個兩難之局。她一方面要保持經濟的快速增長（這不但牽涉到改善民生，也涉及社會穩定的問題），另一方面也要極力推動環保、對抗暖化，從而避免生態災難的發生。自從美國宣佈要退出《巴黎協議》之後，中國已當然地成為了人類對抗全球暖化危機的領袖。如果她能夠克服種種困難，以較快的速度成功轉向低碳經濟，其達至的減排效果和樹立的示範作用，將會成為人類對抗暖化和環境災劫的頭號功臣。

第 42 章

香港——中國的首個「零碳之都」？

比起中央政府的積極態度，說香港政府在對抗全球暖化的問題上「後知後覺」亦不為過。在 IPCC 發表了 AR4 並引起廣泛關注之後，雖然政府於 2007 年成立了一個「氣候變化跨部門工作小組」，但實際的研究工作，卻是交由一間顧問公司來進行（香港政府慣常的做法）。而有關的顧問報告，則要到 2010 年才呈交給政府。

然而，短短三年間，世事已變化多端。2007 年 12 月的峇里氣候會議，為世人燃點起一絲希望，然而特區政府卻沒有派人出席是次會議，事後亦對這個全球關注的議題毫無表示。鑑於哥本哈根會議將於 2009 年底舉行，環保組織「綠色和平」的香港支部遂於同年 3 月作出了一項讓全城矚目的舉動，便是在禮賓府的外牆上，投映出一封呼籲時任特首曾蔭權出席哥本哈根會議的「邀請」。由於特首沒有回應，綠色和平又於 6 月份的一天，派人以游繩方式在政府總部的外牆掛起一幅巨大橫額，上面印有特首的頭像和「通緝氣候逃犯」的字樣。

「氣候逃犯」這個名稱一時間不脛而走。在立法會議員的質詢下，特首首次公開表示「政府十分關注氣候變化」，並透露已經委託顧問公司進行研究，以制訂有關的政策與措施。然而，及至年底的哥本哈根會議，特首本人仍是沒有出席，只是派了時任環境局局長邱騰華前往。

不少有識之士指出，香港的人均排放量每年超逾六公噸，幾乎跟《京都議訂書》中的某些「附件一」國家看齊。在「一國兩制」的大原則下，我們應該可以超越國家所訂立的指標，帶頭積極減排，以肩負起我們作為世界大都會的國際責任。

◎　　港府的空頭支票

2010 年 9 月 10 日，隨著顧問報告的完成和提交，政府終於推出了一份名叫《就香港應對氣候變化的策略及行動綱領》的文件（以下簡稱《綱領》），並展開為期三個月的公眾諮詢。這可說是香港政府在這個問題上的首次重大舉措。《綱領》所列出的主要目標是：「至 2020 年，把香港的碳強度由 2005 年的水平減少 50 至 60%」。政府更加強調，這比國家在哥本哈根會議中的承諾——至 2020 年把碳強度由 2005 年的水平減少 40 至 45%——更為進取。

對於一個基本上沒有工業生產的城市來說，這個碳強度的下降是殊不容易的事。為了達到這個目標，政府提出了一系列的措施，包括：

（1）致力改善能源效益；
（2）推廣環保陸路運輸；
（3）推廣汽車使用清潔燃料；
（4）轉廢為能；
（5）優化發電燃料組合。

上述每一項都涵蓋甚廣，以下讓我們簡略地看看，按照政府的構想，每一項背後包含的內容為何。

在改善能源效益方面，由於建築物佔全港用電總量近九成，因此減低樓宇用電需求是重點所在。對於新建的樓宇，政府將透過《建築物能源效益守則》以作規管。對於舊有的建築，政府則希望透過《能源效益資助計劃》，鼓勵業主減低建築物的能源消耗。此外，政府透過《強制性能源效益標籤計劃》，要求廠商必須在冷氣機、電冰箱、電視機等家用電器貼上能源效益標籤，好讓消費者作出明智的選擇。

在推動環保陸路交通方面，香港是世界上集體運輸系統最為發達的一個城市，除了繼續擴展集體運輸網絡之外，政府亦要求巴士公司逐步轉用更環保節能的車輛型號。

在推廣汽車使用清潔燃料方面，政府正推動有關的配套設施，以推廣電動汽車的使用。另一方面，它亦鼓勵汽車使用混合生化柴油和乙醇燃油，以減輕汽車對化石燃料的依賴。（交通運輸佔全港溫室氣體排放約16%，僅次於發電廠的排放。）

在轉廢為能方面，政府正籌劃興建綜合性的廢物處理設施，燃燒垃圾發電。此外，它亦進一步加強在垃圾堆積區收集沼氣，轉作燃氣使用。（廢物處理佔全港溫室氣體排放約9%。）

最後，發電帶來的排放超過了全港總額的65%，是排放的主要來源。在改變發電燃料組合方面，政府與香港的兩間電力公司達成協議，在未來15至20年內逐步增加使用天燃氣發電的比例以減低排放。此外，兩電若投資可再生能源設施，可獲得較高的回報率（香港現時的發電燃料比例是煤：53%、天然氣：23%；核能：23%）。

就筆者看來，政府整份《綱領》的最大後盾，是國家能源局於2008年

8 月與港府簽署的一份諒解備忘錄，表明中央政府將繼續支持內地與香港特區的能源合作，確保長期穩定地為香港提供天然氣和核電的輸送，以增加香港所用的清潔能源。

然而，《綱領》於 2010 年底的諮詢期間，有關「加大核電比例」的建議，引來了香港不少環保團體的激烈反對。2011 年 3 月日本福島的核災難，令這些反對聲音更為強烈，以至環境局局長邱騰華公開宣稱，會重新檢討「至 2020 年把香港使用的清潔能源——主要為核能——的比例提升至 50%」這個目標。事實是，所謂「檢討」，即最後把這個目標取消了。其實不止在香港，就是在全世界，「三一一」也是對人類對抗全球暖化事業的一項重大打擊。就以「環保先鋒」德國為例，為了盡快實現「核電歸零」，令燃煤發電不減反增，台灣備受爭議的「核四」計劃亦最終被叫停。（台灣反核團體呼籲「核電歸零」，但可能由於人們重視空氣質素，也日益感受到全球暖化的威脅，於 2018 年 11 月 24 日的一次公投之中，認同了「以核養綠」的原則。）

筆者對核能的看法已列於本書第 17 章，而大力發展核電亦是我國整體發展規劃的既定方針，因此對上述的情況感到可惜。（直至筆者修訂本文的 2019 年初，政府再沒有重申將不會排放二氧化碳的能源比例提升至 50% 這個目標。）另一方面，筆者對港府只懂得「用錢買環保」的做法亦頗有意見。

2008 年 12 月，國務院通過了《珠三角發展規劃綱要》，提出到 2020 年，在香港、澳門和珠三角地區經濟高度一體化的大前提下，建造一個「珠三角優質綠色生活圈」。姑勿論這是否只是一個口號，但這個意念本身實在十分可取。而作為這個生活圈中人均收入最高的地方，如果香港對實現「綠色生活圈」的貢獻只是限於「以錢買環保」，那

便有損香港作為「東方之珠」和「中國南大門」的美譽。香港應該做的，是積極與廣東省、深圳特區及澳門等地合作，以本身的特殊優勢（包括管理經驗、國際聯繫、融資能力等），大力推動環保產業和開發可再生能源。

IPCC 在 2013 年發表了 AR5，指出全球暖化的形勢已十分嚴峻，民間要求政府採取有效應對措施的呼聲日高。2016 年中，香港政府終於召開了一個名叫「香港如何應對氣候變化」的公眾諮詢大會，主持人是時任政務司司長林鄭月娥，出席的還有多位政策局局長或副局長，規格之高可說前所未見。

2017 年伊始，政府發表了一份名為《香港氣候行動藍圖 2030+》的文件，可說是自 2010 年發表的《策略及行動綱領》以來最重要的一份。這個《藍圖》列出了以下的目標：

（1）至 2030 年的減排目標是把本港的碳強度由 2005 年的水平降低 65 至 70%，相等於絕對碳排放量減低 26 至 36%，

（2）至 2030 年將香港的人均碳排放量由現時的接近每年 6 公噸減至介乎 3.3 至 3.8 公噸。

（3）另外，預計香港的碳排放將於 2020 年前到達頂峰。

表面看來，上述的目標不可謂不進取（純以科學的角度看當然仍不足夠），但問題是，這些目標將會以什麼方法達到，文件中卻是語焉不詳。當被記者問及時，時任環境局長黃錦星這樣回應：「我們將逐步減少燃煤發電；更廣泛和具規模地採用可再生能源；使本港基建及新舊

公私營樓宇更具能源效益；改善公共交通並提倡以步當車；增強香港
應對氣候變化的整體能力；透過風環境及園境設計等為城市『降溫』；
以及與持份者合作，使我們的社會長遠而言對氣候變化更具應變能
力。」

這兒需要作出一點解釋。上述所謂「逐步減少燃煤發電」，是因為政
府與兩間電力公司已同意加大以天燃氣發電的比例。而所謂「與持份
者合作」，主要指勸籲商界努力「減碳」。但留意這勸籲的背後並無任
何實質法例的支持（如辦公室冷氣溫度限制、廣告照明時間限制等）。
環境局提出的，是一個名為「4T」的概念，即是有目標（target）、有
清楚的時間表（timeline）、有高透明度（transparency），及一同去做
（together）而已。這樣看來，「至 2030 年將總排放量減少 26 至 36%」
這個承諾，極可能成為一張無法兌現的「空頭支票」。

◎ 「350 香港」的抗議

在 2015 年 11 月 29 日的「全球氣候大遊行」後，「350 香港」還先後
在 2016 年中舉行了「向立法會選舉候選人發出的氣候挑戰」問卷調
查、新聞發佈會和遊行，以及 2016 底的「特首選舉的氣候挑戰」等活
動。林鄭月娥於 2017 年 7 月 1 日出任新一屆香港特區行政長官，並
於同年 10 月發表第一份《施政報告》。「350 香港」藉此機會，向環境
局長發出了以下一封公開信。

致香港特別行政區政府環境局局長：

「350 香港」對「香港 2017-18 年度《施政報告》諮詢：環保政策部分」
之意見

全球暖化引致的氣候災變和生態崩潰，是影響著人類生死存亡的一項重大而迫切的挑戰。由於暖化的最大元凶，是燃燒大量化石燃料（煤、石油、天然氣）所釋放的二氧化碳，因此盡快取締化石燃料的使用，成為了當務之急。

由於化石燃料仍是現代文明的主要能源，取締化石燃料（「去碳」）的難度無疑極高。但正確地認識問題是解決任何問題的第一步，而對於牽涉整個社會利益的這個問題，有關的認識必須為全民（而不是一小撮專家學者）所擁有。

事實卻是，目前坊間甚至專業的主流媒體，對全球暖化仍然時有質疑，而大眾對於「去碳」的必要性和迫切性仍然不大了了。這反映了政府在公眾宣傳和教育方面嚴重不足（例如至今沒有一次「城市論壇」討論過這個如此重要的題目）。

一方面，政府呼籲人們「關心氣候變化」、「減少浪費」、「節約能源」以及鼓勵「綠色生活」和「低碳經濟」等是絕對正確和必要的做法；可另一方面，這些呼籲與政府必須盡快帶頭和落實的強力和果斷的政策措施（特別是能源政策），之間存在著極其巨大的落差。這便有如我們被鎗傷，而只是塗了點碘酒便當作已把問題處理一樣。

或說香港是個彈丸之地，我們怎樣做也不能影響大局。但每個社群實也可以作出同樣的推論，而問題將因此永遠無法解決。較具體地說，今天全球人口約為 74 億，而香港人口約為 740 萬，亦即世界上每 1,000 個人便有一個是香港人。此外，香港每年的人均二氧化碳排放量約為六噸，較全球平均的五噸高出 20%，而這並沒有反映生產香港人耗用的工農產品所造成的排放。另一方面，香港的人均收入是世界平

均的四倍多。很明顯，香港在「減排抗暖」方面責無旁貸。

香港政府於去年（2016）發表的《香港氣候行動藍圖 2030+》之中，提出要「將香港的人均排放量由現時的 6 噸，減至 2030 年的 3.3 - 3.8 噸」，這個目標本身可算頗為進取。然而，藍圖中卻沒有詳述這個目標如何能夠達到。以現今政府所推行的政策來看，十多年後可否達到這個目標是個很大的疑問。中央人民政府已經承諾恪守巴黎氣候協議，並正大力發展「可再生能源」以實現「去碳」的目標。假如香港作為中國最富裕的城市，在減排方面承擔不足，又何以取信於國際社會？

上文指出，化石燃料仍是現代文明的主要能源，所以要「去碳」便只有兩個途徑：大幅減低能源的使用，以及盡快開發沒有二氧化碳排放的「清潔能源」（即「節源開流」）。

就第一點而言，我們可以透過（1）開徵碳稅、（2）提高能源的使用效率（科技節能）、（3）改變高耗能的生活習慣（行為節能）、及（4）減慢經濟發展速度（經濟節能）這四方面入手。

就第二點而言，政府必須帶頭推動「可再生能源」如太陽能和風能等的發展。這些推動可以包括向有關的新興產業提供（1）稅務優惠、（2）低息（或免息）貸款、（3）租金特廉的土地、（4）直接的技術支援等。由於香港土地有限，我們應該與鄰近區域（泛珠三角）緊密合作，以發展大型的太陽能和風力（包括離岸的）發電場。

與上述兩者相關的，還有「智能電網」的建設，交通運輸的「電動化」、以及鼓勵「分散式可再生能源」發展的「逆售電價」政策等。（最後一項已包括在《行動藍圖》之內，稱為「上網電價」）。

香港的「碳排放」主要來自發電和交通運輸。由於全港電力乃由「中電」和「港燈」兩間公司提供,「去碳」的主要方向必然是盡快改變這兩間公司的發電方式,亦即由使用化石燃料,轉為使用沒有二氧化碳排放的可再生能源。

適逢兩間公司的經營權將於 2018 年屆滿,政府本可藉此機會,在延續經營權的談判和及後簽訂的協議中,以新設的、強力的條款來促成這種轉變。可惜,儘管「350 香港」在去年的立法會選舉期間,高調地推出了「向 2016 年立法會候選人作出之氣候挑戰」,並明確地指出了「兩電」協議的替續是「去碳」的黃金機會,當新的協議於 2017 落實和公佈時,我們卻是完全看不到任何令香港能源結構改弦更張的強力條款。不錯,現時《藍圖》中將燃煤發電改為天然氣發電確會減低二氧化碳的排放總量,而這在三、四十年前會是一個不錯的選項。但面對今天極其嚴峻的氣候危機,這卻是遠為不足。要知新的協議有效期將至 2028 年,亦即香港以化石燃料為主的能源格局,在未來十年也不會改變,「350 香港」對此表示強烈的失望和不滿!

在推動交通運輸「電動化」方面便更為使人氣憤。在電動汽車於高檔次市場日益普及期間,政府的責任,應是透過稅務優惠和加強充電的配套設施等等,以進一步加快這種轉變,並盡量促使這種轉變延伸至中、下價的汽車市場。然而,政府卻是反其道而行,將原有的向電動車提供的稅務優惠取消!在各大城市如倫敦和巴黎都宣佈在 2040 年將取締所有燃油動力汽車之際,這種做法無疑是倒行逆施。

無疑,上述各種的建議措施當中,不少都會引起公眾的重大爭議(例如引入「碳稅」和轉用「可再生能源」短期內可能令電費大幅上升,而政府是否應對中、低收入家庭進行一定程度的電費補貼等)。政府的

責任，是引導社會進行基於事實的辯論。

而一個不爭的事實是，我們過去百多年的富裕與繁榮，很大程度是建築在對自然生態環境的「透支」之上。要解決當前的危機（包括拯救我們的子女於劫難）而又不願意作出犧牲，完全是自欺欺人的一回事。

顯然，只有當大眾透過反覆辯論而充分了解到情況的嚴峻程度，而自覺必須作出短期的犧牲（經濟上的和生活方式上的）以換取長遠的福祉，政府才有民意基礎來推行一些果斷和大刀闊斧的政策措施。於此，政府在宣傳教育方面的力度，必須以倍數增強，最有效的方法，是一方面加強學校教育，另一方面則透過政府的宣傳渠道如政府新聞處和香港電台等，引發社會的廣泛討論。此外，政府在物品採購、節能減排及公務運輸方面，更加可以發揮帶頭作用，而毋須受民意左右。

「350 香港」正是為了喚起大眾對全球暖化危機的覺醒而成立的，我們願意盡力發動民間的力量，配合政府在這方面的工作。

「350 香港」

2017 年 8 月 22 日

其實，上述公開信中的不少建議，早已在筆者與好友麥永開於 2010 年提交給政府和立法會的文件《向政府提出的四點環保建議》之中有所提及。政府的緩慢反應，和大自然的急劇變化及多年來我們重複又重複的呼籲形成了強烈對比。

◎　　全球暖化對香港的影響已有跡可尋

事實上，全球暖化的影響在香港已日益顯現。2016 年的酷熱日數（天文台錄得攝氏 33 度或以上的高溫日子）為 38 日，為有紀錄以來最多。2017 年 7 月 30 日，全港多處錄得 35 度或以上的高溫，黃大仙、沙田、西貢、九龍城、元朗公園及深水埗等多個地區均錄得 37 度，跑馬地更一度錄得聞所未聞的 37.6 度。同年 8 月，強颱風「天鴿」襲港，引發起巨浪和嚴重的海水淹浸。災難中，香港只有 129 人受傷已算幸運，澳門共有 10 人死亡和 244 人受傷，更要出動駐澳門解放軍協助救災。

2018 年 5 月，盛夏未到，天文台已連續 16 日錄得 33 度或以上的高溫。9 月中，強颱風「山竹」吹襲，令香港首次連續兩年發出最高級別的 10 號熱帶氣旋警告。「山竹」做成了非常廣泛的破壞，過萬棵樹木（包括不少百年古樹）被吹倒。可幸它最接近時適值香港退潮，否則所引發的風暴潮將帶來難以估量的破壞。顯然，即使香港是一個發達的大城市，在面對全球氣候災變時也無法獨善其身。

在民間不斷的強力呼籲下，政府已稍為改變過往對可再生能源的消極態度，並在渠務署的小濠灣污水處理廠建設了太陽能發電場，以及在船灣淡水湖和石壁水塘等地建設試驗性的浮動太陽能板發電系統。而在 2018 年 10 月，政府推出了談論多時的「上網電價」（feed-in tariff）政策，讓私人的太陽能發電裝置可以接駁至兩間電力公司的電網，而「兩電」會以十分優惠的價格（較「市電」水平高數倍）購買所發出的電力。留意這個政策與外國及國內的「自發自用，餘電上網」做法不同。沒錯，政策的總體效果促進了可再生能源的使用，但從參與者的角度看，這更似是「一盤生意」的投資。

一個疑問是，兩間電力公司為什麼會同意這種好像對自身利益有損而無益的政策呢？原來「羊毛出在羊身上」，兩電可據此（以及轉用天然氣這個更大的轉變）提出上調電費水平，而為了紓緩市民的經濟負擔，政府撥了 87 億港元，在五年內為每個用戶提供 6,000 元（即每月 50 元）的電費補貼。

還有一點要注意的是，為了控制開支，也為了維護兩電的壟斷地位，以上每個發電裝置的發電量按法例不能超越 100 萬瓦（1MW），因此帶來的發電總量是有限的。按照估計，即使到了政策有效期的 15 年後，這個總量最多也只佔全港耗電總量的 4% 左右，在對抗全球暖化的問題上這顯然是杯水車薪。

同樣在 2018 年，政府在原有的「可持續發展委員會」之下，成立了一個「長遠減碳策略支援小組」，總算把減碳的目標提到一個更高的層次。可是另一方面，不少人指出，政府過去推行一個又一個的「大白象工程」（高鐵、機場第三條跑道等），還硬推超大規模填海工程（「明日大嶼」的東大嶼人工島），其間的巨大碳排放，與長遠減碳的目標背道而馳。這當然不獨是香港政府的問題，而是全球的問題。例如英國一方面說致力減碳，一方面又大事擴張希斯魯機場就是一例。香港政府就是這種精神分裂症的一個範例。俗語有云：「又要馬兒好，又要馬兒不吃草。」英文則是 "Have your cake and eat it."

真正減排的方法不外乎三個：（1）徹底改變生活習慣，從而減低經濟活動的整體規模；（2）以更少的能量來支撐同一規模的經濟；（3）以沒有碳排放的能源取代化石能源。原則上我們當然應該三管齊下，但現實上我認為最急切、最有效的必然是第三點。

香港位處亞熱帶（並正逐步變為正式的熱帶），陽光猛烈充沛。此外，夏天有西南季風，而冬天則有強勁的東北季風，無論是太陽能和風力發電，都具備基本的條件。因此，香港應該盡快追隨國內訂立《再生能源法》。不錯，地少人多是一個最大的限制，但我們可以跟廣東省合作，例如興建大型的離岸風力發電場，甚至是筆者於第 23 章末所提出的綜合性可再生能源海上平台。

2019 年 2 月 18 日，中央政府公佈了《粵港澳大灣區發展規劃綱要》，提出要充分發揮粵港澳綜合優勢，深化內地與港澳合作，進一步提升大灣區在國家經濟發展中的戰略作用。其中第五章第三節清楚提出要「大力發展綠色低碳能源，加快天然氣和可再生能源利用，有序開發風能資源，因地制宜發展太陽能光伏發電、生物質能……不斷提高清潔能源比重。」但觀乎香港政府及社會各界對《綱要》所作出的大量討論，竟然無一對互相合作發展可再生能源這一點作出積極回應，實在令人失望。

我們不是常常說要把香港建成一個「創意之都」嗎？與其把創意用於設計更多手機程式、令人沉迷的電腦遊戲，或鼓吹更多物慾和消費的廣告之上，為什麼不制定配套的政策，鼓勵年輕人把創意用到環保和「綠色科技」之上，令他們在大灣區的建設中有一番作為呢？

筆者有一個願望，就是香港政府能夠定下目標，於 2040 年（或最遲 2050 年吧！看中國改革開放僅僅 30 年所取得的成就，便知 30 年的改變可有多大）把香港建設成為我國的首個「零碳之都」。

但願我們的領導者擁有這樣的遠見、氣魄和決心……。

讓我們改變

世界！

壞人得逞，皆因好人坐視。

The only thing necessary for evil to triumph is that good men do nothing.

艾德蒙‧伯克 ｜ Edmund Burke

不要低估一小撮滿腔熱血和理想的人可以改變世界的能力。事實上，世界的每一次巨變都是這樣開始的。

Never doubt that a small group of thoughtful, concerned citizens can change the world. Indeed, it is the only thing that ever has.

瑪嘉烈・米爾特 ｜ Margaret Mead

第 43 章

即使全球暖化沒有發生……

讓我們來作一個假設：假定懷疑和否定全球暖化的人完全正確，全球暖化的威脅真的只是個騙局，那是否表示我們可以安枕無憂，「馬照跑、舞照跳」地生活下去呢？

上世紀末，聯合國召集了過千名來自各個領域的專家學者，為人類迄今對地球生態系統所做成的影響，進行了一趟全面而深入的研究。2005 年，這項名為「千禧生態系統評估」（Millenium Ecosystem Assessment）的計劃發表了總結報告。報告顯示，無論在土壤、森林、草原、海洋、沿岸生態、山區生態、極地生態、淡水資源和生物多樣性等各個方面，人類活動的影響，皆已超出了自然界可以自我更新復原的「總負荷量」（total carrying capacity），其中一些更超出負荷量達 50% 之多。

◎　漁獲及天然淡水資源的短缺

在本書第 24 章中，我們已看到全球森林日益受到破壞的災難。另一個雖不這麼容易看見，卻同樣日益受到嚴重破壞的地方是我們的海洋。過去數十年來，隨著先進的機械化捕魚技術的應用，海洋裡體形較大的魚類皆因過度濫捕而出現數目下降的趨勢。尤有甚者，馬力驚人的漁船長程拖曳巨大的拖網，對海床生態——包括孕育著無數生物品種

的珊瑚區——已做成了極其嚴重的破壞。事實上，全球漁穫於上世紀
九十年代已開始停滯不前，一場巨大的「公地悲劇」每天都在我們眼
前展開，在「不甘後人」的邏輯驅使下，我們正不折不扣的在殺雞取
卵。到了全球漁業崩潰的那一天（加上海洋不斷酸化，這一天可能在
本世紀中葉之前便會出現），全球無數漁民（特別是第三世界國家的
漁民）的生計將受到致命的打擊。（一些分析顯示，索馬里海盜的肆
虐，正是當地漁民生計被摧毀的結果。）

為了應付日益增長的需求，海產養殖業（marine culture）在過去數十
年來蓬勃發展，這在某一程度上彌補了漁穫下降的影響，但飼料上的
龐大需求卻增加了糧食供應的壓力。

另一個巨大的隱憂是淡水資源的短缺。科學家的研究顯示，今天世界
上的主要河流之中，十條便有七條每年有一段時間出現「斷流」，亦
即未到河口即已枯乾。這一方面和氣候變遷、高山冰雪消減有關，另
一方面也和人口上升、經濟發展，沿途河水被大量抽用有關。在一些
地方，這已引起了環繞著水資源的紛爭，甚至國與國之間的衝突。此
外，世界不少人口密集的地方，近年來都大量鑽井，抽取天然地下水
庫（aquifers，又稱蓄水層）的水來使用，而抽取的速率，已遠遠超出
這些地下水庫——其中一些已有過萬年的歷史——所能自我補充的速
度。也就是說，另一場「殺雞取卵」的悲劇亦正在靜悄悄地上演……。

◎　物種大滅絕

在生物多樣性（biodiversity）方面，生物學家已經宣佈一場災難的來
臨。研究顯示，今天地球上生物物種滅絕的速度，較地球歷史上的平
均速率快上 1,000 倍。由於地球上曾經出現五次大滅絕事件，因此一

些科學家把今天的情況稱為「第六次滅絕」。首當其衝的物種是昆蟲類、鳥類和兩棲類，而與我們在進化上最親近的猿類如大猩猩、黑猩猩、褐猩猩等，也正處於滅絕的邊緣。

世界自然基金會（WWF）於 2018 年發表的一份研究報告指出，自 1970 年以來，全球的野生脊椎動物數量，已經下降了近 60%。按照這個趨勢，至本世紀下半葉，地球上便會只剩下人類和他們所飼養的禽畜。

一些人可能會說，物種的滅絕對研究生物的科學家來說可能是個災難，但對於大部分人來說，世界上少了一個品種又有什麼大不了呢？這個問題可以有不同層次的答案，但讓我們只是從最功利的角度出發：消失了的品種之中可能含有珍貴的藥用價值或其他經濟價值。而其中一些品種（科學家稱為「關鍵品種」，keystone species），可能與整個生態系統的平衡和延續有關。牠們一旦消失，整個系統便可能受到嚴重的影響。近年來，科學家發現蜜蜂的數量下降便是一個很好的例子。要知蜜蜂在農作物的繁殖方面扮演著重要的角色，假如蜜蜂的數量持續下降，將會對全球農業帶來極其嚴重的打擊。

從另一個層次來看，地球上每一個生物品種都是億萬年演化的結果，是宇宙間獨一無二、無比珍貴的。一個被戰火摧毀的城市（即使如廣島和長崎）可以被重建起來，但一個滅絕了的物種則是永永遠遠的消失。從這個角度看，「第六次滅絕」可謂人類最無可饒恕的罪行。

不用說，環境破壞不單影響其他生物，也直接影響到人類本身。科學家發現，今天在發達國家的居民血液當中，往往可以找到過百種不應存在的化學物質。過去數十年來，全球男性精液裡的精子數目下降，是醫學界一個不解之謎。近年來，更出現了不少兒童過份早熟的現象

（特別是女孩子，七、八歲便已月事來臨）。誠然，我們至今仍未知背後的確實原因，但我們若把這些事物（包括抑鬱病的普遍化與某些癌症的年輕化趨勢等）連結起來（英文中所謂 connecting the dots），即可看出環境污染和生態平衡的破壞，已經令我們身心的健康付上多麼沉重的代價。

◎　石油枯竭帶來的能源危機

現在讓我們轉向二十一世紀的另一個挑戰：石油的耗盡。早於上世紀五十年代便有學者指出，以人類開採和燃燒石油的速度，地層裡的石油將於不久被耗盡，而極度依賴石油的現代工業文明將因此被拖跨。數十年來，有關這個「石油產峰」（peak oil）——即全球石油產量達至峰值，往後只會逐年下降——將於何時出現引起了無數的爭論。到了今天，大部分專家都同意，地層中約 95% 的石油蘊藏量已被發現。事實上，自 1981 年以來，每年石油開採量與新發現藏量之間的差距已日益增加。以 2008 年為例，開採量為 310 億桶，而新發現的藏量便只有 70 億桶。也就是說，我們每發現一桶新石油的同時，便正在消耗掉四桶多的石油。

這不單是一個量的問題，隨著較易開採的石油日益耗盡，人們惟有轉向開採難度愈來愈高的油田。成本上漲固然會導致石油價格上漲，從而影響世界經濟，而開採的難度亦會導致事故的風險增加。類似 2010 年美國在墨西哥灣的原油泄漏災難，在將來可能會變得更為頻繁。

更令人不安的是，以往被認為不值得開採的一些含油的頁岩（oil shale）和油沙（bituminus sands，俗稱 tar sands 或 oil sands），如今都引起了生產商的興趣，加拿大的油沙已被大規模開採。但這種開採一

方面極其破壞生態環境，另一方面也釋放出大量溫室氣體，可以說是一種「飲鴆止渴」的行為。〔令人遺憾的是，透過加拿大的赫斯基能源公司（Husky Energy Inc.），香港的和記黃埔集團正是主要的開採者之一。〕

而不用說，石油的爭奪亦可能成為大國衝突的導火線，甚至可能引發戰爭。隨著北極冰冠的融化，周遭的國家已對北冰洋海底下的石油打主意。2007 年 8 月 2 日，俄羅斯一艘潛艇便將一面俄羅斯國旗插在北極的海底之上以宣示主權。不用說，她覬覦的不是那兒的海水或土地，而是之下的石油。

一個弔詭是，對於極力促進可再生能源的人來說，油價高企是大好消息，因為油價愈貴，則可再生能源的競爭力便愈高。但另一方面，油價高漲令到一些成本高昂而環境風險也高的開採（如方才說的油沙及北冰洋之下的鑽探）變得「划算」，如果我們不想這些開採出現，應該希望油價下跌才是。

但現實是怎樣呢？2008 年金融海嘯前，油價一度升至每桶 147 美元的高位，金融海嘯之後，則跌至最低的每桶 34 美元。十年過去，世界上的原油是開採一桶少一桶，但油價卻是平穩而偏低，就執筆的今天（2018 年 8 月 25 日）計，原油每桶只是 75 美元左右。本來隨著新興經濟體如「金磚五國」的崛起，高漲的需求應該令油價遠高於這一水平才是。這種不正常的情況之所以出現，一方面因為美國的基本國策是「超低油價」，而支撐這個政策的是全球性的軍事干預（甚至殺戮），低油價亦是美國用以打擊「反美」國家如伊朗和委內瑞拉的重要手段。另一方面，大石油商也寧願油價偏低，因為正如方才分析，油價愈低則可再生能源產業便愈難以發展。石油商（及煤炭商）財雄勢大，當

然寧可賺少一點也要將競爭對手「扼殺於襁褓之中」。

最後是產油國（最重要的是「石油輸出國組織」，Organization of the Petroleum Exporting Countries）的取向。以往，她們之間最重要的協議是限量生產以保持油價高企（即不要出現促銷的惡性競爭）。但有學者指出，在氣候變化日益明顯和「取締化石燃料」的呼聲日漸高漲的情況下，這些國家的優先考慮已經改為「愈快賣得多愈好」，簡單地說就是減價「散貨」，因為遲些可能想賣也賣不出。結果是「去碳」的呼聲愈高，「耗碳」的情況反而更嚴重。一些學者把這種情況稱為「綠色悖論」（green paradox），結果是，當石油耗盡時，我們只會更加沒有準備。

◎　日益加深的貧富懸殊

最後，讓我們再轉向另一個巨大的挑戰：日益加深的貧富懸殊。

即使不是歷史學家也應知道，我們生活在一個空前富裕繁榮的時代。然而，就是在這個空前富裕的年代裡，全球有超過 30 億人每天只能靠不足 2.5 美元維生；更有近 15 億人每天只靠少於 1.25 美元維生。按照聯合國的估計，在不少貧困國家裡，有接近一半的兒童長期營養不良。而每天因飢餓及相關原因死亡的兒童，至少有 16,000 人之多。

與此同時，愈來愈多的財富被集中到一小撮人手裡。首先，西方國家的總人口只佔全球的 15%，卻擁有全球 80% 的財富；世間最富有的 10% 人，其擁有的財富較最貧窮的 10% 人多上 3,000 倍；華爾街一些金融機構的行政總裁（CEO），其一個月所拿的薪酬，便較第三世界裡大部分人畢生所能掙的錢還要多。我們不禁要問，在這樣的一個世

界裡，和諧與穩定如何可能？自「9．11」事件以來不斷被渲染的恐怖主義，歸根究底不是一個種族或宗教的問題，而是全球公義的問題。

上述三大問題：生態危機、能源危機、貧富懸殊的道德危機，都令二十一世紀成為一個充滿挑戰的世紀。當然，這三大危機是環環相扣、息息相關的。例如現代農業十分依賴石油和淡水的供應，兩者的短缺將令全球的糧食價格飆升，而首當其衝的必然是貧國人民，以及各個社會（包括富國）的草根階層。2008 年，全球糧食價格飆升，便令一些發展中國家出現騷亂。研究全球糧食供應的專家指出，上世紀八十年代中期，全球的糧食儲備為 130 天，可是今天只足夠 60 天之用。他們鄭重警告，隨著人口上升、耕地縮減和特大天災的影響，未來數十年除了「水源戰爭」外，還極有可能出現「糧食戰爭」。（為了保障糧食供應，某些較富裕的國家——包括中國——已開始在一些發展中國家收購大片農地，並把收成的糧食運送到自己國家。不難想像，一旦出現全球糧食短缺，這將會導致多大的仇恨和衝突。）

◎　以綠色世界觀改變世界

綜上所述，從 2008 年爆發（且至今餘波未了）的全球金融海嘯，到 2018 年的中美貿易戰，皆只是這種種更深層危機爆發前的「預演」。簡言之，我們生活在一個「四不」的世界：不公義、不和諧、不穩定、不可持續。以為我們可以大致上「一切如舊」地生活的人，必定是生活在一個與世隔絕的夢中世界。

自有史以來，人類社會一個最根本的原則是，無論每一個人還是每一個時代，無論期間的過程是如何艱辛和曲折，我們都應該致力把一個更美好的世界留給我們的後代子孫。可悲的是，過去這百多年以來，

在人類的貪念和錯誤教條的引領下，這個原則已被徹底破壞！無論就
空氣、土壤、河流、森林、湖泊、海洋以至整個地球的生物圈和氣候
而言，我們都正在將一個愈來愈貧乏、脆弱、醜陋、動盪和凶險的世
界留給子孫。在歷史面前，我們必須回答的問題是：我們怎可以做出
如此不負責任和如此可怕的事情？

總括而言，即使「全球暖化是個騙局」，我們也必須同心戮力，奮起
扭轉現今世界的發展趨勢。而在此之上，如果你認同全球暖化是一個
真實威脅的話，那我們更應大力推動以「綠色哲學」為基礎的經濟改
革，並以更高層次的「綠色世界觀」來改變這個世界。

第 **44** 章

文明衰亡的歷史教訓

提起伊拉克這個國家，大家會想起什麼？戰亂？沙漠？的確，自從上世紀九十年代至今，我們從新聞報導獲悉的伊拉克消息，都離不開炮火連天的戰事；而從電視的新聞片段所見，都是沙塵滾滾的一片荒蕪景象。

然而大家是否知道，今天伊拉克所在之處，正是有「人類文明搖籃」之稱的美索不達米亞（Mesopotamia）區域？在古代，這個又被稱為「兩河流域」的地區〔指流經此處的底格里斯河（Tigris）和幼發拉底河（Euphrates）〕是一個土地肥沃、水草茂盛的平原，早於 7,000 年前，一個名叫蘇美（Sumer）的古文明即在這兒興起，不但創立了人類最早的文字和法典，也開啟了大規模的水利農耕。它後來雖然沒落，但代之而起的巴比倫帝國和亞述帝國等亦經歷了光輝燦爛的日子。

但今天所見的景象，卻怎樣也無法令人聯想到當年的富庶與繁榮。問題出在哪裡呢？更直接地問：是什麼令原本水草茂盛的一個地區，變成了一片黃沙萬里的乾旱地帶呢？

◎　　過度耕作的結果

從科學家的研究得悉，自然環境的這種劣化，很大程度上原來是人

為的結果。人們透過引水灌田以進行大規模的農耕，因長期灌溉加上排水欠佳，泥土底層的鹽份逐漸被水份透過毛細管作用（capillary action）抽升到表面。這些鹽份在表層積聚，最後令土壤變得完全不適合耕種。這種過程科學家稱為「鹽鹼化」（salinization）。

人類文明搖籃的衰落，竟然是因為文明發展對自然環境造成的破壞。對於面臨全球暖化威脅的我們而言，這無疑深具啟發意義。類似的情況在人類史上屢見不鮮，例如大家都可能聽過中美洲的瑪雅文明（Maya civilization），它不但擁有文字和先進的曆法，更擁有甚具規模的城市建設。然而，持續了近 2,000 年的這個先進文明，卻於 700 多年前猝然崩潰。而按照科學家的研究推斷，氣候變遷固然是崩潰的主因之一，但人口上升導致生態資源備受破壞（水土流失、捕獵過度）亦是一個重要的因素。

◎　氣候變遷導致文明衰落

我們今天知道，氣候變遷與文明盛衰的關係遠較我們過往所知悉的密切。例如約 1,000 年前，歐洲曾經有過一段「中世紀溫暖期」（Medieval Warm Period），當時北歐的維京人，便曾經在格陵蘭的南端建立殖民區並進行農耕。但好景不常，十六世紀的歐洲出現了「小冰河紀」（Little Ice Age），這些殖民區在嚴寒的天氣下受到了致命打擊，最後被逐一放棄。

除了天氣變冷之外，對文明一個最大的打擊是持續乾旱。不少人都以為北美洲的印第安土著都是靠遊牧為生，沒有什麼具規模的城鎮建設。但科學家在美國的西南地區發現了一個名叫阿那薩（Anasazi）的文化遺址，顯示早於 3,000 年前，這兒的人（稱為「古普韋布洛人」，

ancient Pueblo people）便已進入農業社會，並興建了大量沿峭壁而築的「窰洞」式居所。按照出土文物顯示，當時周遭的環境林木茂盛，與今天的半沙漠情景迥然不同。

研究顯示，約 800 多年前，這兒的氣候起了重大的變化，天氣變得愈來愈乾旱，水源愈來愈缺乏。再加上當時的居民不斷大量砍伐樹木，令水土嚴重流失。到最後，這個北美洲唯一的原居民城鎮迅速衰落，至今只剩下讓人憑弔的遺址。

◎　過度伐林摧毀復活節島

關於濫伐林木所做成的惡果，教訓最為深刻的莫過於位處南太平洋的復活節島（Easter Island）。西方人於十八世紀發現這個孤島時，都被島上一排一排的巨大石雕人像所震懾。這些石像為數之多，以及建造時所要求的龐大資源和工藝技術，表示建造者的文化必然已有相當水平，而周遭的天然資源亦必十分豐富。但就探險家所見，這個島幾乎荒蕪一片，既不見別的發達文明遺跡，亦不見可以支持這樣一個文明的自然生態環境。在好一段時間裡，這個謎團惹來了各種猜測，一些人甚至認為巨型石像乃由外星人所建造。

經過考古學家的深入研究，謎團終於解開了。石像並非什麼外星人的傑作，而的確由島上居民的祖先所建造。這些人約在 800 多年前來到這個孤島，建立家園並開枝散葉，最興盛時期的人口達 10,000 多。當時島上佈滿茂密的樹林，天然資源跟南太平洋的其他島嶼同樣豐富。

然而，隨著人口上升和林木被大量砍伐，令水土流失、資源耗盡，自然環境受到嚴重的破壞，從而威脅到基本的生存條件。在宗教狂熱的

驅使下，人們更大量建造一群一群的巨型石像。可能他們以為石像可以幫助他們扭轉厄運，但可悲的是，石像的建造只有加速了林木的摧毀。到最後，生態崩潰導致人口銳減，待西方人抵達之時，島上的人已基本上忘記了那些巨像是如何建造的了。（更可悲的是，西方人對這個島的「開發」帶來了更大的生態破壞，他們帶來的病菌更差點兒把島上僅餘的原居民殺光。）

著名學者戴蒙（Jared Diamond）在他的著作《大崩壞》（Collapse）之中，詳細地闡述了以上的歷史。到了章末，作者沉痛地追問，「他們為什麼沒有意識到他們的所作所為而懸崖勒馬呢？他們將最後一棵樹砍下來的時候，心裡正想著什麼呢？」

他的這個問題，其實也完全適用於今天。事情已經很清楚了，不少文明曾經因為氣候變遷，也因為罔顧對自然環境的破壞而招致滅亡。在過往，這些悲劇都只是限於個別地區。但今天我們面對的，則是整個人類文明的衰落。

前事不忘，後事之師，但願我們真的能從歷史中汲取教訓。

第 45 章

經濟教條的巨大禍害

我們在第 16 章已經看過，有關「貼現率」的「經濟學智慧」，如何妨礙我們對問題作出適當的回應。

人類經濟活動的發達，當然遠遠早於經濟學的興起。然而，自從經濟學興起至今的 200 多年間，這門學問確實肩負起一個重要的責任，那便是指導人們如何把各種社會資源作出最佳的配置，令經濟能最有效地發展，從而令人民的物質生活得到最大的改善。

所謂「衣食足而知榮辱」，對美好生活的追求，當然要建基於大致豐足的物質條件之上。遺憾的是，過去百多年來，特別是近 40 年來，現代經濟學已經發展成為一套自圓其說卻脫離現實的教條，不但未能好好地完成它的使命，還為世界帶來了重大的禍害。

◎　現代經濟學過大於功

讓我們看看現代經濟學——特別是過去數十年佔主宰地位的「芝加哥學派」（Chicago School）所鼓吹的「新自由主義經濟學」（Neoliberalism）——的一張「成績表」。首先，一套「及格」的經濟學至少應該幫助我們達到（1）合理的資源分配、（2）穩定的經濟秩序、（3）可持續的經濟增長。那麼，新自由主義經濟學過去數十年在這三

方面的表現又如何呢?

我們在第 43 章看到,今天的世界是一個貧富極度不均的世界。數以
億計的人即使如何辛勤工作,每天也只能靠不足兩三美元過活;而不
少大企業的行政總裁,每天拿的薪金卻較這些人全年全家的生活費還
要高。尤有甚者,這種貧富懸殊的現象,在過去數十年來不但沒有減
少,反而愈演愈烈。自由經濟學派所鼓吹的「滲滴式經濟學」(trickle-
down economics,即只要不斷「把蛋糕造大」,窮人的境況自會改
善),已被事實所否定。從合理資源分配的角度看,這套新經濟學無
論怎樣看也只能評為「不及格」。

那麼從維持經濟秩序穩定來看又怎樣呢?不少研究經濟史的學者指
出,過去 30 多年來在全世界所爆發的金融和經濟危機,其頻密程
度較之前的數十年還要高。究其原因,是以金融為主的「虛擬經濟」
(virtual economy)急速膨脹,投機性的巨額資金於全球自由流竄,結
果是「實體經濟」的穩定性不斷受到衝擊,從而帶來社會動盪和廣大
人民的痛苦(包括積蓄盡喪和驟然失業等)。

這樣看來,就經濟穩定這個目標來看,新自由主義經濟學也是不合
格。如果我們再加上「即使未能完全維持穩定,也至少能對巨大經濟
動盪預先提出警告」的指標,則它的表現只會更為糟糕。筆者所指
的,當然是 2008 年爆發的全球金融海嘯。我們不禁要問,如果連如
此巨大的經濟動盪也無法提出預警(更不要說避免),我們還要這套
經濟學來做什麼呢?〔每年年初在瑞士達沃斯(Davos)雪山之上召開
的「世界經濟論壇」(World Economic Forum),集合了全球最頂尖的
政商領袖,為的是對全球經濟發展作出回顧、分析與前瞻。筆者極力
推薦大家上網閱讀它的《2008~09 周年報告》(*Annual Report 2008-*

9），你會驚訝地發現，這群全球精英竟然對半年多後即爆發的全球金融海嘯一絲警覺也沒有！〕

但比起上述兩項「不及格」的評分，第三項不及格才為禍最大。各位閱讀至此，當然深知現代經濟發展是如何的「不可持續」。可憐一些經濟學家仍然堅持這只是「環境問題」而與經濟學無關，難怪一些學者把現代經濟學稱為「患有自閉性的經濟學」（autistic economics）。

現代經濟學的自閉性質，主要來自以下兩大預設：

（1）大自然的資源是無窮無盡的，即使某種資源有耗盡的時候，市場機制（即利潤動機，profit motive）加上人類的聰明才智也會很快產生代用品。也就是說，「自然資源的限制」這個因素毋須被納入經濟分析之中；

（2）經濟活動的確可能會對當事人以外的第三者（或是整個社會或自然環境）帶來一些影響（如環境污染），但這些影響屬於經濟活動的「外部效應」（externalities）。如何處理這些效應屬於社會的問題，而不是經濟學的問題。

◎   經濟學妨礙對全球暖化的回應

經濟學的「自閉」原本只是一個學術問題，它之所以導致如此巨大的禍害，在於過去 30 多年來，新自由主義所極力鼓吹的「市場萬能論」（market fundamentalism）。這套思想令所有人都相信：「市場是最聰明的」（the market knows best）。而面對重大的社會失衡，政府的任何行政干預都只會把問題弄得更糟。我們必須做的，是「把一切付託給市

場」，因為只有這樣，我們才能達至最有效益的結果。

正因為這種意識形態上的阻撓，西方不少國家（特別是美國）都從原則上抗拒碳稅（因為這被看成為一項行政措施），而只是接受碳貿易的安排（因為這被看成為一個市場解案）。

從更深的一個層次看，現代經濟學把人約化為只懂追求「效益最大化」（utility maximization）的「超級理性計算機器」（super-rational calculating machines）；而市場在「完全競爭」（perfect competition）的環境下則必然趨於「效率最大化」和「均衡狀態」等預設，都令它嚴重脫離現實。

這種狹隘偏頗的經濟學理論還帶來了以下的惡果：

（1）把「消費主義」（consumerism）放到經濟發展的核心地位。這是一種十分奇怪的本末倒置，經濟發展原本就是為了滿足人們的消費，如今我們卻要極力鼓吹消費以「維持經濟發展」，結果是大量資源在廣告催谷的消費下被浪費掉。物慾氾濫和精神空虛已經成為了現代社會的主要特徵，人與人之間、人與自然界之間，以及人與自己內心世界之間的和諧等追求，都已經被「經濟發展」這個「硬道理」所淹沒。

（2）以國民生產總值（GDP）作為經濟、社會發展和國家富強的唯一指標。一些學者曾經指出，以現今的 GDP 計算方式，一個政府花在監獄與教育方面的開支毫無分別。同一道理，假如一艘油輪漏出大量原油而對沿岸的生態做成重大災難，則政府在清理油污上所花費的巨大公帑將被計算為 GDP 的一部分。事實上，任何對天然資源（如石油、礦藏、木材）的消耗只會被計算為「對國家財富的增加」而非「國

家資產的減少」。有人更嘲諷地指出，一個人如果想對國家的 GDP
作出最大貢獻，最有效的做法是患上一個醫療費用極其昂貴的長期疾
病，加上正在進行一趟花費浩大、曠日持久的法律訴訟、並駕著一輛
耗油量特高的大型房車四處奔馳⋯⋯。

（3）更具體地說，由於經濟學不考慮「外部效應」，我們今天在學校
所學到的會計學和財務分析，基本上都是虛假的學問。事實是，沒有
被計算到一間公司營運成本中的「外部效應」，最終都會變成整個社
會的「內部效應」，而必須由所有公民（包括沒有能力買這間公司的
股票以獲利的草根階層）來承擔。如果我們進行真正全面的會計計算
（full-cost accounting），把對大自然的破壞包括在內，我們將會發覺，
我們過去數十年的經濟增長其實是個負數。

（4）今天的企業都擁有「法人」（legal persons）的地位。但與你和我
這些「自然人」（natural persons）的法人不同，企業毋須遵從任何良
知、倫理和道德規範。一些有識之士指出，在「利潤最大化」的唯一
指標之下，企業的不少行為如果被放到一般人類的世界來看，都會
立即被看出是充滿病態的、反社會的行為（pathological & anti-social
behaviours）。這並不表示主管企業的人喪失了良知，而是資本主義的
遊戲規則使然。

◎　社會需要一套經世濟民之學

說到資本主義的遊戲規則，筆者於數年前寫了一本名叫《資本的衝
動——世界深層矛盾根源》的書籍，嘗試從現代銀行體制中的存款與
貸款利息差額、借債經營的商業運動模式、部分儲備金率下的信貸膨
脹與通貨膨脹、大魚吃小魚的邏輯、股票市場的期望與壓力等各個方

面，探討「資本必須永恆地膨脹」的內在邏輯。扼要地說，要在「人類生死存亡」與「季度業績」之間二擇其一的話，任何大企業的 CEO 都只能選擇後者，因為選擇前者的一早已被開除；同理，要在「人類生死存亡」和「資本累積」之間二擇其一的話，任何資本家都只能選擇後者，因為選擇前者的一早已被其他資本家淘汰了。

「但世界上除了資本家和 CEO 之外，還有政府和她的選民呀，難道他們不能齊心將形勢扭轉，把人類的發展帶向安全的方向嗎？」你可能會問。但在現時的經濟制度下，每個政府都要努力「創造良好的營商環境」以吸引資本家投資，而只要資本家不肯投資（或甚至只是放出「撤資」的風聲），股市應聲下挫，政府就得乖乖就範。我們還未指出的，還有政治競選中的商界資助，以及政客退休後往往轉往商界「服務」這些延後利益的影響呢！

有感於過去數十年的盲目發展趨勢，諾貝爾經濟學獎得獎者、著名經濟學家肯尼思・博爾丁（Kenneth E. Boulding）便曾經充滿感慨地說：「相信可以在一個有限的體系中追求無限增長的，要不是個瘋子便是一個經濟學家。」（To believe that one can have infinite growth in a finite system, one must either be a madman or an economist.）可惜的是，在強調「商機無限」的資本主義遊戲規則下，「無限增長」成為了我們的唯一選擇。

有人作過一個有關人生價值的精闢比喻：人生就像一場雜耍，要不停拋接「事業」、「家庭」和「健康」三個球令它們保持不墜。其中唯一具有反彈力的球是事業，但我們卻往往為了它而不惜犧牲家庭和健康這兩個墮地即碎的球。筆者對此的引申是：人類也正在玩一場雜耍，而三個球是「經濟」、「社群」和「環境」。同樣地，經濟是最具有反

彈力的一個球，但我們卻為了它而不斷犧牲社群和環境。面對如此愚蠢的行為，我們不禁要問：人類還有資格自稱「萬物之靈」嗎？

事實上，自然界的事物都會互相制約、互相適應而達至一個微妙的平衡狀態，就正如一個人出生後，成長會減慢停止，最後穩定下來。但「自由放任資本主義」（free-market capitalism）的不斷膨脹，就好像毫無節制地生長的癌細胞。結果是，我們的物質文明就像一輛只有油門卻沒有剎掣的汽車，明知前面可能有萬丈深淵也無法減速。

愛因斯坦曾經說過：「一種思維模式既導致了問題的產生，同樣的思維絕不可能令問題得到解決。」（A problem cannot be solved by the same level of thinking that created it in the first place.）我們在對抗全球暖化這個問題時，必定需要經濟學的幫助。而不少人亦正確地指出：「商界必須是解決方案的一部分。」（Business must be part of the solution.）但讓筆者在此呼籲，我們需要的是一套真正的「經世濟民」之學，而不是過去數十年來主宰世界的經濟教條。

第 46 章

全球金融海嘯的深刻教訓

2008 年爆發的全球金融海嘯，是對二十一世紀人類文明的一下當頭棒喝。當無數財經專家以為人類透過全球化下的「新經濟秩序」（new economic order）和「金融創新」（creative finance）等手段，已經找到通向無盡財富的鑰匙之際，現實卻以無情的邏輯告訴我們，漠視世間事物基本規律的「聰明」做法，即使短期內會帶來可觀的回報，到頭來還是會受到嚴厲的懲罰。

同樣的道理當然也適用於全球暖化這個問題之上。然而，除此以外，金融海嘯還包含著不少深刻的教訓。現在讓我們看看，這些教訓如何指引我們的未來路向。

◎　聰明反被聰明誤

首先，不少專家「事後孔明」地指出，過去十多二十年來，隨著金融業的高速發展，全球金融體系的複雜性已經到達一個驚人的地步。無數經過精心設計的「投資衍生工具」（derivatives）加上層層包裝和「槓桿再槓桿」（multiple leveraging）的巧妙安排，令整個系統的複雜性，遠遠超越了任何人可以全盤了解的地步。尤有甚者，由於這是一個充滿著各種反饋迴路（feedback loops）的「非線性動力系統」（non-linear dynamical system），我們無法準確預知在各種因素的干擾下，系統（特

別是透過人工智能所作的超頻密、超大量的交易底下）會作出怎麼樣的反應。更極端地說，我們無法估計在什麼情況下，整個系統會出現致命的動盪而徹底崩潰。（不幸的是，這種「極端」的設想最終變成了事實。）

不難看出，上述的分析也完全適用於地球的氣候系統身上。地球的氣候也是一個充滿著各種複雜反饋迴路的「非線性動力系統」。在過往，人類對它的干擾由於規模不大，系統的復原能力（restorative power）仍然可以把氣候維持在一個相對穩定的狀態。然而，人類的活動迄今已令大氣層中的二氧化碳含量增加了 45% 之多，而按照現時的趨勢，這個增幅到了本世紀下半葉更可能超過 100%。有誰敢擔保，這樣的干擾不會帶來災難性的後果？

金融海嘯爆發之前，一眾財經專家雖然知道過於複雜的金融系統帶來了危險，但他們都滿有信心地指出，他們已經設計了一系列「風險管理」（risk management）的預防措施，能夠限制風險帶來的負面影響。我們今天當然知道，這些措施完全是自欺欺人的一回事。〔在誘發金融海嘯的「次按危機」之中，「信貸違約互換」（CDS）就是這樣的一個風險管理系統。〕也是從「事後孔明」的角度出發，一些專家指出，面對著「非線性」的複雜系統，以統計分析進行的風險評估並不管用。這是因為我們面對的不是一般統計分佈上的「風險」，而是深層次和巨大的「不確定性」（uncertainties），我們今天稱這些不確定性導致的突變為「黑天鵝事件」。

不用說，這個分析也完全適用於氣候變化的問題之上。著名氣候學家布洛克（William Broecker）便曾經作過一個生動的比喻：「氣候就好像一頭憤怒的巨獸，而我們正不停地用尖棒子來刺牠。」以為我們可

以做好「氣候風險管理」的人，極大可能被巨獸所吞噬。

◎ 注定要重蹈覆轍嗎？

筆者在上文多次提到了「事後孔明」的財經專家，對於部分學者來說這實在有欠公允。因為早於金融海嘯爆發前半年、一年甚至數年，一些有識之士已陸續提出了警告，指出這種「以債務創造財富」的發展方向是如何的不可持續。然而，所謂「言者諄諄、聽者藐藐」，狂歡派對正酣之時，提出終止派對的人只會被人痛毆。歷史上屢見不鮮的悲劇是，帶來壞消息的信差不但不會得到感激，反而會受到咒罵。

又一次地，全球暖化危機與金融海嘯何其相似。我們同樣正以債務創造財富，只不過這次的債務不是金錢，而是大自然的美好環境。而提出警告的人，也往往被人認為在危言聳聽和製造恐慌。我們不禁要問，無論我們如何努力提出警告，最後是否也會像金融海嘯一樣，無法阻止災難的發生呢？

這無疑是一個令人沮喪的結論，也是金融海嘯帶給我們最深刻的教訓。更為令人沮喪的是，自金融海嘯爆發以來十年（本文修訂時為2018年底），由於透過了「超大規模量化寬鬆」（美國的 QE I、QE II、QE 無限，以及各國相類似的政策）這種「財技」（說穿了就是大印鈔票），我們是用了更大的（以萬億計）的債務來「以債補債」。結果是崩潰被暫時支撐著，經濟活動大致恢復正常，而大部分人已經完全忘掉了這趟災難背後的深層意義，重新回到舊有的思想和行為模式之上。他們大多這樣想：金融海嘯是一趟不幸的事件，但我們下次只要小心一點便行了。我們不禁再問：人類是否真的不會從歷史中汲取教訓？（著名的反戰民歌 Where Have All the Flowers Gone？中的歌詞

「When will they ever learn？」不禁在筆者腦海中油然而起……。）

當然，筆者絕對不能接受敗北主義的思想。而從積極的角度出發，金融海嘯確實也帶來了一些較為正面的啟示。

還記得《斯特恩報告》中指出，大力減排以防止氣候災難的經濟代價，可能達至全球 GDP 的 2%；但如果什麼也不做，氣候災變最終帶來的經濟損失則可能高達 GDP 的 20% 這個結論嗎？反對者一方面指出20% 這個數字只是個猜測，另一方面則反覆強調，2% 的開支將會如何嚴重打擊全球的經濟，因此是完全不可接受的。

但請看看金融海嘯對全球經濟所帶來的衝擊。按照世界銀行發表的資料，在金融海嘯爆發之前，全球的經濟增長率為 5.2%，而在海嘯之後，增長率於 2009 年急跌至只有 0.6%，這還是因為有亞洲區的增長作為支撐。在美國，GDP 前後下跌了 6%，而在英國則達 7.4%。德國、日本和某些國家的跌幅更達雙位數字，經濟增長基本上是個負數。

我們當然不應小看這趟災難帶來的影響，特別是對貧窮國家和貧苦大眾所帶來的痛苦。但我們不禁要問：上述主要由貪婪造成的經濟衰退，遠較斯特恩所提出的 2% GDP 大得多，但至今仍沒有出現氣候變化否定者為嚇唬人們所宣稱的經濟崩潰和動盪，「大力減排會拖垮全球經濟」這種說法，在事實面前不攻自破。（請試想想，這次經濟損失的一小部分如果可以拿來發展「低碳經濟」，所得的回報不是意義重大得多嗎？）

◎ 反對碳稅者的恐懼策略

現在讓我們看看某些人極力反對碳稅的理據。與上述反對者同出一
轍，其理據當然也是「會嚴重打擊經濟」。但請看看一些實際的數據：
自 2002 年中至 2008 年中的短短六年間，原油的價格漲了近七倍（由
20 多美元一桶升至破記錄的 147 美元一桶），但期間世界經濟不但沒
有被「拖垮」，反而是節節上升。相反，在金融海嘯之後，原油價格
急挫至 30 多美元一桶，往後幾年間，雖然回升至 100 美元左右，但這
對全球經濟復蘇並沒有帶來什麼實質的影響。也就是說，如果我們引
入逐年遞增的碳稅而導致化石燃料價格上漲，結果會大力促進可再生
能源的發展，而非經濟受到嚴重打擊。不斷提出負面推論抵制碳稅，
只是既得利益集團的另一項「恐懼策略」（fear tactics）罷了。

金融海嘯令我們看清楚氣候變化否定者的「經濟論據」是如何誇張失
實，為推動「綠色經濟」的主張排除了一定障礙。但這只是從概念上
而言。從實際的角度看，2008 年金融海嘯實為對抗全球暖化的努力帶
來了頗為沉重的打擊。這是因為各國（特別是西方國家）為了全力挽
救經濟，「對抗暖化」這個原本已經位列不高的政策目標，被進一步放
到更低的優先位置。哥本哈根氣候會議之所以徹底失敗，金融海嘯是
一個主要的原因。

美國總統奧巴馬競選期間，曾經承諾會推動「綠色新政」（Green
Deal），以一改布殊年代的錯誤政策。但他在任八年，這個新政無法落
實，他所屬的民主黨最後更敗於共和黨手上，讓否定氣候變化的特朗
普成為總統。同樣的情況也發生在英國、澳洲和加拿大等國家身上，
她們過去十年雖然都換了領導人，但在對抗全球暖化方面卻仍乏善可
陳（加拿大更是繼續開採她的油沙……）。

但對抗全球暖化是一場曠日持久的鬥爭，我們不應為一時的挫折而氣餒。愈來愈多年輕人已開始看到現今這個世界的不可持續。大自然固然已經多次向人類發出了警號，改弦更張可謂刻不容緩。但較少人提出的是，由「財技」暫時掩蓋的金融危機其實並未消失，所以我們必須在下一次金融海嘯和經濟衰退來臨之前，將人類發展的方向大幅扭轉，否則當海嘯來臨，能夠有效對抗環境災劫的機會只會更為渺茫。

在下一章我們將嘗試看看，我們如何可以透過一場「新綠革命」，開創人類文明的新紀元。

第 47 章

「綠色革命」——開創人類文明新紀元

自 2001 年起，一群來自全球不同國家、地區和團體的人士，每年都在
不同國家召開一個名為「世界社會論壇」（World Social Forum）的會
議，以抗衡每年在瑞士度假勝地達沃斯所召開，由全球數千名特級權
貴所主持的「世界經濟論壇」。這個社會論壇的口號是：「另一個世界
是可能的！」（Another World Is Possible!）

提出這個口號實在需要很大的勇氣，因為對於絕大部分人來說，「另
一個世界」是難以想像的。最先推行新自由主義經濟政策的英國首相
戴卓爾夫人（Margaret Thatcher）便曾高調地宣稱：「除此之外別無選
擇！」（There is no alternative!）言下之意，便是如果不採取新自由主
義的經濟主張，社會發展將停滯不前，甚至掉回中央集權和計劃經濟
的共產主義泥沼之中。

◎　摒棄新自由主義免車毀人亡

的確，人類在二十世紀經歷了共產極權主義所帶來的慘痛教訓，沒有
人會想在二十一世紀重蹈覆轍，這當然也是新自由主義之能夠在短期
內席捲全球的主要原因。平情而論，新自由主義在創富方面確是成績
斐然，但一方面財富的分配極其不均，另一方面它們乃以「透支」我
們的生態健康為基礎。我們在本書中已充分看出，有關的政策如何造

成（或至少是強化了）我們今天這個「四不」的世界：不公義、不和諧、不穩定、不可持續。要避免人類文明這一列車「車毀人亡」，我們必須盡快改弦更張、另覓蹊徑。

筆者要鄭重指出的是，摒棄新自由主義絕非等於反對市場經濟。事實是，自有文明以來，市場便是人類社會和經濟活動的重要組成部分。但正如環保學者莫里‧洛溫斯（Amory Lovins）所說：「市場只不過是一種工具。它是一個不錯的僕人，卻是一個糟糕的主人，更是一個糟透了的宗教。」（Markets are only tools. They make a good servant but a bad master and a worse religion.）

早於上世紀末，一些有識之士便已指出，人類必須在共產主義和資本主義之外，開出一條新的發展道路。1997 年英國首相貝理雅（Tony Blair）上台時，曾以著名社會學家安東尼‧吉登斯（Anthony Giddens）的學術理念為基礎，提出了「第三條道路」（The Third Way）的構想。可惜的是，貝理雅敵不過跨國大財團、大企業的壓力，最後還是在新自由主義和全球化經濟的巨浪——亦即所謂「華盛頓共識」（The Washington Consensus）——之前低頭。而「第三條道路」的理想，更淪為人們的笑柄。

孫中山的革命要經歷九次失敗才成功。「第三條道路」的開闢亦同樣曲折和崎嶇。但在巨大氣候災難的當前，我會把戴卓爾夫人的「名句」挪為己用：我們已經別無選擇！

◎　開闢第三條道路

環保運動很早便提出了著名的「3R 原則」：Reduce（減少用量）、

Reuse（重複使用）和 Recycle（循環再造）。近年來，這被擴展為「7R原則」，增加了 Rethink（重新思考）、Redesign（重新設計產品或流程）、Repair（修復）以及 Recovery（復原）。在這之中，筆者認為最重要的是「重新思考」這一項。一些學者已經指出，我們最需要的其實是 Reinvent（再發明）和 Reimagine（再想像），不單是科技層面，還包括政治、經濟和社會制度的再發明再想像。引申到更宏觀的文明抉擇，上述的「第三條道路」，正是要我們進行「再想像」的一趟嘗試。

就以企業的營運而言，論者即提出了「3P」或稱「3BL」的指導思想。所謂 3P 是指 Planet（行星，亦即自然環境）、People（人，亦即社會或社群）和 Prosperity/ Profits（財富、利潤）。而所謂「3BL」是指「Triple Bottomline」（三重底線），亦即企業營運的成功與否，應以它在「環境保護」、「社群促進」和「創造財富」三方面的貢獻作為指標。

不少人批評，這些都只是理想主義者一廂情願的勸喻，在現實世界中不可能實現。不錯，在現今的制度下，一間真正奉行 3BL 的企業一早便倒閉了。芝加哥學派的宗師米爾頓・佛利民（Milton Friedman）在被問及何謂「企業社會責任」（corporate social responsibility）之時，他的回答是：「企業最大的社會責任便是追求利潤。」過去數十年來，更常被高舉的價值是「股東利益最大化」（maximization of shareholder value）。在這個大前提之下，遊說政府放寬環保監管條例、盡量減低處理環境污染的開支、削減員工福利，以至大幅裁員以縮減成本等都是企業的「應有之義」，也是企業 CEO 之可以獲得超高薪酬的邏輯基礎。

留意我說「在現今的制度下」，但制度是人創造的。人可以創造一套制度，當然亦可以改變它。真正能夠拯救世界的「綠色革命」絕對不是多建幾個風力發電場這麼簡單，它要求我們進行大膽的「再想像」

以改變既定的遊戲規則。二十一世紀最需要的，是「制度的創新」。

這是一個十分大的題目，要充分探討是另一本書的責任。筆者在此能夠做的，便只有列舉一些有關的議題，以刺激大家思考。各位若想多知一點，可自行找一些有關的書籍來看看。

◎　「再想像」的挑戰

首先要介紹的是已經有人付諸實踐的兩項「再想像」：「微額貸款」（micro-lending）和「社會企業」（social enterprise）。前者是向窮人發放的、毋須正規抵押品的小額銀行貸款；而後者則是把員工、顧客及至整體社會利益——而非股東利益——放回第一位的企業營運模式。兩者都已有數十年的歷史，卻因為主流意識的掣肘而未能有更蓬勃的發展。我們面對的挑戰，是如何改變基本的遊戲規則，以令它們能成為主流的一部分（或甚至是主要的部分）。

其他一些「再想像」的挑戰包括：

（1）落實「生產者延伸責任」（extended producer responsibility）制度，推動生產者對用畢的產品作全面回收的營運模式；

（2）仿效大自然的「零廢料、零垃圾」原理，推動「從搖籃到搖籃」（cradle-to-cradle）的「零廢料生產」（zero-waste manufacturing）工業模式；

（3）鼓勵節約並推行「可加可減」的水費、電費和垃圾清理費制度，亦即高於標準人均量的部分會按「累進原則」增加收費，而低於此量

的部分則會按「累退原則」減費；

（4）大力限制車牌數目，建設快捷舒適的公共運輸系統，並以方便廉宜的出租車以取代私家車（就像一些城市已在推行的「隨借隨還」的單車租賃服務一樣）；

（5）與民主制度一人一票的原理看齊，實行人人平等的碳排放配額制度（carbon quota system）（一個類似的建議則是引入人人平等的「肉食配額」制度）；

（6）訂立逐年提高的碳稅，並以所得稅款大量補貼可再生能源，以求在最短時期內取締化石燃料；

看！這才是現今世界所需要的創意思維啊！當然，這只是其中一小部分，其他的「再想像」還可以包括：

（1）以政策優惠鼓勵年輕人開發服務全球貧苦大眾——也同時可以盈利——的「金字塔底部」（Bottom of the Pyramid）企業（而非只是服務富人作可有可無消費的企業）；

（2）創立一個更全面的指標來取代國民生產總值；

（3）以縮減貧富懸殊和創造充分就業——而非簡單定義的「經濟增長」——作為社會發展的首要目標；

（4）以法例和稅務優惠大力推動「員工所有制」（employee ownership system），使企業員工成為公司的共同主人和決策者（北歐的一些國家

已在推行類似的制度）；

（5）再進一步是大力推動以服務社會和照顧員工為主要目標的「合作社」（cooperatives），以取代傳統以股東利益最大化（即利潤最大化）為目標的企業；

（6）大大削弱公司（特別是跨國企業）的法人地位；如果公司做了嚴重損害社會利益的事情，公司的擁有人和管理層必須負上刑事責任；

（7）取消利得稅而把一切企業盈利納入個人入息稅；

（8）另一個建議則是取消個人入息稅而代之以「碳足印稅」（carbon footprint tax）；

（9）把企業的廣告開支納入可課稅部分，以遏抑日益氾濫的消費主義；

（10）設立「公民基本收入」（universal basic income）制度；

（11）徹底改革企業會計制度，把各種重大「外部效應」計算在內；

（12）對遺產的繼承設立上限；

（13）對過度金融化的全球經濟進行大幅度的「去金融化」（definancialization），而剩餘的部分則透過政策的引導發展為「綠色金融」（green finance），為對抗全球暖化服務；

（14）對國際流動的資金（所謂「熱錢」）進行徵稅〔即數十年前已提

出的托賓稅（Tobin tax）〕，並把所得的稅款（一個驚人的數目）用在
扶貧之上；

（15）推行「無息貨幣」（zero-interest money），或至少對所有借貸設
立絕對的上限（例如不能超過年息 15%）；

（16）大力推動「城市農耕」（urban farming）和「垂直耕種」（vertical
farming）；令年輕人以身為「城市農夫」而自豪；

（17）打破全球農產企業（global agribusiness）對糧食的壟斷；重建農
民的自尊與自主權，扭轉過往過度發展的「以農養工」和「以鄉養城」
的發展模式；

（18）大力開展人造肉的研究，以期在本世紀完結之前，人類不用再宰
殺其他動物以裹腹（天馬行空嗎？荷蘭已經宣佈了一個計劃，就是到
了 2040 年，全國 40% 的肉食將由人造肉所提供）；

（19）設立「綠色兵役」制度，凡滿 18 歲的青年必須服役兩年，而任
務之一是「自然復修」（也應規定全民每人每年至少種一棵樹以盡公民
責任）；

（20）作為真正的可持續發展策略，認真地展開恆穩態經濟（steady-
state economy）和「零增長繁榮」（zero-growth prosperity）的學術研究；

（21）取消聯合國安全理事會常任理事國（中、英、美、法、俄）的否
決權，並擴大安理會的席位（至少應該加入印度、德國、意大利、日
本、韓國、巴西、埃及、南非等）以增加其代表性，進而加強聯合國

的功能，大力扶助貧困國家的發展。

留意上述的「再想像」很多都和公義有關。2009 年，兩名社會學家理查·威爾金森（Richard Wilkinson）和凱特·皮克特（Kate Pickett）發表了一本名為 The Spirit Level: Why Equality is Better for Everyone？（暫譯：《水平尺：為什麼平等對人人都有利？》）的著作，其中十分有力地論證，一個更平等公義的社會是人類有效地對抗全球暖化的一個重大先決條件。

妙想天開嗎？的確，在現代社會主流意識的宰制下，上述不少建議都會被看成妙想天開。但正如牛頓（Issac Newton）所說：「人類受想像力的限制，遠多於他受自然定律的束縛。」（Man is bound not so much by the laws of Nature than by his own imagination.）而有關制度上的革新，達爾文（Charles Darwin）則說過：「如果窮人的苦難不是源於自然的規律而是人為的制度，我們可是罪大惡極。」（If the misery of the poor be caused not by the laws of Nature, but by our institutions, great is our sin.）

誠然，上述某些建議的確甚具爭議性，其中一些亦可能真的不切實際。在推動這些變革之前，當然先要有充分的公眾討論和社會共識。但問題是，在現今的社會中，不少議題連被提出 —— 不要說被討論 —— 的機會也沒有。

在列出的建議當中，最後一項可說至為重要。按人口專家的推斷，世界總人口到了本世紀下半葉將會超越 92 億，即較現時的 76 億還要增加 16 億人（單是增幅便已等於二十世紀初的全球總人口！）。人口的增長（主要集中在發展中國家）加上經濟的發展，必會導致二氧化碳

的排放有增無已。對貧困落後的國家盡早提供協助，除了在人道上義
不容辭外，還可以帶來兩大好處：（1）經濟改善和婦女地位的提高會
導致出生率下降，這是遏止人口急升的最佳辦法；（2）這些國家對化
石燃料的依賴還很低，因此十分有利可再生能源和低碳經濟的發展。

◎　推動綠色經濟一石二鳥

愈來愈多學者指出，推動綠色經濟是解決人類現時兩大問題——環境
和經濟——的最佳做法。前美國副總統戈爾在他的《不願面對的真
相》之中，即借用了中文的「危機」二字，帶出了全球暖化「危」中
有「機」這個正面的信息。恰恰在 2008 年 9 月，全球金融海嘯發生之
時，聯合國發表了一份十分切合時宜的報告：《綠色工作：在低碳、可
持續發展的世界實現體面的勞動》（*Green Jobs: Towards Decent Work
in a Sustainable, Low-Carbon World*）。報告指出，在談論環境的可持續
性和對抗氣候變化之時，我們往往過多地強調其成本，而忽視了向低
碳經濟轉型時所帶來的大量就業機會。也就是說，推動綠色經濟既可
解決環境問題，也可解決就業和經濟復興的問題，因此是一項「一箭
雙雕」的做法。

滙豐銀行於 2009 年的一項研究顯示，綠色產業（green industry）的總
值會由 2009 年的 54 億美元升至 2020 年的 20,000 億美元，而且原則
上來說，這仍只是個開始。

既然如此，為何奧巴馬上任兩年，他的綠色新政仍是「只聞樓梯響」
呢？這便牽涉到巨大既得利益集團的千般阻撓和背後的政治角力。學
者喬納森·尼爾（Jonathan Neale）在他的著作 *Stop Global Warming
– Change the World*（暫譯：《遏止全球暖化——改變世界》）之中，

提出了一個尖銳的核心問題：「為什麼有財有勢的人不會採取行動？」（Why the Rich and the Powerful Won't Act?）答案有兩方面。第一，在各種災難漸次呈現之時，這些人可以利用他們的金錢和權勢把災難對他們的影響減至最低，因此必然是最遲才會感到切膚之痛的一群；而即使受到影響，程度也遠較社會低下階層為低。〔中國歷史上一個著名的故事，是晉惠帝得悉民間出現饑荒，百姓沒有飯吃而活活餓死，他很奇怪地問道：「何不食肉糜？」西方流傳的一個類似故事，是法國路易十六在位期間，皇后瑪麗‧安托瓦內特（Marie Antoinette）得悉人民沒有麵包吃時，竟說：「那便吃奶油蛋卷吧！」〕

至於答案的第二部分，當然是有財有勢的人懼怕任何改變皆會損害他們的既得利益。

但正如「佔領華爾街」（Occupy Wall Street）運動中所高呼的口號：「我們是百分之九十九！」（We are the 99%!）數量上佔了絕對優勢的我們，最大的枷鎖不是有型的事物，而是無型的思想。有學者曾經慨嘆道：「在今天，想像世界的末日似乎比想像資本主義的終結還要容易得多！」（It is now easier to imagine the end of the world than an end to capitalism.）如果我們一日不能擺脫這種思想上的枷鎖，我們便一日無法阻止末日的來臨。

社運分子蘇珊‧喬治（Susan George）說得好：「雖然有些人住在頭等艙而有些人住在大艙，但請不要忘記，我們乘搭的是同一艘『鐵達尼號』。」

筆者沒有什麼「靈丹妙藥」以打破這個僵局。筆者能夠做的，是幫助大家了解問題的性質。為此，我設計了以下這個圖表，把人類如今面對的問題歸納為四大性質：（1）利益的衝突、（2）制度的扭曲、（3）

認識的偏頗、（4）人心的迷失。當然，四者絕非各自獨立，而是互為表裡、互為因果的。而四者間相互作用會產生六種組合，而非如今的四種。但作為一個簡化的說明，我想下圖仍有其啟發的作用。各位朋友，你願意在哪一方面作出貢獻呢？

圖 47.1　人類窘境的根源與努力的方向

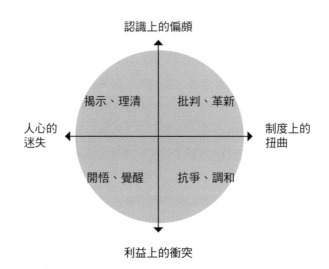

2018 年的美國國會大選中，一班思想進步的年輕女性成功獲選為國會議員。其中最矚目的是有拉丁血統的奧卡西奧－利爾特斯（Alexandria Ocasio-Cortez，人們暱稱為 AOC）。2019 年上任不久，她即提出了「綠色新政」（Green New Deal），主張以一系列的政策來對抗氣候變化以及社會上日益加深的貧富懸殊。她的主張受到了年輕人的熱烈支持。筆者衷心希望，她的「新政」能夠盡快實現。

第 **48** 章

一切已經太遲了嗎？

大家應該還記得，巴黎氣候會議的一項重要「成就」，是各國皆認同攝氏 2 度是一個不可逾越的危險界線，因為按照科學家的推算，如果地球的平均氣溫較工業革命前期升逾 2 度，一連串不可逆轉的連鎖反應將會發生（包括凍土融化釋出甲烷、土壤由吸儲庫變為排放源等），從而令地球的溫度急速上升，巨大的環境災難變得無可避免。

◎　情況已經不可挽回了嗎？

從攝氏 2 度這個界限出發，科學家進一步推算出二氧化碳（嚴格來說是「二氧化碳當量」）的大氣含量安全水平為 450ppm，但這並不表示不超過這個水平便「萬事大吉」，而超越這個水平便「世界末日」。地球的氣候是一個如此複雜的動力系統，我們無法絕對準確地預測它的未來變化。450ppm 的真正含義是，一旦我們超越這個水平，地球溫度升逾 2 度的或然率將大於 50%。

2018 年，二氧化碳含量已達 410ppm（你在讀這段文字時可能已不止此數），而過去十多年的增長率則介乎每年 2 至 3ppm 之間。假設我們取較高的 3ppm，則我們離 450ppm 應該還有 (450 - 410) / 3 ＝ 13 年左右的時間。但這個結果是頗為誤導的。首先，410ppm 只是計算了二氧化碳而未有考慮其他溫室氣體。此外，隨著大量發展中國家的經

濟起飛，二氧化碳排放的年增長率大有可能高於 3ppm；而隨著自然界一些碳吸儲庫趨於飽和，吸碳能力下降，二氧化碳在大氣層中亦會積聚得更快。

2018 年 10 月，IPCC 在韓國的仁川召開會議，為的是考察人類何時會超越攝氏 2 度及至更安全的 1.5 度這兩道警戒線。他們的結論是，2 度已經太危險了，故此 1.5 度才是我們必須致力的目標。他們復指出，按照現時的發展趨勢，1.5 度的警戒線最快可能於 2030 年便會被超越。也就是說，我們最多只有 12 年左右以力挽狂瀾。這正是本書的副標題定為「對抗氣候災劫的關鍵十年」的原因。

大家也許還記得，就安全水平而言，詹姆士・漢森認為 450ppm 這個水平實在太危險了，350ppm 才是真正安全的水平。也就是說，我們現時已超越了安全水平達 60ppm 之多。我們不單沒有任何剩餘的時代，還必須「追回」失去的時間⋯⋯。

近幾年來，支持漢森的科學家已愈來愈多。當然，這已不是一個純粹的學術探究，因為當中還包含了風險評估及道德判斷的問題。（在這個問題上，無論是發聲還是不發聲，都是一個道德的抉擇。）

除了「安全水平」（危險水平）的爭議外，另一個爭論的要點，是二氧化碳含量「可於最遲達至峰值」這個問題。留意我們在討論安全水平之時有一個假設，就是現實中我們不可能期望二氧化碳的水平能一下子逆轉，而被迫接受的是，二氧化碳會於一段短時間內超越這個水平，只是往後才逐步下降，最後穩定於安全水平以下。但問題是，多少的短期「超標」（overshooting）才可以接受？而這個峰值最遲應該在什麼時候出現呢？

在科學家詹姆士・羅夫洛夫（James Lovelock）的眼中，上述的討論已經意義不大。按照他的推斷，人類踏進二十一世紀之時便已超越了大自然的危險線。我們已經進入了「無法回頭」的境地（passed the point of no return），而巨大的環境災難只會接踵而至。由於自然界的「時滯效應」（還記得本書第 6 章裡的「牛油啟示」嗎？），這些災難不會即時發生，但只是遲早問題而已。（要了解他的論據，可參閱他分別發表於 2006 和 2009 年的兩本著作 The Revenge of Gaia 和 The Vanishing Face of Gaia。）

羅夫洛克是一名出了名特立獨行的科學家，有人可能覺得他過於危言聳聽。然而，請聽聽英國皇家學院（Royal Society）的前院長馬丁・芮斯爵士（Sir Martin Rees）是怎麼說的。他在 2003 年出版的 Our Final Hour: Will the Human Race Survive the Twenty-first Century?（中譯《時終》）之中指出：人類在二十一世紀之內滅亡的可能性是 50%。面對著這些觀點，再看看世人對這個問題的冷漠，你會有什麼反應呢？就筆者來說，這便有如在一個噩夢之中，眼見災難來臨，想大聲警告身邊的親人或好友，卻是無論怎樣呼叫他們也聽不到的情況一樣⋯⋯。

◎　學者對人類反應及願景的預測

環保學者詹姆士・古斯塔夫・史伯斯（James Gustave Speth）在他 2008 年出版的著作 The Bridge at the Edge of the World（暫譯：《位於世界邊緣的一道橋》）之中，嘗試總結出世人可能有的各種反應：

（1）放棄：一切經已無可挽回，我們只能「今朝有酒今朝醉」；

（2）將一切託付給上帝：任由上帝安排吧，因為一切都是祂的意旨；

（3）否定：問題根本就不存在，不要再庸人自擾、危言聳聽了；

（4）不知所措：問題如此之大，要解決也實在無從入手呀⋯⋯；

（5）自我安慰：所謂「船到橋頭自然直」，問題可能最終會自我解決呢；

（6）推卸責任：這不是我的問題，所以我毋須去想它；

（7）迎難而上：一定有解決問題的辦法，也一定要找到這些辦法。

就筆者而言，雖然既非工程師也非政治家，沒有能力提出具體的解決辦法，但精神上我一定屬於最後一個類別。

在該書中，史伯斯進一步提出了不同人士對未來世界的所作的種種猜測或願景：

（1）在經歷了巨大的人道災難（包括戰爭）之後，人們回到奉行「森林法則」的弱肉強食世界：生態及經濟秩序崩潰，世界充滿紛亂和暴力，有錢人都住在重門深鎖的堡壘式居所之內，並以私人警衛甚至僱傭兵以保護自己和家人的安全；

（2）市場發揮效用而力挽狂瀾的世界：高速的經濟增長終於帶來了行之有效的「市場解案」；

（3）各國政府的政策奏效而成功對抗暖化的世界：在國內成功推行綠色經濟，在國際上則達成各國一致接納的減排協議；

（4）文明重建的新世界：一個包含著深刻的價值改變和生活方式轉變的新世界。在這個設想之下，作者進一步區分了兩種側重點不同的願景：第一種側重於人與自然的和諧以及人與自我心靈之間的和諧（可稱為「人心淨化的世界」）；而另一種則著重於全球公義、社會公義以及人際和諧的體現（可稱為「和平公義的大同世界」）。

顯然，第一種情況是我們絕對不想看見的。第二種情況出現的機會不但微乎其微，而且真被信奉的話，會令問題發展到極危險的地步。（可惜的是，各國政府最樂於接受的正是這個建議。）至於第三和第四個情景，兩者在某程度上實在密切相關。不錯，在不少人的眼中，第四種情景是一種理想主義者的夢囈。但反過來說，我們實在難以想像，如果沒有了（4）（或至少其某一程度的體現），（3）這個理想的結果如何能夠出現。

簡單地說，筆者寫這本書的目的，是希望透過某一程度的（4），以推動（3）的實現。當然，這是從現實上的考慮而言。長遠來說，（3）只不過是手段而（4）才是目的。

◎　人類能創造奇跡

一切已經太遲了嗎？筆者的答案是：絕不！一切挽救的行動都不會太遲。理由很簡單：因為我們別無選擇！

著名環保學者保羅・霍坎（Paul Hawken）這樣說道：「如果你了解到背後的科學分析而不感到悲觀，你必定未有掌握最新的數據。如果你接觸過為了這個問題而奮鬥的人而不感到樂觀，你必定是鐵石心腸。」

一場火災之中，一名母親眼見兒子被倒下來的重物壓著，而火勢很快便來到。她想也不想便趨前把重物移開，而從來沒有想過自己的氣力是否足夠。（在不少類似的事件中，一些人也發揮了不可思議的巨大潛能，把較他們重數倍的物體移開！）一些論者亦同樣指出：在面對危急的環境災難時，我們必須立刻去做我們所必須做的，然後才去問：我們如何能夠做得到？（We must do what needs to be done, and ask how it is possible later.）

對！未來永遠是不確定的！趨勢不等於命運。人類最珍貴的特質之一，正在於那不屈不撓的精神，未到最後一刻我們也不會言敗。這是人類最基本的尊嚴。

不錯，當人心迷失的時候，人們可以做出極其愚蠢的行為。然而，當人們醒覺之時，他們的毅力、決心、適應能力、靈活性和創造潛能也是令人驚訝的。上世紀的八年抗戰，在面對遠比自己強大的敵人之時，中華民族展現了這種巨大的潛力。當然，這種潛力不獨限於某一個民族，而是每一個民族以至每一個人都擁有的。只要我們能夠同心協力，沒有問題解決不了。

就時間是否足夠的問題，筆者請大家對比一下 1985 和 2015 年的深圳。（年輕讀者當然無法得悉前者是怎麼模樣，但可從長輩那兒略知一二。）我敢大膽的說，於 1985 年到過深圳的人，如何也無法想像，短短 30 年間，深圳可以變成如今的模樣。所以，如果有人說，要於 30 年內把風力發電或太陽能發電的總量提升二三十倍是如何的「不切實際」，我會請他到深圳看看才下判斷。

在國外，不少有識之士亦同樣指出：不要低估人類在下定決心、同心

戮力之時，如何能於短時間內創造奇跡。最常引用的例子，是戰時為了研制原子彈的「曼哈頓計劃」（Manhattan Project）以及和平時期的「太陽神登月計劃」（Project Apollo）。只要我們稍為了解當中涉及的技術難度，以及計劃由提出到完成之間的時期之短，我們便知道只要有決心和適當政策的配合，奇跡是可能的。

另一個常被引用的例子，是美國在珍珠港事件之後的全國軍事總動員（wartime mobilization）：在短短一年內，全國實行了石油和其他戰略物資的配給制度；所有車廠禁止生產私人汽車，而轉為生產軍用的車輛；成年的男性因要徵調作戰，社會上不少傳統上由男性擔任的崗位都轉由女性充當。

我們真的需要推行戰時措施嗎？愈來愈多的學者傾向一個肯定的答案，因為種種的分析顯示，除此之外的另一個選擇便是真正的戰爭……。

戰時的美國總統哈利‧杜魯門（Harry Truman）曾經說過：「只要我們把真相公諸於世，人們自會作出正確的選擇。」（Give people the truth, and they will do the right thing.）但願我們能夠盡快作出正確的選擇，迎難而上，創造奇跡！

附錄   APPENDIX

附錄 1

傑出青年協會「綠色宣言」

在 2009 年初的「香港傑出青年協會」周年大會之上,筆者以前主席的身份向一眾出席的會友作了一個專題講座,凸顯人類面對的氣候危機是如何的嚴峻和迫切。及後,我為協會撰寫了一份「綠色宣言」。這份「宣言」於 2010 年的周年大會上獲得通過,並於協會的網站主頁登出。同年 11 月,協會更舉辦了呼籲「極速去碳」的記者會。

以下是宣言的全文:

力挽狂瀾、刻不容緩

傑出青年協會就全球氣候災變發出的緊急呼籲

自工業革命以來,人類不斷砍伐林木和大量燃燒煤、石油等化石燃料,已令大氣層中的二氧化碳含量增加達 40%。透過了溫室效應,這已令地球的平均氣溫在過去 100 年上升了接近 0.8 度。

上述看似不大的升溫,已於過去數十年導致(1)兩極冰帽(特別在

北極）及全球高山上的冰雪急速融化；（2）海水受熱膨脹和冰川融化
致令海平面不斷上升；（3）熱帶氣候向兩極伸展和低地氣候向高山蔓
延，結果是生態平衡備受干擾，物種大量消失和疾病蔓延；（4）海水酸
性不斷增加，海洋生態備受破壞，珊瑚和魚類大批死亡；（5）氣候反常
加劇，澇、旱、熱浪和特大山火頻繁，風暴的破壞性和殺傷力大增……

◎ 絕不能再升 2 度

按照科學家的研究，現時大氣層中二氧化碳含量之高，為地球過去
80 萬年來之最。而這一含量以及地球平均溫度上升速度之快，更是
史所未見。按照聯合國專家的推算，如果任由這種情況繼續下去，全
球氣溫至本世紀末將較今天的高出 6 度有多。

科學家鄭重指出，無論如何我們也必須把升幅控制在 2 度或以下。
因為一旦超越這個升幅，自然界中大量的惡性循環效應將會加劇（如
凍土的融化會釋出大量甲烷，令溫室效應大大加劇），而眾多一發不
可收拾的巨大災難將會發生。按照目前的形勢，我們最多只有十至
十五年的時間以力挽狂瀾。每一天的拖延，都會令風險增加和需要付
出的經濟代價大增。

科學家的研究顯示，就全球暖化將會引致的災難而言，首當其衝的將
是熱帶和亞熱帶較貧困落後的眾多國家。但這並不表示富裕國家可以
獨善其身。隨著環境不斷惡化、水源與糧食愈來愈短缺、瘟疫愈來愈
猖獗、種族衝突甚至屠殺將會愈來愈慘烈、難民潮會愈來愈龐大、恐
怖襲擊會愈來愈頻密、國與國之間的衝突愈來愈尖銳、而因「擦槍走
火」而爆發戰爭的情況愈來愈難以避免……

◎　絕不能再做溫水裡的青蛙

簽於 1997 年的《京都議訂書》明確地指出，在對抗全球暖化這個問題上，世界各國皆有「共同但有區別的責任」。之所以「共同」，是因為全球暖化不分國界；之所以「有區別」，是因為今天大氣中增加了的二氧化碳，絕大部分都是西方發達國家所放進去的。猶有甚者，這些國家每人的平均二氧化碳排放量，迄今仍較發展中國家高出很多。例如美國每人每年的排放量，便較中國高出四倍多、較印度和巴西等更高出十多二十倍。（若把中國出口美國的製造業所導致的排放算到美國之上，美國與中國的「人均排放比例」將會更高。）

就達至減排的目標而言，《京都議訂書》已經徹底失敗。於 2009 年末召開的哥本哈根會議，其任務是制定一份新的替續協議。遺憾的是，因各國無法取得共識，這項任務已被留給 2010 年 12 月召開的墨西哥會議。本會認為，問題至此已到了危急存亡的關頭。如果墨西哥會議再次失敗，我們子女所面對的，將是一個充滿災難和紛亂的世界。歷史學家和考古學家的研究告訴我們，不少文明皆曾因為罔顧對環境的破壞而招致滅亡。過往這些悲劇都限於個別地區。但今天面對著我們的，則是整個人類文明的衰落。

哥本哈根會議失敗，全球股市不跌反升，反映世人嚴重缺乏危機意識，並繼續沉迷於醉生夢死的生活。我們就像「溫水煮青蛙」寓言裡的青蛙，大難將至還完全沒有逃難抗災的意志和決心。本會在此緊急呼籲，無論作為香港公民、中國公民還是世界公民，我們都必須把對抗全球暖化放到最高的戰略地位。簡單的邏輯是，如果我們在這場「戰爭」中落敗，其他的戰略目標如經濟發展、國家富強、社會公義、世界和平、精神文明建設等的追求都會成為泡影。

◎   一切如舊不是選擇

科學家的研究顯示，人類經濟活動對大自然帶來的壓力，在很多方面
已經超過了地球總負荷量的 50%。如果世界所有人都好像美國人一
般生活，我們將需要多五個地球的資源。顯然，人類文明要持續發展
的話，過往的經濟發展模式必須作出根本性的重大改變。一個最根本
的認識和前提是：「一切照舊」已經不是一個選擇。

我們面對的挑戰是巨大的。要把地球溫度的升幅控制在 2 度之內，
意味著全球必須在 2050 年之前，把二氧化碳的年排放量較今天的減
少 80% 以上。由於人類的自私、惰性和巨大既得利益的阻撓，這個
目標至今仍只是紙上談兵。混淆視聽、顛倒是非的言論和狹隘的經濟
教條，更是妨礙著世人對問題作出適當的認識與回應。本會在此呼
籲，傳媒必須挺身而出報導真相。對全球暖化的警告和綠色經濟建設
的嘲笑，可能取悅讀者和觀眾於一時，但它帶來的社會後果是極其嚴
重的。

◎   開創一個和諧昌盛的新世界

本會亦深信，巨大的挑戰背後是巨大的機遇。如果我們能夠抓緊這個
機遇，大力進行以「低碳」及至「零碳」為目標的綠色經濟建設，並
以「人際和諧」及「人與自然的和諧」取代「GDP 增長」為社會發
展的首要目標，我們不單可以力挽狂瀾，還可以解決社會上眾多深層
的矛盾，締造一個更加平等、共融、和諧、昌盛的世界。

但時間已經無多了。我們必須令各國的決策者知道，在社會基層的利
益將受到充分保障的大前提下，作為人民的我們，已經作出了犧牲短

期利益以換取長遠利益的準備，有決心有毅力迎接挑戰。因為只有這樣，決策者才能有機會可以大公無私、和衷共濟，共同制訂強而有力的果斷措施，令墨西哥會議取得成功。

                                                傑出青年協會 2010 年

附錄 *2*

向香港政府提出的四點減排及相關環保建議

除了「綠色宣言」外，筆者於 2010 年更與好友麥永開共同撰寫了以下較具體的建議，並透過時任傑出青年協會主席的龐愛蘭，呈交給環境局和立法會的環境事務委員會。以下是建議的全文：

◎　主要原則

（1）所有政策必須以「成效為本」（outcome oriented），因此即使要循序漸進，也必須有清晰的「終極目標」、「路線圖」（包括各種中期目標）與「時間表」。這些當然不應一成不變而應按照形勢不斷作出調整。

（2）無論是「終極目標」、「路線圖」與「時間表」都應先由專家仔細制定，然後交由公眾（包括環保團體）作出廣泛的討論。其間有關的專家必須充分地參與討論和作出解釋。也就是說，我們必須堅持「真理（即使其間涉及利益衝突）愈辨愈明」的「尚智文化」，而摒棄「民可使由之，不可使知之」的「反智文化」。

（3）在推行以下的政策時，必須充分照顧基層市民的利益，例如透過各種補貼（如資助券）以減輕他們的負擔。

◎　具體建議

（1）有賞有罰的用電、用水和垃圾收費

香港主要溫室氣體的排放源為本地兩間電力公司，佔總排放量近七成。

為鼓勵全港市民及商界節約用電，政府應立例引入有賞有罰的用電機制：對用電低於特定標準的家庭（香港的人均年用電量約為 5,700 度），提供具獎勵性的累退式電費扣減；而對用電量高於「人均標準」的家庭，則累進式地徵收懲罰性的附加費。至於商界方面，也可引用類似原則（例如制定每單位面積的耗電量），具體應用於一般的辦公室之上。總的原則是「多排放者付更多」而「少排放者付更少」。

同樣的原則也可用於「耗水量」和「垃圾廢棄量」之上。具體的安排應由政府作出研究。

（2）有賞有罰的汽車徵費

香港第二大溫室氣體排放源是運輸，佔總排放量的 18%。同樣按照「多排放者多付」的原則，政府應盡快制定累進及累退式的汽車首次登記稅及每年牌照費，對私用及商用車輛，按行駛里數、載客量、載貨量等標準，以二氧化碳的單位排放量定為「極高排放」、「高排放」、「中等排放」、「低排放」、和「極低排放」五大類別，以賞罰制度促使運輸的碳排放逐步下降，並鼓勵「低排放」甚至「零排放」

車輛（如電動車）的使用。

（3）所有政府部門帶頭推行「節能減排」和「綠色採購」

要推動環保，政府所有部門必須以身作則，帶頭「節能減排」（例如減低用紙量、規定適當的辦公室空調溫度、減少不必要的乘搭飛機外訪等）。此外，所有部門必須嚴格執行「綠色採購」，亦即只採購市面上造成最少環境破壞和資源消耗的各種產品（如再造紙、環保磚、省電照明、電動車輛、電熱聯產裝置等）。作為本港一個最大的採購商，政府這樣做不但符合環保，更可大力帶動和促進有關產業的發展。

執行上，政府必須盡快定出適用於各部門以至所有法定和資助機構（包括大學、官校和津校等）的「綠色採購法」，以便所有機構有所依從。

（4）盡快開發「可再生能源」作為本地的供電來源

香港每年的人均二氧化碳排放量約為 6 公噸，僅略低於一些歐洲發達國家。雖然政府於 2009 年的施政報告中，承諾於 2030 年將能源強度（energy intensity）自 2005 年的水平減低四分之一，但隨著人口和經濟的增長，這對減低二氧化碳排放總量的成效將十分有限。要真正達至減排效果，政府應該盡快制定「可再生能源法」，以「有賞有罰」的稅務政策促使兩間電力公司盡快與廣東省的有關部門和企業合作，共同開發風能和太陽能等可再生能源。這不但可以在對抗全球暖化和氣候災變的事業上作出貢獻，也會大大改善香港的空氣質素，保障市民的健康。

必須指出的是，大力推動環保可以在各個階層創造大量的就業機會，這當然亦是政府把「環保產業」列為香港六大優勢產業的原因之一。有關的範圍實在十分廣闊，除了上述針對「節能減排」的四大建議外，還包括了廢料回收、循環再造、廚餘處理、天台綠化、垂直綠化、垂直農耕等。關鍵在於，在借助市場的調節力量時，政府必須定立強有力的、系統化的和長遠的指導和扶助政策。否則，如果繼續迷信單靠市場可以解決問題，環保產業將永遠無法真正蓬勃起來。

李偉才（傑出青年協會前主席 2002-03）

麥永開（傑出青年協會前主席 2009-10）

附錄 **3**

向全港大學發信呼籲「去碳撤資」

2015 年 4 月，筆者先後發信（及電郵）至全港大學的校董會主席、校長以及學生會主席，呼籲他們積極支持全球的「去碳撤資」運動，亦即令大學的資產不再投資於與化石燃料有關的產業。以下是我發給時任香港大學校長馬斐森教授（Peter Mathieson）的信：

Professor Peter Mathieson
President and Vice-Chancellor
The University of Hong Kong

Dear Professor Mathieson,

Let me introduce myself. I am a HKU BSc graduate of 1978. Prior to my retirement in 2008, I had been an Assistant Curator of the Hong Kong Space Museum, Senior Scientific Officer of the Royal Observatory Hong Kong, and Vice-Principal of the HKU SPACE Community College. I am now a member of the government's Science Museum Advisory Panel, as well as a member of the Institutional Review Board of HKU/Hospital Authority HK West Cluster.

I am now writing to you – as an alumnus and also a citizen of Hong Kong – in the hope of urging my alma mater to take up the call of the Global Divestment Campaign (http://gofossilfree.org/) , and hence gradually divest her funds from all fossil fuel industry. This will be a means to combat the ongoing crisis of global warming and catastrophic climate change. It will also be an act of great symbolic value in raising the awareness of the public in this issue, similar to the ban on shark's fin in all official meals championed by HKU a decade ago.

Last Saturday, I attended the annual joint seminar of the HKU and CUHK Convocations, and took the opportunity to make this appeal for divestment by the two universities. I am glad to say that the response was highly positive. An open letter to the two Convocations is attached for your reference.

As a scientist yourself, I am sure you are aware of the gravity of the challenge humankind is facing. And yet the gap between what is being done and what needs to be done is enormous, and time is running out fast. Similar to what I have stated in the aforementioned letter, I would be more than willing to visit your good self and the SMT to explain the science in greater detail if required.

Yours Sincerely,

Dr. Eddy LEE Wai-choi
22 April 2015
Email: eddylwc@gmail.com

Colleges and Universities World-wide Committed to Divestment: http://gofossilfree.org/commitments/

The Keep It in the Ground Campaign
http://www.theguardian.com/environment/ng-interactive/2015/mar/16/
keep-it-in-the-ground-guardian-climate-change-campaign

 ——————————————————————————————

Attachment

To: The Standing Committees (& All Members) of the
HKU Convocation & CUHK Convocation,

**An Urgent Call for our two Universities (and subsequently all universities
in Hong Kong) to Divest from the Fossil Fuel Industry in order to
Combat Global Warming and Climate Change**

Dear Fellow Alumni,

The adverse impacts of human-induced global warming and climate
change are growing stronger day by day. Over the past century, global
average temperature has risen by 0.9 degrees Celsius, and mean sea
level by 20 centimetres. This has already led to significant shrinkage of
the Arctic ice cap and extensive melting of glaciers world-wide. Severe
droughts, heat waves, wild fires, and super-storms are becoming more
and more frequent. Biological habitats are being destroyed and the
rate of species extinction (a loss which is irrevocable) has reached an
unprecedented level.

According to the latest assessment report released by the United Nations'
Intergovernmental Panel on Climate Change (IPCC) in 2012, if we

continue on our present course, the global temperature will rise by a further 5 degrees, and the sea level by 90 cm by the end of this century. Many scientists consider these projections to be too conservative, fearing that the actual consequences would be far worse.

International efforts to reduce the emission of carbon dioxide – the main culprit behind global warming via the greenhouse effect – have failed miserably so far. With the failure of the 2009 Copenhagen International Climate Conference and the expiry of the Kyoto Protocol in 2012, people the world over have come to the realization that this is an issue too important to be left to the politicians. We the people must stand up and take the lead in this fight for our own future – a fight which we cannot afford to lose.

Initiated by the organization 350.org (http://350.org/), the Global Divestment Campaign launched earlier this year is exactly such a citizens' action to turn the tide. It is a call for all individuals as well as organizations to divest from the fossil fuel industry, thus giving a clear signal to society-at-large that any further extraction and burning of fossil fuel like coal, oil and natural gas is a crime against humanity.

The organizations targeted by this campaign include all types of NGOs, charity and humanitarian organizations, as well as various religious organizations such as the Vatican. And yet the leading organizations must surely be the universities, the custodians of knowledge and wisdom in our societies. True to their mission, universities such as Stanford University and University of Glasgow have committed themselves to divestment. However, resistance in many universities is strong. As a result, students all over the world are pressing their universities – most notably at Harvard and Oxford – to do the right thing.

I am a HKU BSc graduate of 1978, and have been working hard to raise the awareness of the people in Hong Kong to the threat of global warming for over ten years – with public lectures and radio/TV shows, university GE courses, as well as a book titled《喚醒 69 億隻青蛙》published in 2011. A few years ago, a group called 文明急救組 was set up together with some of my friends, and numerous articles were written and published on various on-line platforms. Recently, we have formally registered as the Hong Kong chapter of 350.org. A Facebook account titled「文明急救組 @350.hk」has just been launched.（https://www.facebook.com/350orgHK?fref=ts）

I deeply believe that both the HKU and CUHK Convocations are uniquely positioned – the popular phrase nowadays is "those chosen by history" – to take up this challenge. I sincerely hope that after due deliberation, the Standing Committees of both Convocations will start a dialogue with the top management of both universities, and work together to realize the goal of divestment from all fossil fuel businesses. This will send out a clear signal to our society that our only hope lies in the "de-carbonization" of our economy, a move which could not be started too soon.

To help you understand the nature of the campaign as well as the enormity of the challenge we are facing, I have prepared a number of appendices. I would be more than willing to join your meetings and explain the science in detail if required.

Yours Sincerely,

Dr. Eddy LEE Wai-choi（Email: eddylwc@gmail.com）

Background Information on Global Warming：
http://en.wikipedia.org/wiki/Effects_of_global_warming

Update on Global Warming Trend:
http://www.climatecentral.org/news/earth-day-climate-trends-18907

附錄 **4**

2015 年「全球氣候大遊行」邀請函

2015 年 10 月，筆者與一些志同道合的好友共同成立了「350 香港」，並立刻著手籌辦同年 11 月 29 日舉行的「全球氣候大遊行」（Global Climate March）。以下是我們廣為發出的邀請函：

今天不站出來、明天……

致所有愛護大自然和關心人類前途的朋友：

懇請各位參與：「350 香港」（www.350hk.org）
（1）以下向政府作出呼籲的聯署，以及
（2）「全球氣候大遊行」：2015 年 11 月 29 日下午 3 時出發，路線由中環天星碼頭（9 號碼頭附近）出發，途經政府總部對開海旁，最後在灣仔會展中心的金紫荊廣場結束，預計全程約需兩小時。

◎ ---

致香港特別行政區政府：

氣候變化已經成為人類當前最嚴峻的挑戰。我們謹此聲明，作為市民

大眾的我們，願意犧牲短期個人經濟利益，以確保我們的子女和未來
世代能夠避過浩劫，安居樂業。

我們在此強烈呼籲，特區政府應該：

1. 盡快大力推行各種環保和節能的措施；
2. 竭力開發各種低碳的清潔能源，以取代化石燃料；
3. 由環境局局長黃錦星先生率領的香港代表團，在即將召開的巴黎
氣候峰會上，全力支持能夠有效減少溫室氣體排放的國際協議。

我們亦強烈要求，在推行上述政策的同時，政府亦必須向市民大眾全
面和深入地進行宣傳教育，並充分照顧到社會基層的利益。

一群關心社會發展的香港人
簽署人：（你的名字）

◎ ────────────────────────────

附錄：

氣候災劫迫在眉睫、節能去碳刻不容緩

由全球暖化導致的氣候變化危機，已經成為人類當前最嚴峻的挑
戰。如果我們無法盡快有效回應這項挑戰，則我們所追求的經濟發
展、繁榮安定、社會公義、世界和平等目標，最後都會成為泡影。巨
大的生態環境災難將會導致更為巨大的人道災難，而世界將會陷入長
期的動盪與紛亂。

全球能源結構只有 10.1% 是可再生能源，約相等於本書使用 Silvapress 100% 廢料再造紙的篇幅。

儘管既得利益集團竭力營造「未有共識」的假象，但絕大部分參與研究的專家同意，人為排放的溫室氣體，是氣候變化的元兇。

2009 年在哥本哈根召開的國際氣候會議沒有獲得預期的成果。今年底在法國巴黎召開的聯合國氣候峰會（11 月 30 日至 12 月 11 日），將是人類化解這場危機的最後機會。

時間已經無多。科學家的研究顯示，假如我們不盡快棄用煤和石油等化石燃料，而任由二氧化碳的排放繼續高速增長，隨了全球不斷增溫所帶來的各種災害（熱浪、山火、旱災、水災、物種消失、農業減產、海平面上升⋯⋯）之外，我們還極有可能觸發大自然某些一發不可收拾的惡性循環（如凍土全面融化釋出大量甲烷氣體，令溫室效應全球暖化變本加厲⋯⋯），最後令地球無法再適合人類安居。

計算顯示，我們至多只有十至十五年左右來扭轉現時的發展趨勢，而每一刻的延誤，都會令扭轉所需的經濟成本和社會成本大為增加。

為了喚起世界人民對這個危機的關注，也令各國的領袖能夠克服分歧齊心協力達成有效的減排協議，一個名叫 350.org 的國際組織呼籲全球於巴黎氣候峰會前夕的 11 月 29 日，在世界各地發起「全球氣候大遊行」（Global Climate March）。作為 350.org 的香港分支，「350香港」與一班熱心人士將於是日下午 3 時舉辦這次遊行，路線由中環天星碼頭（9 號碼頭附近）出發，途經政府總部對開海旁，最後在灣仔會展中心的金紫荊廣場結束，預計全程約需兩小時。我們的遊行口號是：

踢走化石燃料、擁抱清潔能源！

謹在此誠邀　你出席這次意義重大的遊行，以示香港人和世界其他地方的人並肩攜手對抗挑戰。大會將會按照上述口號製作大型橫額，但你也可自備標語，只要不抵觸或偏離遊行主題即可。

與此同時，我們亦會以聯署方式向香港特區政府發出公開信。假如你無法出席遊行，也懇請你參與聯署，以表示我們對抗全球暖化危機的決心（最好當然是既參與聯署也出席遊行）。

巴黎峰會存亡一戰、勿將子女推向深淵！

「350 香港」召集人　李偉才（李逆熵）

前　香港傑出青年協會主席、天文台高級科學主任、

香港大學助理教授

www.350hk.org

2016 年香港立法會選舉之 「氣候危機應對承諾」

2016 年立法會選舉期間,「350 香港」向各候選人發出了一項問卷調查,問他們當選後會否向政府倡議大力對抗全球暖化的政策,並進行監督。而在 150 份回覆之中,有多項建議獲得超過 90% 的支持,包括(1)大力發展可再生能源、(2)推動綠色產業、(3)制定綠色採購政策、(4)2018 年兩間電力公司的經營權屆滿時,政序必須將「去碳」作為續約的首要條件等。兩年多過去,筆者無意在此追究誰有履行當日承諾,誰只是開出空頭支票,相信這在讀者眼中自有公論。

致每一位 2016 年香港立法會選舉的候選人:

「350 香港」是一個為了喚起香港各界關注全球暖化危機而於 2015 年成立的組織。人類現時面對的最大危機,不是經濟衰退或金融動盪,而是全球暖化所導致的氣候異常和生態環境崩壞。而全球暖化的罪魁禍首,是人類大量燃燒煤、石油和天然氣等「化石燃料」所釋放的二氧化碳。(參考資料:https://en.wikipedia.org/wiki/Effects_of_global_warming)

去年底在巴黎召開的聯合國峰會指出,要避免不可逆轉的災難性後果(包括環境崩壞導致的糧食短缺、難民潮、恐怖襲擊和國家之間的

軍事衝突），我們必須將地球自十九世紀中葉以來的升溫，嚴格控制在攝氏 2 度（甚至 1.5 度）之內（參考資料：https://en.wikipedia.org/wiki/2015_United_Nations_Climate_Change_Conference）。由於自十九世紀中葉至今，地球的平均溫度已經上升近 1 度，這表示從今天起，我們不能讓溫度再上升多 1 度（或是更安全的 0.5 度）。科學家的計算顯示，要達到上述的目標，我們必須在 2030 年之前，將我們的二氧化碳排放量減少 40%，而在 2050 年之前減少 80%。這表示我們必須盡快取締化石燃料的使用，而轉用沒有二氧化碳排放的「可再生能源」。而在過渡時期，我們必須大力採取節約能源消耗的措施。

科學家的計算亦顯示，地球上的太陽能和風能等「可再生能源」，完全可以滿足人類的能源需求，只是我們一直以來過分依賴「化石燃料」，沒有充分開發這些能源吧了。

歐洲一些國家如德國、丹麥、挪威，冰島等，已經訂立了全面以「可再生能源」取代「化石燃料」的目標。香港的「人均二氧化碳排放量」是每年 6 公噸左右，已跟不少發達國家的排放量相若。作為一個人口達 700 多萬的國際大都會，我們在對抗全球暖化危機的問題上責無旁貸。

香港近年已經受到氣候異常的影響，特大的熱浪、寒潮、暴雨、水淹等只是開始，等待著我們的，還有破壞力特強的風暴以及海平面不斷上升和海岸侵蝕加劇等巨大威脅。香港政府已經為此發起了「氣候變化香港行動」（Climate Ready@HK）的計劃，並呼籲市民及各團體於 8 月 20 日或以前，就香港應該採取什麼措施以應對氣候變化提出意見。為了香港市民的長遠福祉，立法會議員有責任向政府提出建議

和進行監督，以確保政府貫徹有效的政策以對抗危機。

由於　閣下已經登記參加下一屆立法會議員的競選，本會誠意邀請
閣下發表你對這一議題的意見。具體而言，懇請　閣下填寫附上之問
卷，並於 2016 年 8 月 20 日之前透過附上之回郵信封寄返本會，閣
下的回答將會與其他立法會候選人的回答，一併於 8 月 30 日於網上
和各大報章發佈，以令選民在投票時有所參考。

如有任何疑問，請電郵至 350hk.org@gmail.com，我們會盡快回
覆，謝謝！

「350 香港」召集人

李偉才　謹上

2016 年 7 月 31 日

◎─────────────────────────

2016 年香港立法會選舉之「氣候危機應對問卷調查」

1. 政府提出於 2020 年將香港的「碳強度」（即創造每一單位「本地
生產總值」——如 1 美元 GDP ——所產生的二氧化碳排放）減少
50%~60%，但這與科學家計算的「必須在 2030 年之前，將我們的
二氧化碳排放量減少 40%，而在 2050 年之前減少 80%」這個目標相
差很遠。本會認為，（1）要有效對抗目前這個嚴峻的危機，我們不
能再以「碳強度」為指標，而必須以絕對的「總排放量」為指標；而
（2）即使我們難以跟隨科學家的建議（畢竟香港並非世界上最富裕及
污染責任最大的地區），也應訂立一個類似「要將香港的人均排放量

（現時為每年 6 噸）於 2035 年減少 30%（即降至每年 4.2 噸），而於 2050 年減少 60%（即降至 2.4 噸）」等的目標。

那麼，閣下成功當選的話，會否於立法會建議將「減排」指標由「碳強度」改為「絕對減排量」？並且要求政府提交具體的「減排時間表」和「減排路線圖」呢？

答案：1 會（　）、2 不會（　）

2. 作為逐步取締「化石燃料」的一個有效方法，閣下會於立法會建議政府盡快研究如何引入逐年遞增的「碳稅」嗎？

答案：答案：1 會（　）、2 不會（　）

（參考資料：https://en.wikipedia.org/wiki/Carbon_tax）

3. 為了盡快取代化石燃料，閣下會建議政府訂立「可再生能源法案」，從而透過取各種政策手段（如稅務優惠、免息貸款、科技研發、專利權、人才培訓等）以推動「可再生能源」產業的發展嗎？

答案：答案：1 會（　）、2 不會（　）

（參考資料：https://en.wikipedia.org/wiki/Renewable_energy 以及 https://en.wikipedia.org/wiki/Energy_transition_in_Germany）

4. 作為推動「可再生能源」發展的有效手段，閣下會於立法會建議政府盡快研究如何引入「逆售電價」（feed-in tariff）的能源政策嗎？

答案：答案：1 會（　）、2 不會（　）

（參考資料：德國於 2000 年引入「feed-in-tariff」政策以推動「可再生能源」的發展，至今極為成功。可參閱：https://en.wikipedia.org/wiki/Feed-in_tariff）

5. 作為節約能源的一項措施，閣下會於立法會建議政府盡快研究如

何引入「累進性電費」（對耗電高於「香港人均耗電量」的用戶）和「累退性電費」（對耗電低於「香港人均耗電量」的用戶）的這種用電收費制度嗎？（這當然意味著電力公司取消一切對商界的大用量回饋。）（這一制度也可用於水費之上。）

答案：答案：1 會（ ）、2 不會（ ）

6. 兩間電力公司的經營權將於 2018 屆滿，閣下會於立法會建議政府趁此機會積極研究如何（a）盡快取締「化石燃料」、（b）大幅提升「可再生能源」在產能結構中的份額、（c）將兩大電網合併、（d）開放電力市場、（e）推行「網、電分家」和（f）建設「智能電網」（smart grid）等等發展嗎？

答案：答案：1 會（ ）、2 不會（ ）

（參考資料：https://en.wikipedia.org/wiki/Smart_grid）

如果會的話，請列出頭三項你認為最迫切也最適合香港環境的政策方向：

（1）＿＿＿＿＿＿＿＿＿＿＿＿＿＿＿＿＿＿＿＿＿＿＿＿＿＿＿

（2）＿＿＿＿＿＿＿＿＿＿＿＿＿＿＿＿＿＿＿＿＿＿＿＿＿＿＿

（3）＿＿＿＿＿＿＿＿＿＿＿＿＿＿＿＿＿＿＿＿＿＿＿＿＿＿＿

7. 發展「綠色產業」和「綠色就業」（green jobs）以振興經濟是現今世界的主流，閣下會於立法會建議政府盡快訂立推動「綠色產業」〔包括「可再生能源」、節能科技、物料的回收和循環再造、本土復耕、天台綠化、城市農業（包括垂直農耕）等〕的政策和措施嗎？

答案：答案：1 會（ ）、2 不會（ ）

（參考資料：http://www.unido.org/greenindustry.html）

8. 作為推動「綠色生活」的政策手段，閣下會否於立法會提議政府

起著帶頭的作用，例如（1）除非有實際需要（如保護圖書和機器），否則所有政府機構、法定機構以及資助機構（包括津貼學校）的辦公地方，空調的溫度不得低於攝氏 25 度、（2）上述機構必須在某一限期內全部改用節能照明、（3）推動「無紙辦公室」，特別在開會時不再派發紙本文件、洗手間不再設抹手紙張等、（4）上述機構必須嚴格執行垃圾分類、也一律禁止使用公開發售的樽裝清水（包括蒸餾水和礦泉水）、（5）訂立時間表以將上述機構使用的所有車輛，轉為全電動車輛（同時盡快改善全港的充電配套設施）、（6）訂立食物的「運輸排放標籤」制度，讓消費者在購買時（例如來自台灣還是南美洲的同一類水果）以資識別等措施？

答案：1 會（　）、2 不會（　）

9. 作為推動「綠色產業」的政策手段，閣下會於立法會提議政府（及所有法定團體）起著帶頭的作用，嚴格執行「綠色採購」政策，即只會購買有最高「綠色認證」的產品？而在工程招標的過程中，會將碳排放和環境保育列為重要的考慮因素之一嗎？

答案：1 會（　）、2 不會（　）

10. 交通運輸是香港二氧化碳排放（以及空氣污染）的一大來源，作為推動電動車的使用，除了敦促政府盡快改善全港的充電配套設施之外，閣下會於立法會提議政府研究引入「汽車排放水平」的賞罰制度嗎？簡言之，我們應按照車輛的載客和載貨量，以每行走一公里的二氧化碳排放量，將車輛分為「極高排放」、「高排放」、「中度排放」、「低排放」和「極低（或零）排放」多個類別，然後按此徵收「獎賞性」和「懲罰性」的首次登記稅和牌照費。

答案：1 會（　）、2 不會（　）

11. 閣下會於立法會提議政府大力推動「綠色金融」（包括發行「綠色債券」以讓市民皆可以參與「綠色經濟」的發展），並且設定期限（如三年之內），令香港外匯基本的投資完全撤離化石燃料產業（divestment from fossil fuel）嗎？

答案：1 會（　）、2 不會（　）

（參考資料：http://www.wikinomics.com/blog/index. php/2008/10/06/green-finance/ 及 http://www.investopedia.com/ terms/g/green-bond.asp）

12. 在推動上述政策時，我們某一程度上必須犧牲短期的經濟利益，以換取我們以及子孫後代的長遠利益。那麼，請問　閣下在敦促政府推行有關的政策時，是否會同時建議政府採取各種有效的政策（如減免入息稅、提供電費補貼等），以保障中、低收入家庭的利益受到最低限度的衝擊呢？

答案：1 會（　）、2 不會（　）

13. 在對抗氣候變化的過程中，公眾教育和科技研發都是極其重要的環節，閣下會於立法會提議政府（1）在中、小學的課程中加入有關「全球暖化危機」的內容、（2）透過政府新聞處和香港電台製作各種節目和宣傳的形式以進行公眾教育、（3）在學界舉辦每年一次的「節能去碳創意大獎」比賽，以提升年輕人和大眾對這方面的關注、（4）將開發「可再生能源」和「節能減排」列為創新及科技局、生產力促進局、發展局等的優先研發項目嗎？

答案：1 會（　）、2 不會（　）

附錄 6

東大嶼宏圖的氣候隱患

由政府推出的「土地大辯論」還未結束，特首已經高調地聲稱填海是
解決香港土地不足的良方。不旋踵，「東大嶼都會」和吐露港填海的
倡議相繼出台，而親建制的人士和團體紛紛和應。作為「350香港」
的始創者兼召集人，筆者看見無論我們怎樣努力呼籲，社會還是朝著
「增長、增長、再增長」的方向發展，而與「極速去碳」的迫切目標
背道而馳，實在感到十分失望。「350香港」雖然並未直接參與土地
大辯論，但有見上述兩項倡議皆與氣候變化帶來的衝擊有關，是以決
定就此角度作出回應，令市民大眾及至政策制定者在這個問題上有多
一個角度的思考。以下是由「350香港」副召集人麥永開起草，並由
其他資深會員作補充的一份聲名，希望大家能仔細閱讀並在社會上作
出討論。

「350香港」就東大嶼都會及吐露港填海作公開呼籲

作為世界性關注氣候變化組織 350.org 的香港分部，「350香港」就
特區政府及民間倡議的東大嶼都會，及吐露港填海兩項目，以氣候變
化的角度向香港特區政府及社會各界作出下列呼籲。

（1）現今絕大多數科學家的一個共識，是氣候變化是人類當前面對最

大的挑戰和危機。有見及此,「可持續發展委員會」順應目前世界可持續發展的大趨勢,已著手凝聚民間意見,尋找適合香港的「長遠減碳(排放)策略」。我們認為香港未來任何基建和重要項目,必須要符合將會出台的「長遠減碳策略」的精神和規定,並要從氣候變化這角度作全盤考慮,這包括減緩氣候變化,和適應氣候變化所衍生的極端天氣。就東大嶼都會及吐露港填海這類建議,我們反對任何好大喜功、不必要的和規模過大的基建投資,建議以平衡、理性的態度,從多角度評估所有可替代方案。低碳及節約能源是首要考慮。現時多個團體建議「愈大愈好」的填海造地方案均大量耗用能源,間接導致二氧化碳排放量大增,對日益嚴重的氣候變化絕無裨益。填海造地相對重新開發現有土地資源(如發展粉嶺高爾夫球場、修復棕地等選項),所釋放出的溫室氣體量將以倍數大幅增加,加上遠程交通幹線及其他大型配套措施,巨大的資源投入和對周遭環境的影響,與推動低碳經濟的目標背道而馳。荷蘭大學教授 Jeroen Aerts 於 2012 年發表一份就不同海平面上升高度,而作出當地基建造價的成本比較。結果顯示,假如海平面由預計的上升 24 厘米,增加至 150 厘米,相關造價將由 90 億歐羅上升至 460 億歐羅,升幅高達 5.1 倍。對抗氣候變化所需的額外巨額投資,絕對不能輕視!

(2)坊間倡議的東大嶼都會及吐露港填海兩個方案,未有充分評估氣候變化可能導致的安全隱患,設計規劃及造價方面也沒有就預防遠超今天水平的颱風、風暴潮及暴雨帶來的衝擊做出全面的風險評估。歷史上,香港的天災以風暴潮所引起的傷亡和破壞至為重大(註),不容輕視。聯合國政府間氣候變化專門委員會(United Nations Intergovernmental Panel on Climate Change,IPCC)在 2013 年發表的報告指出,在「有代表性的濃度路徑 RCP8.5」(即全球沒有作出積極減排行動的情況)之下,本世紀末全球平均氣溫最高可上升 4.8

度，而海平面上升幅度可以達於 1 米，加上強颱風和超強颱風出現
的頻率和所帶來的暴雨都會增加，因而帶來的風暴潮威脅將會大幅上
升。香港天文台的研究顯示，在 RCP8.5（即最壞情景）之下，到了
世紀末，引起香港海平面上升超過 3.5 米的風暴潮事件的重現期，將
會由過去約為 50 年一遇（即在統計學上平均相隔 50 年才會出現一
次），變成一年一遇。即使在世紀中（約 30 年後），香港的海平面上
升幅度亦可達 50 厘米，過去 50 年一遇的「天鴿」級風暴潮將會成
為五年一遇。維港沿岸、機場及米埔濕地經常變成澤國。

環境局「香港氣候變化報告 2015」指出，馬鞍山、沙田及大埔區
都是易受風暴潮影響的地區。孤懸在海中的巨型人工島所面對的挑
戰，可能更甚。一旦交通癱瘓，數十萬人將被困島上。「350 香港」
謹此鄭重呼籲香港特區政府及社會各界，以嚴謹的科學態度，正視氣
候變化為此等大型項目帶來的潛在危機，並且要以香港以至全球人民
的福祉為依歸，以宏大的視野、長遠的眼光，貫徹「去碳抗暖化、前
瞻保民生」的社會目標！

「350 香港」氣候變化專責小組
2018 年 9 月 5 日公開發表
（此意見書已於 9 月 3 日網上遞交土地供應專責小組）

註

（1）丙午風災：1906 年 9 月 18 日，約 15,000 人罹難、220 人受傷、1,349 人失蹤，是香港歷史上最嚴重的天災之一。

（2）丁丑風災：1937 年 9 月 2 日，颱風在新界吐露港引起超過 20 英呎（6 米）高的風暴潮，大埔一帶傷亡慘重。據當時的估計，共造成高達 11,000 人喪生。

（3）颱風溫黛：1962 年 9 月 1 日，沙田、馬料水、大埔一帶幾乎被徹底摧毀。沙田約有 3,000 家寮屋損毀，市區內 700 多間寮屋及天台木屋完全摧毀，許多房屋倒塌。造成 183 人喪生。

「未來就在你們手中」演講稿

2017 年 11 月，我應好友伍健新的邀請，出任一個大型頒獎禮的主講嘉賓。

說起來我也孤陋寡聞，原來這個名叫「未來之星」的中國優秀特長生（有特別專長的學生）選舉計劃，在內地舉辦已超過十年。性質上這跟香港的「傑出學生」和「傑出少年」等選舉活動差不多，但規模上卻大上百倍有多。

這年，主辦當局選擇了在香港進行頒獎禮，並且挑選了在海洋公園的海洋劇場舉行。我歷年主持講座的場地，類型可謂不少（由大、中、小學禮堂到太空館天象廳，到立法會會議室到旺角街頭……），可還未試過在以海獅、海豚為無數香港人帶來歡樂的露天海洋劇場演講。那天我站在台上望向觀眾席，那種座無虛席的場面（學生加上家長超過 2,000 人）實在使人震撼。

由於聽眾主要來自內地，所以我從一開始便不打算講一些例行的勉勵說話，而是刻意講一些他們在內地肯定無法聽到的內容。一般來說這類演說我是不會預先撰稿的，但今次因為要用普通話，所以為了保證得到理想中的效果，我預先撰寫了演辭。以下是演說的全文，留意其中提到的「金融透支」和「生態透支」是我近年多次提及（包括在我

的書籍）的觀點，但「道德透支」卻是第一次提出的。

新世紀的文明重建者，你們好！我可是認真的。二、三十年後，世界就是你們的。問題是，那時候的世界會變成什麼樣子？

所有的數據和分析都顯示，今天世界的發展趨勢，從多方面來看都是不可持續的。無可避免的結論是，人類的文明在本世紀之內——很可能早於世紀的中葉——必會作出重大的轉折。

然而，這個轉折是在有意識、有計劃、有秩序的情況下作出，還是在世界崩壞天下大亂時才被動的作出，其間有著巨大的分別。

◎　危機和隱憂

我在危言聳聽嗎？你可能已經忍不著說。世界不是一天一天在進步嗎？社會不是一天一天的變得更富裕繁榮嗎？說什麼世界崩壞天下大亂，我要不是瞎了眼睛，就肯定是在危言聳聽！

我也希望真的是這樣！可是，我的科學訓練不容許我這麼想。如果我們往深一點看，我們將會發現，人類過去大半個世紀的快速增長與金碧輝煌的繁榮，其實都是建築在驚人的債務之上的。

2008 年的「全球金融海嘯」揭發了其中的巨大金融債務，但過去八年來我們只是以債補債（就是印鈔票），問題從來未有獲得真正的解決。

但更為令科學家擔憂的，是不斷惡化的環境生態的債務，其中尤以全

球暖化導致的環境生態危機最為嚴峻。就金融債務而言，各國的「量化寬鬆」可以愚弄世人於一時，但就全球暖化而言，正如著名的科學家李察・費曼（Richard Feynman）所說：「大自然是不可能被愚弄的。」

◎　透支與責任

現代文明完全是建築在「透支」之上，金融財務的透支是一塊、生態環境的嚴重透支是另一塊，如果我們還加上社會財富的高度集中、貧富懸殊不斷加劇的話，那麼「道德透支」也是另外的一塊。試想想，一個建基於「透支」的文明又如何能夠持續下去呢？

你們都是優秀的年輕人，其中既有先天的品賦，也包含著後天的努力。無論怎樣，有一點你們應該謹記的是：能力愈大的人，責任也愈大。

環保學者保羅・霍肯（Paul Hawken）曾經說：「地球需要一個全新的操作系統，你們就是程式編寫員，而且工作必須在未來十多、二十年內完成。」

怎樣才能迎接如此巨大的挑戰呢？我無法在這短短的時間告訴大家所要走的路，而只能夠說：除了不斷充實自己之外，最重要的一點是要改變我們一貫的思維模式。

◎　未來競爭：最有價值的創意

愛因斯坦說過：「要解決重大的問題，我們便必須超越導致問題出現的思維模式。」

另外，想像力也是非常重要的。牛頓說過：「人類受想像力的限制，遠多於他受自然定律的束縛。」我們現在最需要的，就是對人類文明發展方向的「再想像」。

不錯，我們今天常常聽人說，未來世界的競爭主要就是創意的競爭。但如果這些所謂創意就是設計更多的手機程式、甚至令人更沉迷的電子遊戲、吸引更多人從事更多消費的營銷廣告、或是具有更大殺傷力的衍生性投資工具等，這些創意我們寧可不要。我們需要的，是能夠促進人類發展的可持續性，以及促進社會公義和諧的創意。

◎　社會亟需的創意和反思

留意創意不單是個人的問題，也是個社會的問題，亦即我們是否有能夠讓創意萌芽和發揮的土壤。在這方面，東方傳統的專制主義，往往是創意的敵人。不少人曾經指出，如果喬布斯或是朱克伯格出生在中國的話，他們肯定無法獲得我們現在所見的成就。剛過世的翻譯大師周有光幾年前接受訪問，訪問稿題為〈今日中國為何出不了大師？〉，我極力推薦大家上網找來一讀。不單要讀，還要深刻的反思。前面的挑戰是巨大的，但從某一個角度看，我羨慕你們，因為有這麼多有意義的事情等著你們去做。你們是「特長生」，而你們的使命，就是以你們特殊的專長來改造這個世界。

最後，我想用英國十八世紀學者艾德蒙‧柏克（Edmund Burke）的名句作結。他說：「邪惡得逞，皆因好人坐視！」未來的世界是怎樣子，就看你們的了。

附錄 8

如果沒有明天，為什麼還要上學？

以下是我寫於 2019 年 3 月 12 日，翌日發表於各大網上平台的文章。這次收錄作了一點增潤，主要加入了文中主角的多句「金句」。

近幾個月，一個剛滿 16 歲的瑞典女孩成為了國際新聞的焦點。我激動的對自己說：我等的人終於出現了！

我說的女孩名叫葛莉塔‧桑伯格（Greta Thurnberg）。去年夏天，瑞典出現了異常的高溫天氣和猛烈的森林大火。9 月份開課不久，當時還只有 15 歲的女學生桑伯格為了抗議政府沒有認真地對抗全球暖化危機，每逢星期五即不返學校上課，轉而在瑞典國會門外靜坐。她隨身攜帶的一個紙牌之上寫著：「為氣候而罷課」。

不久，她的一些同學受到感召而作出支持，並稱這行動為「星期五為了未來」（#FridaysforFuture）。這個消息很快傳至世界各地。最先作出響應而進行罷課的是澳洲的中學生。不旋踵，這場「氣候抗爭罷課行動」（School Strike 4 Climate）已經蔓延至西方十多個國家。

桑伯格的貢獻還不止此。她於去年 11 月被邀在斯德哥爾摩的 TedX 作演說，成為了著名的 Ted Talks 的最年聽演說者。12 月，聯合國第

24 屆氣候變化大會在波蘭的波托維茲（Katowice）召開（2015 年底在巴黎召開的是第 21 屆），桑伯格被邀請到場發言。這個年紀輕輕的女孩子不但一點沒有怯場，而且發言時從容淡定、條理分明；更且字字鏗鏘有力，句句擲地有聲！直教不少成人政客為之汗顏！
https://www.youtube.com/watch?v=VFkQSGyeCWg

以下是她的一些名句：

「11 歲那年，我被診斷出亞斯伯格症、強迫症，以及『選擇性緘默症』——意思是我只在有必要的時候才說話。而現在，就是我認為有必要開口的時候。」

「如果燃燒化石燃料是有害的，會威脅到人類的生存，我們為什麼還繼續燃燒？為什麼沒有限制？為什麼不用法律禁止？在我看來，這真的說不通，太不真實了。」

「生存，沒有灰色地帶。人類的文明不是存活就是滅亡。」

「我們的房子著火了！……我要你們開始恐慌，我要你們感受到我每天的恐懼，然後採取行動。」

「有人說要靠我們年輕一輩來拯救世界，但形勢已經等不及我們長大了。」

「我們當然需要希望，但比起希望，我們更需要行動。一旦我們行動起來，希望便會出現眼前。」

「事實證明，我們無法靠現有的規則來拯救世界。這套規則必須被打破，每件事都需要改變，而且必須從今天開始。」

「我們的子孫會問：我什麼你們當時還來得及採取行動的時候，卻是沒有任何作為？」

2019 年 2 月，每年一度的「世界經濟論壇」（World Economic Forum）如常在瑞士的達沃斯（Davos）召開。和以往不同的是，發言人士當中有一個剛滿 16 歲的女孩：桑伯格。和上次的發言一樣，她一開腔便切中要害，而且對與會的達官貴人和富商巨賈不留情面，直指他們便是危機的製造者，因此絕對有責任帶頭扭轉世界發展的趨勢，以令人類免於浩劫。
https://www.youtube.com/watch?v=M7dVF9xylaw

桑氏的行動和發言感召了世界上無數的年輕人。當然她也有她的批評者。就在她最先進行罷課時，瑞典曾有國會議員批評她在刻意破壞社會秩序並只是為了爭出風頭。桑氏很冷靜的回答：「如果沒有明天，為什麼還要上學？」她進一步補充：「當政治領袖和社會大眾都對頂尖科學家提出的警告置若罔聞，我為什麼還要上課去學習這些知識？」

她的這個回答可謂直達我的心坎！我於 2015 年與好友成立了「350 香港」這個環保組織，並於「巴黎氣候峰會」前夕的 11 月 29 日在中環舉辦了可能是香港有史以來的第一次的「氣候大遊行」，其中一句口號正是「巴黎峰會存亡一戰、勿將子女推向深淵」。
https://www.youtube.com/watch?v=cxOfNaT_e1o

我們口口聲聲說愛護我們的子女，卻是多年來也不肯面對現實，制訂有效對抗全球暖化的政策，相反只為眼前的利益而不停地斷送我們子女的未來。這次學生的罷課行動，表示年輕人對我們成年人這種「講一套、做一套」的虛偽行為已經忍無可忍，所以只能以行動奪回他們自己命運的操控權。「如果沒有明天，為什麼還要上學？」是成人世界不可迴避而必須回答的一個問題。

3月15日星期五，被定為「全球氣候罷課日」。香港是一個超保守的社會，發動學生罷課是一個十分敏感的議題。可幸約於兩個星期前，筆者終於看見有人在網上作出了有關的呼籲。
https://www.facebook.com/climateactionhk/

一如所料，至今作出響應的都是就讀國際學校的學生，其中帶頭的兩名女學生是 Elisa Hirn 和 Zara Campion，以下是她們接受電視台訪問的片段：

https://yp.scmp.com/video/school-strike-hong-kong-climate-action

無論你是否學生，只要你支持這一關係到人類生死存亡的抗爭，懇請於本星期五上午 11 時正出席中環遮打花園的集會。我們無法預測當天會有多少人出席，但無論人數多少，這是意義十分重大的第一步。

過去十多年來，筆者前往不少中學講解全球暖化危機這個題目時，便已採用了一個刻意引起同學們注意的特殊方法，那便是在開始之前，在台上向禮堂裡的學生作一個深深的鞠躬，然後對他們說：「我方才這樣做，是代所有成年人向你們深深道歉，因為我們已經把這個世界弄得一團糟。我們無法自救，現在要靠你們年輕的一代來拯救我們了！」筆者深深幸慶（還是慨歎？），這一天終於來了……

參考短片：除了文中列出的短片外，還請觀看以下的短片以加深對問題的認識：

（1）香港電台節目「左右紅藍綠」：全球暖化的迷思

https://www.rthk.hk/tv/dtt31/programme/pentaprismII/episode/515852?lang=en

（2）香港電台節目「左右紅藍綠」：極速去碳刻不容緩

https://www.rthk.hk/tv/dtt31/programme/pentaprismII/episode/515853?lang=en

（3）網台節目「宇宙迷宮」:「十六連熱」竟然小兒科，世紀末全球氣溫熱多 5 度

http://world.350.org/350-hong-kong/2018/06/03/1815/

（4）網台節目「宇宙迷宮」：全球升溫帶來災難、專家籲極速去碳自救

https://www.youtube.com/watch?v=lDVxFbbTYSw&t=13s

參考資料

由於這不是一本學術著作，是以在列舉參考書目時，並沒有依足學術界的規範格式，也沒有包括出版社的資料。在這個網絡世代，各位應很易從網上找到有關的資訊。然而，網上的資料也存在著時間性的問題，例如網上的短片，部分年代已久，有可能在一段時間後被移除而無法找到。

Youtube 短片

1. Miniature Earth (with music by John Lennon) [plus The Miniature Earth 2010 edition – official edition]
2. What Is Climate Change?
3. Global Warming 101
4. The Reality of Climate Change
5. The Lies of Global Warming Pt 1
6. Global Warming Hoax
7. Global Warming Swindle Debate Pt 1
8. Glenn Beck: Global Warming Greatest Scam in History
9. Global Warming: Point of No Return?
10. The Most Terrifying Video You'll Ever See
11. How It All Ends
12. Meltdown A Global Warming Journey Part 4
13. Sir David Attenborough: The Truth About Climate Change
14. IPCC Climate Computer Model 2007

15. Award-winning Animation on Global Warming

16. Wake Up, Freak Out – then Get a Grip

17. Global Warming (The Earth Song)

18. Melting Glaciers – Climate Change

19. Arctic Ice Cap 1980-2005

20. Arctic Meltdown: Rising Seas

21. Global Warming – Antarctica Ice

22. Climate Change and Sea Level Rise

23. Melting Permafrost Accelerating Global Warming

24. Irreversible Warming

25. Time Is Running Out…

26. 350.org: Because the World Needs to Know

27. James Hansen talks about the urgency of the crisis

28. Age of Stupid: Contract and Converge Animation with Mandarin Subtitles

29. Story of Stuff, Full Version; How Things Work, About Stuff

30. The Story of Bottled Water (2010)

31. The Story of Cap and Trade

32. Corn Ethanol More Harmful than Gasoline

33. Coal is the Cleanest Thing Ever!

34. Clean Coal: This is Reality

35. How Dirty is Clean Coal?

36. Peak Oil Visually Explained

37. The Story of the Alberta Oil Sands

38. An Inconvenient Truth Trailer

39. The 11th Hour Trailer

40. Six Degrees Could Change the World

41. Age of Stupid: Trailer: February 2009

42. Crude Trailer (HD)

43. The End of the Line Trailer HD

44. Food Inc - Official Trailer [HD]

45. Do You Believe? Another World Is Possible World Social Forum 2004

46. World Social Forum 2009 Belem

《維基百科》條目

如果你只會看 1 個條目，請看

1. Global Warming

如果你打算看 5 個條目，請再看

2. Greenhouse Gas

3. Effects of Global Warming

4. Intergovernmental Panel on Climate Change

5. Kyoto Protocol

如果你打算看 15 個條目，請再看

6. Stern Review

7. Regional Effects of Climate Change

8. Climate Change ˙

9. Abrupt Climate Change

10. Temperature Record of the Past 1,000 Years

11. Arctic Shrinkage

12. Sea Level Rise

13. Ocean Acidification

14. Carbon Trading

15. Carbon Tax

如果你打算看 30 個條目，請再看

16. Garnaut Climate Change Review

17. Climate Change Mitigation Scenarios

18. 2009 United Nations Climate Change Conference

19. 2010 United Nations Climate Change Conference

20. World Energy Resources and Consumption

21. Climate Justice
22. Global Warming Controversy
23. Carbon Cycle
24. Climate Change Mitigation Scenarios
25. Adaptation to Global Warming
26. Nuclear Power
27. Renewable Energy
28. Wind Power
29. Solar Power
30. Biofuel

如果你想看更多的條目，請再看

31. Climate Change Denial
32. Attribution of Recent Climate Change
33. Solar Variations
34. Paleoclimatology
35. Ice Age
36. Climate Sensitivity
37. El Nino – Southern Oscillation
38. Arctic Methane Release
39. Clathrate Gun Hypothesis
40. Thermohaline Circulation
41. Geothermal Energy
42. Wave Power
43. Desertec
44. Peak Oil
45. Electric Vehicle
46. Smart Grid
47. Clean Coal
48. Carbon Capture and Storage
49. Biosequestration
50. Biochar
51. Geoengineering
52. Energy Conservation

53. International Energy Agency
54. Marginal Abatement Cost
55. Global Climate Coalition
56. George C. Marshall Institute
57. ExxonMobil
58. BP
59. Greenhouse Development Rights
60. Millenium Development Goals
61. Sahel Drought
62. Lake Chad
63. Aral Sea
64. Club of Rome
65. James Lovelock
66. James Hansen
67. Lester R. Brown
68. Bill Mckibben
69. George Monboit
70. Doomsday Clock
71. Individual and Political Action on Climate Change
72. Large Cities Climate Leadership Group
73. Biodiversity
74. Holocene Extinction
75. Gaia Hypothesis
76. Ecological Economics
77. Eco-socialism
78. 潘岳（官員）

電影
（括號之內乃 DVD 發行之年份）

如果你只看 1 部電影，請看
1. *A Global Warning?* (2008)

如果你打算看 5 部電影，請再看

2. *An Inconvenient Truth* (2006)

3. *State of the Planet* (2000)

4. *Planet in Peril* (2008)

5. *Age of Stupid* (2010)

如果你打算看更多的電影，請再看

6.《正負二度 C：台灣面臨的氣候變遷挑戰》

7. *Planet Earth – The Future* (2007) [the final part of the BBC series *Planet Earth*]

8. *Meltdown*（2008）

9. *Earth: the Climate Wars* (2008)

10. *The 11th Hour* (2008)

11. *Six Degrees Can Change the World* (2008)

12. *Home* (2009)

13. *Glacier Meltdown* (2010)

14. *Fuel* (2010)

15. *Who Killed the Electric Car?* (2006)

16. *Blue Gold: World Water Wars* (2009)

17. *Tapped* (2010)

18. *The End of the Line* (2010)

19. *Crude* (2010)

20. *Gasland* (2010)

特別推薦的一部相關電影：*End of Poverty?* (2010)
否定全球暖化的一部電影：*The Great Global Warming Swindle* (2007)

書籍

如果你只會看 1 本有關的書籍，請看

1. *The Bridge at the Edge of the World* (2008) James Gustave Speth

如果你打算看 5 本有關的書籍，請再看

2. *The Weather Makers* (2005) Tim Flannery

3. *An Inconvenient Truth* (2006) Al Gore

4. *Hot, Flat and Crowded ver. 2.0* (2009) Thomas Friedman

5. *A Blueprint for a Safer Planet* (2009) Nicholas Stern

（留意：第五本是英國版的書名，美版則稱為 *A Global Deal*）

如果你打算看 10 本有關的書籍，請再看

6.《世界低碳發展的中國主張》（2010）樊綱主編

7. *The Storms of My Grandchildren* (2010) James Hansen

8. *Heat: How to Stop the Planet from Burning* (2007) George Monbiot

9. *Evolution's Edge* (2008) Graeme Taylor（中譯本稱為《地球危機》）

10. *Plan B 4.0 – Mobilizing to Save Civilization* (2009) Lester R. Brown

如果你打算看 20 本有關的書籍，請再看

11. *Kyoto2 – How to Manage the Global Greenhouse* (2008) Oliver Tickell

12. *Field Notes from a Catastrophe – Man, Nature & Climate Change* (2006) Elizabeth Kolbert

13. *With Speed and Violence: Why Scientists Fear Tipping Points in Climate Change* (2008) Fred Pearce

14. *Global Warming – Understanding the Forecast* (2008) David Archer

15. *The Climate Crisis – An Introductory Guide to Climate Change* (2010) David Archer & Stefan Rahmstorf

16. *Stop Global Warming – Change the World* (2008) Jonathan Neale

17. *Ten Technologies to Save the Planet* (2008) Chris Goodall（中譯本稱《綠能經濟真相和你以為的不一樣》）

18. *Our Choice – A Plan to Save the Climate Crisis* (2009) Al Gore

19. *Can We Afford the Future? – the Economics of a Warming World* (2009) Frank Ackerman

20. *What is the Worst that Could Happen?* (2009) Greg Craven

如果你打算看 50 本有關的書籍，請再看

21. *The Discovery of Global Warming* (2003) Spencer R. Weart

22. *Fixing Climate* (2008) Wallace Broecker & Robert Kunzig

23. *Six Degrees – Our Future on a Hotter Planet* (2008) Mark Lynas

24. *The Politics of Climate Change* (2009) Anthony Giddens

25.《文明的危機與轉機—21 世紀地球公民必讀之書》（2008）陳慕純

26.《天地變何處安心》（2010）林超英

27.《中國應對全球氣候變化》（2009）胡鞍鋼、管清友

28.《抗暖化關鍵報告：台灣面對暖化新世界的 6 大核心關鍵》（2010）葉欣誠

29. *How to Lead a Low Carbon Life, updated edition* (2010) Chris Goodall

30. *Limits to Growth – the 30 th Year Update* (2004) Donella H. Meadows, Jorgen Randers & Dennis L. Meadows

31. *The Revenge of Gaia* (2006) James Lovelock

32. *Whole Earth Discipline – An Ecopragmatist Manifesto* (2009) Stewart Brand

33. *The Solar Century* (2009) Jeremy Leggett

34. *Power to Save the World – the Truth About Nuclear Energy* (2007) Gwyneth Cravens

35.《圖解風力發電》（2009）李俊峰主編

36. *The Long Thaw – How Humans are Changing the Next 100,000 Years of Earth's Climate* (2009) David Archer

37. *Hell and High Water: Global Warming – the Solutions and the Politics – and What We Should Do* (2006) Joseph J. Romm

38. *Climate Wars* (2008) Gwynne Dyer（中譯本稱《氣候戰爭》）

39. *Eaarth – Making a Life on a Tough New Planet* (2010) Bill McKibben（中譯本稱《即將到來的地球末日》）

40. *The Weather of the Future - Heat Waves, Extreme Storms, and Other Scenes from a Climate-Changed Planet* (2010) Heidi Cullen

41. *The Flooded Earth – Our Future in a World Without Ice Caps* (2010) Peter D. Ward

42. *Under A Green Sky - Global Warming, the Mass Extinctions of the Past, and What They Can Tell Us About Our Future* (2008) Peter D. Ward

43. *Thin Ice – Unlocking the Secrets of Climate in the World's Highest Mountains* (2006) Mark Bowen

44. *Censoring Science – Inside the Political Attack of Dr. James Hansen* (2007) Mark Bowen

45. *Carbon War – Global Warming & the End of the Oil Era* (1999) Jeremy K. Leggett

46. *The Heat is On – the Climate Crisis, the Cover-up, the Prescription* (1998) Ross Gelbspan

47. *Boiling Point – How Politicians, Big Oil & Coal, Journalists, and Activists Have Fueled a Climate Crisis – And What We Can Do to Avert Disaster* (2005) Ross Gelbspan

48. *Climate Cover-up – the Crusade to Deny Global Warming* (2009) James Hoggan & Richard Littelmore

49. *Merchants of Doubt – How a Handful of Scientists Obscured the Truth on Issues from Tobacco Smoke to Global Warming* (2010) Naomi Orsekes & Erik M. Conway

50. *Climate Change Denial – Heads in the Sand* (2011) Haydn Washington & John Cook

如果你打算更全面地了解這個課題，請再看

51. *Climate Change 2007: The Physical Science Basis* (2007) Intergovernmental Panel on Climate Change

52. *The Economics of Climate Change – The Stern Review* (2006) Nicholas Stern

53. *The Garnaut Climate Change Review* (2008) Ross Garnaut

54. *Greenhouse: The 200-Year Story of Global Warming* (1999) Gale E. Christianson（中譯本稱《發燒地球 200 年》）

55. *What We Know About Global Warming* (2007) Kerry Emanuel

56. *Climate Change in the 21st Century* (2009) Stewart J. Cohen & Melissa W. Waddell

57. *Science as a Contact Sport – Inside the Battle to Save Earth's Climate* (2009) Stephen Schneider

58. *The Hot Topic – What We Can Do About Global Warming* (2007) Gabrielle Walker & David King

59. *Climate Change Negotiations – Can Asia Change the Game?* (2008) ed. Christine Loh, Andrew Stevenson & Simon Tay

60. *The Carbon Age* (2008) Eric Roston（中譯本稱《為什麼是碳》）

61.《你的全球暖化知識正確嗎？》（2008）村沢義久

62. *Global Warming* (2010) Brian C. Black & Gary J. Weisel

63. *Global Warming – the Point of No Return* (2009) Mojib Latif

64. *Controlling Climate Change* (2010) Bert Metz

65. *The Climate Fix – What Scientists and Politicians Won't Tell You About Global Warming* (2010) Roger Pielke, Jr.

66.《氣象氣候與人類社會發展》（2008）陳良

67.《氣候變化高端訪談》（2009）氣象出版社

68. *The Climate Files – The Battle for the Truth About Global Warming* (2010) Fred Pearce

69. *Storm World – Hurricanes, Politics, and the Battle over Global Warming* (2008) Chris Mooney

70. *Climate Refugees* (2010) Collectif Argos

71. *The Climate Solutions Consensus* (2010) David E. Blockstein & Leo A.W. Wiegman

72. *Plan C – Community Survival Strategies for Peak Oil and Climate Change* (2008) Pat Murphy

73. *Adapting to Climate Change – from Resilience to Transformation* (2011) Mark Pelling

74. *Fairness in Adaptation to Climate Change* (2006) Adger, Paavola, Hug & Mace (eds)

75. *A New Green History of the World – The Environment and the Collapse of Great Civilizations* (2007) Clive Ponting

76. *Collapse – How Societies Choose to Fail or Succeed* (2005) Jared Diamond（中譯本稱《大崩壞》）

77. *A Short History of Progress* (2004) Ronald Wright

78. *The Great Warming – Climate Change and the Rise and Fall of Civilizations* (2008) Brian M. Fagan

79. *The World in 2050 – Four Forces Shaping Civilization's Northern Future* (2010) Laurence C. Smith（中譯本稱《2050 人類大

遷徙》）

80.《上海沉沒―無法迴避的警告》（2009）蘇言
主編

81. *The River Runs Black – the Environmental
Challenge to China's Future*, 2nd ed. (2010)
Elizabeth Economy

82. *The Retreat of the Elephants – An
Environmental History of China* (2004) Mark
Elvin

83. *When A Billion Chinese Jump – How China
Will Save Mankind – Or Destroy It* (2010)
Jonathan Watts（中譯本稱《當十億中國人一
起跳》）

84. *Small Is Beautiful – Economics as if People
Mattered* (1975) E.F. Schumacher（中譯本稱
《小即是美》）

85. *Costing the Earth? Restructuring the Economy
for Sustainable Development* (2009) Bernd
Meyer

86. *The Ecological Revolution – Making Peace
with the Planet* (2009) John Bellamy Foster

87. *Ecological Economics*, 2nd ed. – *Principles
and Applications* (2010) Herman Daly &
Joshua Farley

88. *What Matters? – Economics for a Renewed
Commonwealth* (2010) Wendell Berry &
Herman Daly

89. *Starved and Stuffed – the Hidden Battle for
the World Food System* (2008) Raj Patel（中
譯本稱《糧食戰爭》）

90. *The Food Wars* (2009) Walden Bello

91. *The Coming Famine – The Global Food Crisis
and What We Can Do About It* (2010) Julian
Cribb

92.《糧食危機機鍵報告―台灣觀察》（2011）彭
明輝

93. *Blue Gold – The Fight to Stop the Corporate
Theft of the World's Water* (2003) Maude
Barlow & Tony Clarke（中譯本稱《水資源戰
爭》）

94. *When the River Runs Dry – The Defining
Crisis of the Twenty-first Century* (2007) Fred
Pearce

95. *Biofuels and the Globalization of Risk* (2010)
James Smith

96. *Beyond Oil: The View from Hubbert's Peak*
(2006) Kenneth S. Deffeyes

97. *Confronting Collapse: The Crisis of Energy
and Money in a Post Peak Oil World* (2009)
Michael C. Ruppert and Colim Campbell

98. *Peak Eveything – Waking Up to the Century of
Declines* (2010) Richard Heinberg

99. *Cradle to Cradle – Remaking the Way We
Make Things* (2002) William McDonough &
Michael Braungart

100. *Natural Capitalism* (1999) Paul Hawken,
Amory Lovins & L. Hunter Lovins

101. *Blessed Unrest – How the Largest Social
Movement in History is Restoring Grace,
Justice and Beauty to the World* (2007) Paul
Hawken

102. *Governing the Commons – the Evolution
of Institutions for Collective Action* (1990)
Elinor Ostrom

103. *Capitalism at the Crossroads – Aligning
Business, Earth, and Humanity*, 2nd ed.
(2007) Stuart L. Hart

104. *Capitalism As If the World Matters* (2007)
Jonathon Porritt

105. *The Enemy of Nature – End of Capitalism or
the End of the World?* (2007) Joel Kovel

106. *The Ecological Rift – Capitalism's War on
Earth* (2010) John Bellamy Foster etal

107. *Whose Crisis, Whose Future? – Towards A*

Greener, Fairer and Richer World (2010) Susan George

108. Harvard Business Review on Green Business Strategies (2007) Hbsp

109. The Clean Tech Revolution (2007) Ron Penrick & Clint Wilder

110. Earth: the Sequel – the Race to Reinvent Energy and Stop Global Warming (2008) Miriam Horn & Fred Krupp（中譯本稱《大契機―21世紀綠能新經濟力》）

111. The Necessary Revolution – Working Together to Create a Sustainable World (2008) Peter Senge, Bryan Smith etal.

112. Green to Gold – How Smart Companies Use Environmental Strategy to Innovate, Create Value, and Build Competitive Advantage (2009) Daniel Esty & Andrew Winston

113. The Three Secrets of Green Business (2010) Gareth Kane（中譯本稱為《綠效能》）

114. 《低碳有前途―24條商界不得不問的問題》（2010）陳曉蕾編著

115. The Green Collar Economy – How One Solution Can Fix Two Biggest Problems (2008) Van Jones（中譯本稱《綠領經濟》）

116. Green Outcomes in the Real World (2010) Peter J. McManners

117. Common Wealth – Economics for a Crowded Planet (2008) Jeffrey Sachs

118. The Meaning of the 21st Century (2007) James Martin

119. The Story of Stuff – How Our Obsession with Stuff Is Trashing Our Planet, Our Communities, and Our Health – and a Vision for Change (2010) Annie Leonard

120. The Global Fight for Climate Justice – Anticapitalist Responses to Global Warming and Environmental Destruction (2009) Ian Angus, Derek Wall & Daniel Tanuro

121. The Global New Deal – Economic and Social Human Rights in World Politics (2010) William F. Felice

122. The Monfort Plan (2011) James Pozuelo Monfort

121. Coming Back to Life – Practices to Reconnect Our Lives, Our World (1998) Joanna R. Macy & Molly Young Brown

122. The Great Turning – from Empire to Earth Community (2006) David Korten

如果你想看看暖化否定者及懷疑者的論點，請看

1. The Skeptical Environmentalist: Measuring the Real State of the World (2001) Bjorn Lomborg

2. Cool It – The Skeptical Environmentalist's Guide to Global Warming (2008) Bjorn Lomborg（中譯本稱《暖化？別鬧了！》）

3. The Deniers – the World Renowned Scientists Who Stood Up Against Global Warming Hysteria, Political Persecution, And Fraud, And those who are too fearful to do so (2008) Lawrence Solomon

4. Heaven and Earth – the Missing Science (2009) Ian Plimer

5. The Great Global Warming Blunder – How Mother Nature Fooled the World's Top Climate Scientists (2010) Roy W. Spencer

6. The Chilling Stars – A New Theory of Climate Change (2003) Henrik Svensmark & Nigel Calder

7. An Appeal to Reason – A Cool Look at Global Warming (2009) Nigel Lawson

8. Energy and Climate Wars – How Naïve Politicians, Green Ideologues, and Media Elites are Undermining the Truth About Energy and Climate (2010) Peter C. Glover & Michael J.

Economides

9. *The Hockey Stick Illusion – Climategate and the Corruption of Science* (2010) A.W. Montford

10. *Climate: the Great Delusion* (2010) Christian Gerondeau

11. 《低碳陰謀——一場大國發起假環保之名的新經濟戰爭》（2010）勾紅洋

網站

香港

1. 環境保護署：www.epd.gov.hk

2. 香港天文台：www.hko.gov.hk

3. 氣候變化商界論壇：www.climatechangebusinessforum.com

4. Hong Kong Sustainable Development Forum：http://hksdf.org.hk

5. 香港能源工程師協會：www.hkaee.org/

6. 香港環保建築協會：www.hk-beam.org.hk

7. 綠色力量：www.greenpower.org.hk

8. 思匯：www.civic-exchange.org

9. 世界自然基金會香港分會：www.wwf.org.hk/

10. 綠色和平（香港）：www.greenpeace.org.hk

11. 地球之友（香港）：www.foe.org.hk

12. 樂施會（香港）：www.oxfam.org.hk

13. 宣明會（香港）：www.worldvision.org.hk

中國內地

1. 中國氣象局：www.cma.gov.cn

2. 中國氣象科普網：www.qxkp.net/

3. 百度百科：http://baike.baidu.com

4. 中國經濟人論壇：www.50forum.org.cn

台灣

1. 行政院環境保護署「台灣氣候變遷調適資訊平台」：http://climate.cier.edu.tw

2. 國立台灣大學全球變遷研究中心：www.gcc.ntu.edu.tw

國際 / 外國

1. Intergovernmental Panel on Climate Change: www.ipcc.ch/

2. United Nations Framework on Climate Change Convention: http://unfcc.int/

3. World Meteorological Organization: www.wmo.int/

4. United Nations Environment Programme: www.unep.org

5. UN REDD Programme: www.un-redd.org/

6. UN Food and Agriculture Organization: www.fao.org

7. University of East Anglia: Climate Research Unit: www.cru.uea.ac.uk

8. Hadley Centre for Climate Prediction and Research: www.metoffice.gov.uk/climatechange/science/hadleycentre

9. National Center for Atmospheric Research: www.ncar.ucar.edu/

10. National Oceanic and Atmospheric Adminstration: www.noaa.gov/

11. National Aeronautics and Space Administration; www.nasa.gov/

12. NASA Goddard Institute for Space Studies: www.giss.nasa.gov/

13. RealClimate: www.realclimate.org

14. World Watch Institute: www.worldwatch.org

15. Earth Policy Institute: www.earth-policy.org

16. Earth Institute at Columbia University: www.earth.columbia.edu

17. Wiser Earth: www.wiserearth.org

18. Pew Center for Climate Change: www.pewclimate.org

19. 350.org: www.350.org/

20. Climate Action Network: www.climatenetwork.org

21. Wake Up, Freak Out – then Get a Grip: http://wakeupfreakout.org/

22. Skeptical Science: www.skepticalscience.com/

23. Global Commons Institute: www.gci.org.uk

24. Earth Resources Institute: www.wri.org

25. Climate Audit: http://climateaudit.org

26. Climate Progress: http://climateprogress.org

27. Daily Climate: www.dailyclimate.org

28. Climate Ark: www.climateark.org

29. The Climate Project: www.theclimateprojectus.org

30. EarthLab: www.earthlab.com

31. Global Footprint Network: www.footprintnetwork.org

32. European Climate Change Programme: http://eu.europe.eu/clima/

33. US Climate Action Partnership: www.us-cap.org

34. CDM Watch: www.cdm-watch.org

35. Carbon Tax Center: www.carbontax.org

36. International Energy Agency: www.iea.org

37. World Energy Outlook: www.worldenergyoutlook.org

38. U.S. Energy Information Administration: www.eia.gov/

39. Renewable Energy Policy Network for the 21st Century: www.ren21.net

40. Renewable Energy World: www.renewableenergyworld.com

41. Coal Moratorium Now: http://cmnow.org

42. Sierra Club Beyond Coal Campaign: www.sierraclub.org/coal

43. Google Green: www.google.com/green/

44. Climate Change Economics: www.climatechangeecon.net/

45. McKinsey and Company Climate Change Special Initiative: www.mckinsey.com/clientsservice/ccsi

46. Climate Justice Now!: www.climate-justice-now.org/

47. UN Millenium Goals: www.un.org/milleniumgoals

48. Oxfam: www.oxfam.org

49. "Up In Smoke? Asia & the Pacific"：www.oxfam.org.uk/resources/policy/climate_change/asia_up_in_smoke.html

50. Asia Development Bank and Climate Adaptation Plan: www.adb.org/climate-change/cc-adaptation.asp

51. Avaaz.org: www.avaaz.org/

52. Biodiversity Hotspots: www.biodiversityhotspots.org

53. World Social Forum: www.forumsocialmundial.org.br

54. The Earth Charter Initiative: www.earthcharterinaction.org

55. New Economics Foundation: www.neweconomics.org

56. Transition Culture: http://transitionculture.org

57. James Hansen website: www.columbia.edu/~jeh1/

58. Stephen Schneider website: http://climatechange.net

59. James Lovelock website: www.jameslovelock.

org

60. Al Gore website: www.algore.com/

61. Clinton Global Initiative: www.
    clintonglobalinitiative.org

62. The End of Poverty: www.theendofpoverty.
    com

63. Equality Trust: www.equalitytrust.org.uk

64. The Monfort Plan: www.TheMonfortPlan.
    com

65. World Clock: www.peterrussell.com/Odds/
    WorldClock_php

暖化否定者／懷疑者的一些網站

1. Global Warming Hoax: www.
    globalwarminghoax.com

2. CO2 Science: www.co2science.org/

3. World Climate Report: www.
    worldclimatereport.com/

4. Watts Up With That: http://wattsupwiththat.
    com

5. Climate Skeptic: www.climate-skeptic.com/

結語   CONCLUSION

作為個人的我可以做些什麼？

從某一個角度而言，筆者羨慕今天的年輕人，因為二十一世紀文明重建的任務就掌握在他們手裡。

你可能會問：我一個人可以做些什麼？

千萬不要低估個人的力量。1962 年，美國一位女記者雷切爾・卡森（Rachel Carson）出版了一本名叫《寂靜的春天》（*Silent Spring*）的書，揭示當時被廣泛使用的一隻農藥「滴滴涕」（DDT），正如何毒害周遭的生態環境，甚至透過食物鏈危害人類的健康。她更從一個宏觀的角度出發，警告隨著工業文明對自然環境不斷破壞，人類將因此付出沉重的代價。

今天，人們都認同這本小書是現代環境保護主義（modern environmentalism）的源頭。卡森撰寫這本書時，可能只是想一盡公民的責任。她哪會知道，原來她在改變歷史！

◎　個人聚沙成塔的威力

「我又不是什麼作家，又哪有機會改變歷史呢？」你可能會說。但請想一想，2008 年 11 月美國總統選舉期間，前往投票站的大多是普通的公民，他們都不是什麼作家或社會領袖，但他們神聖的一票卻創造了奇蹟：美國歷史上第一任黑人總統由此而生。

請再想深一層：在千千萬萬的選票之中，個人的一票是何等的渺小。你甚至可以說：「多我的一票和少我的一票根本左右不了大局，我還是安坐家中省卻往返票站的麻煩好了。」表面看來這個說法十分合理。但假如每一個人都作出這個「合理」的推論而不去投票，結果將會怎樣呢？

其實不單作為選民，就是作為消費者，個人也可發揮很大的力量。香港一間著名的連鎖快餐店，便曾於 2010 年間就最低工資和剋扣飯鐘錢的問題，受到大批顧客的杯葛，最後管理層惟有改變初衷。留意杯葛只是個人的行為，但眾多的個人加起來便形成了龐大的力量。同樣地，如果我們每個人都杯葛鎢絲燈泡，省電的照明設備很快便會普及起來。如果我們設宴時都不選用魚翅，海中的鯊魚便不會被我們趕盡殺絕。更進一步的說，如果我們杯葛所有與化石能源有關的股票，而轉買與可再生能源有關的股票，再生能源產業也會快速地蓬勃起來。

◎　由下而上的改變世界

誠然，本書的分析說明過，要解決全球暖化如此巨大的問題，除了「行為解案」之外，還必須有由上而下的「政策解案」（例如澳洲政府便已立例取締鎢絲燈泡）。然而，雖說政府的政策一般是「由上而

下」，但在領導者不肯面對現實作出果斷決策之時，作為人民的我們必須振臂高呼，一方面表達我們對這個問題的極度關注，另一方面則表明在低收入階層的利益受到充分保障的大前提之下，我們願意犧牲短期利益以換取長遠的利益。

從政治學的角度看，社會上的「議題設定」（agenda setting）是一個互動的過程，既可以由上而下，亦可以由下而上，因此「公民行動」（citizen activism）十分重要。如果我們一直保持緘默，我們便永遠無法打破「政府把責任推給人民、人民把責任推給政府」這個惡性循環。一些人可能會說：香港是一個商業掛帥、金錢掛帥的社會，而大部分人都只顧眼前的利益，又哪會關心什麼全球暖化、氣候變遷呢？筆者卻是個樂觀主義者。筆者對我們的年輕一代懷有信心。在這個資訊發達的年代，他們已不像過往的人那麼容易被蒙在鼓裡。他們目睹了巨大的不公義，亦看見這個世界發展的各種危險趨勢。他們不單在看，他們更開始發聲。過去數年出現的所謂「八十後」便是一個例證。

筆者呼籲所有「八十後」、「九十後」及至「零零後」的朋友，你們必須認清世界是什麼模樣，然後必須不斷充實自己，提升自己的理論水平，並與志同道合的人團結起來，以和平、理性的途徑盡量發聲，幫助世人從「集體思想麻痹症」中釋放出來。

著名的人類學家瑪嘉烈·米爾特（Margaret Mead）曾經這樣說：「不要低估一小撮滿腔熱血和胸懷理想的人可以改變世界的能力。事實上，世界的每一次巨變都是這樣開始的。」

請記著：「人民帶頭的話，領導者自會追隨！」

新版結語

在對抗全球暖化的戰線上，每天都有新的發展。要將九年前寫的《喚醒 69 億隻青蛙》更新至最新的狀況，是殊不容易的一回事。當你閱讀這書時，事態與書中所載的肯定已經有所不同。筆者當然希望，這個「不同」是向著好的方向。（但因為「系統惰性」產生的「時滯」，大自然的變化短期內必然會繼續朝著壞的方向發展……）

原版的「參考資料」是筆者花了很大的氣力編撰的，對有志更深入了解這一問題的讀者應該十分足夠。但由於所列資料只到 2010 年止，以下筆者挑選了自那時至今的一些重要參考書籍和紀錄片：

◎　書籍

1. *What Every Environmentalist Needs to Know about Capitalism* (2011) Fred Magdoff & John Bellamy Foster
2. *The Sixth Extinction: An Unnatural History* (2014) Elizabeth Kolbert
3. *This Changes Everything:Capitalism Vs the Climate* (2014) Naomi Klein
4. *The Collapse of Western Civilization: A View from the Future* (2014) Naomi Oreskes
5. *Our Renewable Future* (2016) Richard Heinberg & David Fridley
6. *Designing Climate Solutions* (2018) Hal Harvey

◎ 電影

1. *Chasing Ice* (2012)

2. *Tomorrow* (2015)

3. *Racing Extinction* (2015)

4. *The Future of Energy* (2015)

5. *Before the Flood* (2016)

6. *Rising Tides* (2016)

7. *Time to Choose* (2016)

8. *An Inconvenient Sequel: Truth to Power* (2017)

9. *2040* (2019)

◎ 電視劇集

1. *Years of Living Dangerously* (National Geographic, Season 1: 2014; Season 2: 2016)

2. 《地球的怒吼》(*The Raging Earth*, NHK, 2016)

3. 《氣象萬千4》(香港電台,2014)

◎ 網站

1. The People's Demand for Climate Justice: https://www.peoples demands.org/

2. Green New Deal: https://www.gp.org/green_new_deal

新版校對時的一項最新發展,是 2019 年 3 月 15 日的「全球氣候大罷課」(見附錄八),筆者當日雖然抱恙,也和一班「350 香港」的朋友參與了聚會與遊行(從中環遮打花園遊行至金鐘政府總部)。我一方面因為參與的人數不少兼且氣氛十分熱烈而高興,另一方面卻因為看到參與者有九成以上都來自國際學校,而本地的學生則寥寥可數

而感到十分失望……。

按照新聞報導的估計，當天全球參與罷課的學生及其支持者約有 140 萬人，遍佈 123 個國家近 2,000 個城市。其中人數最多的是德國（約 30 萬）、次之是意大利（約 20 萬）、法國（約 17 萬）以及加拿大和澳洲（分別約 15 萬）等。有關詳情大家可從《維基百科》的條目「School strike for climate」查閱。留意當中列出的「中國」便只有「香港」作為代表，人數是（包括筆者和好友）1,000 左右。（但地球上每五個人就有一個是中國人啊……）

這次罷課起到了多大的作用？沒有人能夠預測得到。較為令人鼓舞的發展，是聯合國秘書長古特雷斯（Antonio Guterres）聲稱，受到了年輕人為了自身和世界前途而發聲的這次行動所感召，他會於 2019 年 10 月邀請各國領袖在紐約舉行特別會議，共同商討真正能夠力抗危機的對策。他在聲明中這樣說：

「這意味著我們必須停止一切對化石燃料以及高排放農業的補貼，並將資源用來促進可再生能源、電動汽車和一切有利氣候穩定技術的發展。這也意味著我們必須要為碳排放釐定價格，以反映出它的真正成本，包括氣候風險和空氣污染帶來的健康影響。這更意味著我們必須加快關閉所有燃煤發電廠，並將那兒的工人轉移至更為健康的行業。只有這樣我們才能保證，社會的轉型能夠做到合乎公義、不排除任何人、以及為社會帶來最大的利益。」

最後，筆者想記下一點個人感受。原版《喚醒 69 億隻青蛙》在 2011 年 6 月初出版。我當時立即將它拿給剛考畢大學入學試的女兒天蔚閱讀。女兒不但讀了，還十分仔細地把她找到的錯處（主要是錯別字

和排版上的錯誤）逐一標示，並在把書籍歸還給我時說：「讓你在再版時修正的。」不用說，我對她如此細心感到十分高興。然而，不出兩個月，她便離開了這個世界。時光飛逝，這些年來我都把這本滿帶標示的書珍而重之的放在書架之上。這次再版，我終於把它從書架拿下，並逐一按照標示把錯處在校對時作出修正。女兒，妳當年的努力沒有白費。

李偉才

2019 年 3 月 19 日

放眼所及，我們看見人們不斷透過理性爭辯或搜羅資料以解決一些問題，殊不知唯一可以解決問題的方法，是人心上的改變。

All around us, we can see people trying to solve by logical arguments, or by the acquiring of information, problems that can only be dealt with by a change of heart.

瑪麗・蜜徹莉｜Mary Midgley

人民帶頭的話，領導者自會追隨。

When the people lead, the leaders will follow.

大衛・柯頓 | David Korten